U0629638

BLUE BOOK

智 库 成 果 出 版 与 传 播 平 台

海洋经济蓝皮书

BLUE BOOK OF MARINE ECONOMY

中国海洋经济发展报告
（2023~2024）

ANNUAL REPORT ON THE DEVELOPMENT OF
CHINA'S MARINE ECONOMY（2023-2024）

主　编／殷克东
副主编／李雪梅　黄　冲　金　雪

社会科学文献出版社
SOCIAL SCIENCES ACADEMIC PRESS（CHINA）

图书在版编目（CIP）数据

中国海洋经济发展报告 . 2023~2024 / 殷克东主编 .
北京：社会科学文献出版社，2024.12. --（海洋经济
蓝皮书）. -- ISBN 978-7-5228-4706-1

Ⅰ. P74

中国国家版本馆 CIP 数据核字第 2024TF5170 号

海洋经济蓝皮书

中国海洋经济发展报告（2023~2024）

主　　编／殷克东
副 主 编／李雪梅　黄　冲　金　雪

出 版 人／冀祥德
责任编辑／吴云苓
责任印制／王京美

出　　版／社会科学文献出版社·皮书分社（010）59367127
　　　　　地址：北京市北三环中路甲 29 号院华龙大厦　邮编：100029
　　　　　网址：www.ssap.com.cn
发　　行／社会科学文献出版社（010）59367028
印　　装／三河市东方印刷有限公司

规　　格／开本：787mm×1092mm　1/16
　　　　　印张：25.5　字数：380 千字
版　　次／2024 年 12 月第 1 版　2024 年 12 月第 1 次印刷
书　　号／ISBN 978-7-5228-4706-1
定　　价／198.00 元

读者服务电话：4008918866

教育部哲学社会科学系列发展报告项目（编号为 13JBGP005）

国家社会科学基金重大项目（编号为 22&ZD126）

国家社会科学基金一般项目（编号为 23BGL031、24BTJ037、24BGL105）

编 辑 组

主要编撰者简介

殷克东 博士，二级岗位教授，博士生导师。国务院政府特殊津贴专家，国家高层次人才特殊支持计划领军人才；中宣部文化名家暨"四个一批"人才，山东省社会科学名家。山东财经大学海洋经济与管理研究院院长、特聘领军人才一层次教授。兼任 *Marine Economics and Management* 期刊主编，IEEE 系统与控制论学会——冲突分析技术委员会委员，中国数量经济学会常务理事，中国海洋大学海洋发展研究院高级研究员、博士生导师。研究专长聚焦于数量经济分析与建模、复杂系统与优化仿真、海洋经济管理与监测预警、货币金融体系与风险管理等领域。主持国家社科基金重大项目、重点项目、一般项目，教育部发展报告项目，国家重点研发计划子任务，国家海洋公益项目子任务，国家 863 项目子任务等 20 余项。在人民出版社、社会科学文献出版社、经济科学出版社等出版学术著作 12 部。研究成果入选国家哲学社会科学成果文库，荣获山东省社科优秀成果特等奖、青岛市社科优秀成果一等奖；在 SCI、SSCI、CSSCI 等发表学术科研论文 100 余篇。

李雪梅 博士，教授，博士生导师。中国海洋大学教育部人文社科重点基地海洋发展研究院研究员。兼任 *Marine Economics and Management* 期刊共同主编，*Grey Systems Theory and Application*（SCI）期刊编委、IEEE SMC 冲突分析分会学术委员会委员、中国优选法统筹法与经济数学研究会灰色系统专业委员会理事、International Association on Grey System and Uncertainty

Analysis 理事，主要从事海洋经济与管理、灰色系统理论、冲突分析图模型等方向的研究。主持和参与国家自然科学基金、国家重点研发计划等相关课题 10 余项。在 *Expert Systems with Applications*、*Journal of Cleaner Production*、《系统工程理论与实践》、《中国管理科学》、《控制与决策》、《资源科学》、《运筹与管理》等国内外权威期刊发表论文 40 余篇。获山东省哲学社会科学优秀成果三等奖、IEEE GSIS 国际会议优秀论文奖等。

黄　冲　博士，副教授，硕士生导师，山东省泰山产业领军人才。山东财经大学海洋经济与管理研究院研究员，中国数量经济学会开放经济专业委员会副秘书长。主要从事数量经济分析与建模、海洋大数据分析与建模、海洋系统工程与管理、政策效果评估等方向的研究。主持国家社科基金一般项目、山东省自然科学基金青年项目、中国博士后科学基金面上项目、山东省文化和旅游基金项目、海南省海洋与渔业科学院项目、教育部产学合作协同育人项目等 6 项。参加国家社科基金重大项目、重点项目、一般项目以及其他国家、省部委课题 8 项。在国内外权威期刊发表学术论文 10 余篇，授权软件著作权 2 项，参与标准撰写 2 项。

金　雪　博士，教授，硕士生导师，泰山学者青年专家，省级领军人才。山东财经大学海洋经济与管理研究院研究员。兼任中国数量经济学会开放经济专业委员会副秘书长，广西北海市海城区人民政府智库专家，国家社科基金同行评审专家。主要从事海洋经济管理、数量经济分析与建模、复杂系统与应急管理等方向的研究。主持国家社科基金一般项目、青年项目，中国博士后科学基金特别资助项目、山东省社科基金项目、中国博士后科学基金面上项目（一等资助）等 13 项，参与国家社科基金重大项目、国家重点研发计划等项目 20 余项。参与撰写学术著作 8 部，在国内外权威期刊发表论文 30 余篇，获 IEEE GSIS 国际会议优秀论文奖、青岛市社科优秀成果奖、中国海洋经济论坛青年学术创新奖等。

前　言

纵览几千年的世界历史，绝大多数世界强国的崛起都与海洋事业的繁荣密切相关。正如战国时期著名的思想家、哲学家韩非子所言："历心于山海而国家富。"向海而兴，背海而衰，包含了无数历经千年的海洋故事。

在历史的发展进程中，凡是称霸世界、控制世界财富的国家，都是首先从海洋战略着手，通过垄断海洋资源以谋求自身发展。可以说，人类历史发展进程始终都伴随着对海洋的认识、利用、开发和控制。拥有五千年悠久历史的中国，也曾经历过由海而盛、因海而衰的曲折，更是谱写了一部波澜壮阔的海洋史。而今，实现中华民族伟大复兴这一伟大的使命凝聚了一个多世纪以来中国人的夙愿，成为所有中华儿女的共同期盼。因此，科学合理开发利用海洋，维护海洋可持续发展，大力发展海洋经济，发掘海洋潜藏资源，创新海洋科技，科学把握海洋经济发展新趋势至关重要。

21世纪是海洋的世纪，从国家"十二五"、"十三五"规划到国家"十四五"规划，从党的十六大、十八大报告到党的十九大报告，海洋经济的战略地位不断提升。海洋强国、陆海统筹，"一带一路"倡议、海洋命运共同体，以及海洋经济试验示范区、沿海地区自由贸易区、粤港澳大湾区、长江三角洲区域一体化、黄河三角洲国家级自然保护区、海洋牧场、海洋强省等的不断推进，都为我国海洋事业发展提供了重要契机。近年来，从国家到地方层面纷纷制定海洋经济发展战略与规划，学术界对海洋经济发展的专题研究也不断深入，可以说，中国海洋经济发展研究承载了从国家到地方政府，再到学者层面的无数期待。然而，由于我国制定海洋发展战略的起步较

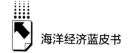

晚、经验欠缺,在海洋事业的发展过程中还存在诸多不足,如海洋产业结构仍需优化、海洋经济发展模式亟须改善、海洋科技成果转化率不高、海洋经济管理体制效率较低、海洋经济新质生产力不强、海洋经济安全形势面临诸多不稳定因素、海洋经济统计数据有待规范,等等。如何解决海洋经济发展中的种种问题?如何克服海洋经济发展中的诸多困难?我国海洋经济的家底清楚了吗?我国海洋经济发展的潜力有多大?海洋经济发展是如何演变的、影响因素是什么?等等。这一系列海洋经济发展问题,有待经济学家尤其是海洋经济学的专家学者进行研究和解答。

2003年,"中国海洋经济形势分析与预测研究"课题组成立。课题组将研究阵地置于海洋经济学术研究的最前沿,钟情于经世济民的学术追求,多年来一直扮演着海洋经济计量研究领域探路者的角色,研究成果大多为国内首次。2010年首次出版《中国海洋经济形势分析与预测》。2011年,在北京首次召开了"海洋经济蓝皮书"暨"中国海洋经济形势分析与预测"专家研讨会,来自中国社会科学院、科技部、教育部、国家统计局、国家海洋局、南开大学、辽宁师范大学、广东海洋大学、中国海洋大学的专家学者齐聚一堂,共同探讨了发展海洋经济和进行"中国海洋经济形势分析与预测"研究、组织"海洋经济蓝皮书"编写的重要意义。与会专家一致认为,课题组组织"海洋经济蓝皮书"的编写,非常及时、非常必要、责无旁贷,也是学术界急需解决的一项重要工作,具有里程碑式的意义。希望"中国海洋经济形势分析与预测研究"课题组认真组织编撰"海洋经济蓝皮书",主动服务国家重大战略,为海洋经济健康发展提供系统全面、科学的理论体系、方法体系、技术体系和决策依据。

2012年出版《中国海洋经济发展报告(2012)》并组织召开了专家研讨会。来自国家海洋局、国家海洋局宣教中心、国家海洋信息中心、国家海洋环境预报中心、国家海洋技术中心、国家海洋局北海分局、国家海洋局东海分局、国家海洋局南海分局、国家海洋局第一海洋研究所、国家海洋局第三海洋研究所、中国海洋大学、广东海洋大学、上海海洋大学的专家学者,以及新华财经频道、《中国海洋报》等的特邀记者出席了会议。2013年,

"中国海洋经济发展报告"项目正式获得教育部哲学社会科学发展报告培育项目的立项支持（项目批准号：13JBGP005），是国内海洋经济管理领域唯一入选教育部发展报告的项目。

2014年12月，在山东青岛组织召开了"海洋经济蓝皮书"暨《中国海洋经济发展报告（2014）》专家研讨会，来自中国社会科学院、山东社会科学院、上海海洋大学、挪威渔业科学大学、中共福建省委党校、山东省社科院海洋经济研究所、北京师范大学、中国海洋大学、广东海洋大学、原国家海洋局海洋减灾中心、原国家海洋局第一海洋研究所和原国家海洋局的其他有关职能部门等专家学者共同出席了会议。会议详细介绍了"海洋经济蓝皮书"暨《中国海洋经济发展报告》的发展历程、定位和相关工作，对"海洋经济蓝皮书"的体例架构、篇章板块、组织架构、发布机制、合作方式等进行了探讨。"海洋经济蓝皮书"为国内外海洋经济领域的专家学者提供重要而独特的话语平台，对于其发挥"思想库""智囊团"的作用，对于壮大海洋经济管理领域的主流思想、凝聚社会共识，引导科学、理性的社会舆论氛围，具有重要的现实意义。

2018年4月，由社会科学文献出版社联合中国海洋大学、自然资源部第四海洋研究所、中国海洋发展研究会、中共北海市海城区委员会、北海市海城区人民政府，在广西北海举行了《海洋经济蓝皮书：中国海洋经济发展报告（2015～2018）》发布会，并组织召开了"向海经济"研讨会。来自加拿大瑞尔森大学、中国社会科学院、社会科学文献出版社、北海市人民政府、原国家海洋局南海分局、中国海洋学会、原国家海洋局第四海洋研究所、原国家海洋局减灾中心、广西壮族自治区海洋渔业厅、原国家海洋局北海海洋环境监测中心、原国家海洋局战略与规划司、中共广西壮族自治区委员会党史研究室、中国海洋大学、广东海洋大学、大连海洋大学、山东省海洋经济文化研究院、广西红树林研究中心等单位的专家学者，以及《中国海洋报》、人民网广西频道、网易广西等的特邀记者出席了会议。

2019年11月，在山东青岛组织召开了"海洋经济蓝皮书"暨《中国海洋经济发展报告》专家研讨会，来自社会科学文献出版社、中国海洋大学、

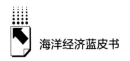

山东财经大学、山东省海洋经济文化研究院、辽宁师范大学、广东海洋大学、浙江海洋大学、上海海洋大学、海南大学等的专家学者共同出席了会议。会议介绍了"海洋经济蓝皮书"的发展历程、定位、要求和相关工作，专家们研讨了"海洋经济蓝皮书"的体例架构、篇章板块，对"海洋经济蓝皮书"的组织架构、发布机制、合作方式等达成了共识。"海洋经济蓝皮书"以专业角度、专家视野和实证方法，致力于中国海洋经济管理研究领域里程碑式的系统性、原创性和开拓性研究工作，探寻我国海洋经济发展规律。《海洋经济蓝皮书：中国海洋经济发展报告》具有原创性、实证性、专业性、连续性、前沿性、时效性等特点，已成为国内外海洋经济管理领域的标志性成果和标志性品牌。

2020年12月，由社会科学文献出版社联合山东财经大学、中国海洋大学、深圳市维度数据科技股份有限公司，在山东省济南市举行了《海洋经济蓝皮书：中国海洋经济发展报告（2019~2020）》发布会，并组织召开了"海洋经济高质量发展"学术研讨会。来自中国社会科学院、社会科学文献出版社、南开大学、自然资源部北海局、自然资源部东海局、国家海洋标准计量中心、中国海洋大学、深圳市维度数据科技股份有限公司、广东海洋大学、辽宁师范大学、山东省海洋经济文化研究院、浙江海洋大学、上海海洋大学、山东省国土空间数据和遥感技术研究院、山东财经大学等单位的专家学者出席了会议。"海洋经济蓝皮书"持续跟踪监测国内外海洋经济管理热点、重点、前沿问题，研判预警国内外海洋经济相关领域最新发展态势，提升了中国学者的国际话语权、传播力和影响力。

2022年12月，由社会科学文献出版社联合山东财经大学、山东（暨青岛市）海洋湖沼学会、自然资源部南海发展研究院，在山东省济南市举行了《海洋经济蓝皮书：中国海洋经济发展报告（2021~2022）》发布会，暨中国数量经济学会开放经济专业委员会成立大会。山东财经大学、社会科学文献出版社、中国社会科学院数量经济与技术经济研究所、自然资源部南海发展研究院、山东（暨青岛市）海洋湖沼学会等领导、专家参会并发言讲话，加拿大皇家科学院院士、前院长、中国科学院外籍院士 Hipel 教授参会。来自中国社会科学院、国务院发展研究中心、商务部研究院、中央财经大学、加拿大多伦多都会大学、天津大学、南开大学、山东大学、中国海洋大学、中国石油大学、自然资源部南海局、自然资源部东海局、辽宁师范大学、广东海洋大学、浙江海洋大学、浙江财经大学、南京信息工程大学、南京财经大学、上海海洋大学、山东省海洋经济文化研究院、海南省海洋与渔业科学院、青岛大学、济南大学、鲁东大学、山东工商学院、青岛华水水利工程设计院、青岛市城阳区野生动植物保护协会、社会科学文献出版社、山东财经大学等单位的专家学者出席了会议。

2023 年 9 月，在山东省济南市举行了中国数量经济学会开放经济专业委员会年会（2023）。来自商务部研究院、中国社会科学院、国防科技大学、浙江财经大学、兰州大学、山东大学、中国海洋大学等的 17 位专家做了学术报告，举办了开放经济前沿研究领域与研究方向、"海洋经济蓝皮书"（2023~2024）启动会、*Marine Economics and Management* 未来研究热点与发展趋势、国际期刊青年专家圆桌等论坛。来自中国社会科学院、商务部研究院、国防科技大学、兰州大学、山东大学、中国海洋大学、南京理工大学、南京航天航空大学、中国石油大学、北京工业大学、广西大学、东北财经大学、自然资源部南海发展研究院、山东师范大学、青岛大学、浙江财经大学、山东财经大学等 30 余家科研院所的 50 余位专家学者出席了会议。

"中国海洋经济形势分析与预测研究"课题组经过多年的发展，已成为国内外海洋经济研究领域的重要力量。近年来，课题组成员主持承担国家社科基金重大项目、重点项目、一般项目，主持承担国家自然基金项目，主持承担国家重点研发计划子任务、国家海洋公益性科研专项子任务、国家 863 项目子任务，并主持承担地方政府、企事业单位委托科研项目数十项。同时，围绕中国海洋经济数量化研究领域，课题组积极构建学术研究团队，不断拓宽眼界视野，努力提高研究质量。经过 20 余年的辛勤耕耘，系列《海洋经济蓝皮书：中国海洋经济发展报告》取得了丰硕成果，在海洋经济计量学、海洋经济周期、投入产出模型、海洋经济安全、海洋经济高质量发展、海洋经济可持续发展、蓝色经济领军城市、海洋资源优化配置、海洋灾

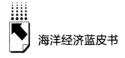

害经济损失监测预警等海洋经济的数量化研究领域，进行了系统性、规范性、前瞻性的研究。

《海洋经济蓝皮书：中国海洋经济发展报告（2023～2024）》，以全球定位、国际标准、世界眼光和独到视野为参照系，立足国家重大战略需求和社会经济发展实际需要，设计总报告、产业篇、区域篇、热点篇、专题篇、国际篇等板块，对海洋经济发展形势、海洋产业集群竞争力、区域海洋经济、海洋经济新质生产力、海洋航运与港口、海洋贸易通道安全等内容进行深入细致的分析，对于制定我国海洋经济可持续发展政策和战略发展规划，加强海洋科学前沿管理，具有重要的现实意义。《海洋经济蓝皮书：中国海洋经济发展报告（2023～2024）》的出版，得到了国内外涉海院校、科研机构和相关职能部门等的专家学者以及山东财经大学的大力支持、关心和帮助。在社会科学文献出版社的支持帮助下，经过各位同人的不懈努力和辛苦工作，终于顺利完成出版，在此，向他们表示衷心的感谢和最诚挚的问候。

我们深知，海洋经济所涉及的问题和领域十分广泛、深奥，无论理论研究还是实际应用，我们在很多方面还存在不足，还有待进一步深化和改进。我们愿在广大专家学者的关心和支持下，努力建设我国海洋经济研究领域的标志性品牌，搭建海洋经济研究的一流团队，创新海洋经济研究理论体系、内容体系、技术体系，主导海洋经济研究的领先地位，不断提高《海洋经济蓝皮书：中国海洋经济发展报告》的研究质量，大力推进经济学、海洋学、管理学以及数学、统计学等多学科交叉研究的进展，着力推出既有独特的学术创新价值又有分量的标志性研究成果，为党和国家、为繁荣发展哲学社会科学服务。

《海洋经济蓝皮书：中国海洋经济发展报告》 编辑组

2024 年 6 月 17 日

摘　要

《海洋经济蓝皮书：中国海洋经济发展报告（2023~2024）》，是"中国海洋经济形势分析与预测研究"课题组联合多家涉海高校和科研院所的专家学者共同撰写而成。

本报告认为，2023~2024 年，我国海洋经济总体发展平稳，在结构性转变、创新驱动、绿色效率和高质量发展方面水平不断提升，海洋经济规模总量不断增长。但是，我国海洋经济发展仍存在高成长高附加值产业较弱、海洋战略性新兴产业规模较小、海洋产业集群竞争力不大、海洋经济新质生产力不强、海洋数字经济发展水平不高等诸多难题，仍面临海洋产业结构转型不明显、海洋产业结构不均衡、区域海洋经济发展不协调、海洋资源利用率与产出效率不高、海洋航运与贸易通道存在安全风险、海洋经济统计数据时效性差、海洋自然资源家底统计不清等突出问题。随着海洋强国、陆海统筹、"一带一路"建设等的深入推进，国家和各级政府对海洋强国、海洋强省建设寄予了厚望。但是，近年来我国海洋经济发展不尽如人意，占陆域面积三分之一多的海洋，2023 年生产总值约 99097 亿元，占全国 GDP 的比重仅有 7.86%。2023 年海洋生产总值占全国 GDP 的比重持续下滑，比 2006 年累计下降了 20.11%；15 个主要海洋产业增加值约 40711 亿元，占比约为 41.08%，其中新兴海洋产业约 9975 亿元，占比只有 10.07%，在 15 个主要海洋产业中的占比 24.50%。2023 年，我国海域单位面积产出仅有 307.59 万元每平方公里，仅是全国陆域单位面积 GDP 产出的 25.55%；沿海 10 个地区（不包括海南）的海域和陆域单位面积产出分别约为 790.19 万元每平

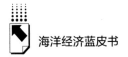

方公里、4444.18万元每平方公里，前者仅是后者的约17.78%。我国海洋经济还有很大的发展空间，与"海洋强国""海洋强省"建设的目标尚有不小差距。

本报告建议，应该充分借助海洋强国、陆海统筹、海洋强省等国家重大战略、规划与政策的有力支持，充分利用"一带一路"倡议、海洋命运共同体、金砖国家机制等有利条件，有效应对全球气候变化和海洋灾害风险，重点加强海洋资源优化配置，加强海洋科技成果研发和成果转化率提升，强化海洋产业结构深度转型，提升海洋产业附加值及其全球价值链的高端定位；重点培育发展海洋高端科技引领产业，加强海洋高新技术产业的引领示范效应，大力发展战略性新兴海洋产业集群，延伸海洋产业链条长度、拓展海洋产业链条广度、挖掘海洋产业链条深度，大力提升海洋新质生产力发展水平；重点提升海洋科技、人才、资金和土地、生态环境等经济、社会、自然资源的配置效率，加强陆海统筹与海洋强省建设，提高海域单位面积产出率和海洋资源开发利用效率，大力提升海洋全要素生产率；深入挖掘海洋经济发展潜力，提升海洋产业结构的均衡性和海洋经济韧性，增强海洋经济抵御外部冲击能力，保障海洋经济安全；积极推进智慧海洋工程建设，健全、规范海洋经济、资源统计核算体系，提高海洋经济统计数据的时效性、共享性和开放度、透明度，大力促进海洋数字经济发展，持续推进海洋经济高质量发展与可持续发展。

关键词： 海洋经济　海洋产业集群　海洋新质生产力　海洋数字经济

目 录

Ⅰ 总报告

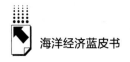

皮书数据库阅读**使用指南**

总 报 告

B.1

中国海洋经济发展形势分析与预测

"中国海洋经济发展形势分析与预测研究"课题组 *

摘　要： 2022~2023 年，我国海洋经济发展实现增长回调，2023~2024 年，得益于我国宏观经济发展的积极态势，海洋经济逐步恢复到平稳增长水平，预计 2024 年我国海洋生产总值将达到 104547 亿元左右，名义增速约 5.50%。2025 年，我国海洋经济在新质生产力不断提升、海洋经济发展政策环境不断向好等有利条件下，将不断实现高质量发展，预计 2025 年全国海洋生产总值将达到 11.00 万亿元左右。但是，面临西方国家围堵中国发展的经济政治战略野心有增无减，俄乌冲突、巴以冲突等全球不确定性因素，我国海洋经济安全与发展仍面临许多挑战。建议未来沉着应对国际经济政治和地区冲突等不确定性因素的影响，充分利用海洋强国、陆海统筹、海洋强省，以及金砖国家机制、"一带一路"倡议与海洋命运共同体等有利条件，

---

* 课题组成员：殷克东，山东财经大学海洋经济与管理研究院院长，教授，博士生导师，中国海洋大学博士生导师，研究领域为数量经济分析与建模、复杂系统与优化仿真、海洋经济管理与监测预警等；张凯、杨尚成、王燕炜、李耀奥，山东财经大学管理科学与工程学院博士研究生，研究方向为海洋系统工程与管理；方胜民，中国海洋大学教授。

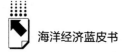
进一步加强海洋经济高质量发展，完善海洋资源环境保护机制；加速战略性新兴海洋产业崛起，推动海洋产业结构均衡发展；加快形成海洋新质生产力，增强海洋经济内生发展动力；提高海洋经济数据透明度，增强海洋数据时效性共享性。

关键词： 海洋产业集群　海洋数字经济　海洋经济　新质生产力　国家海洋安全

当前，国际经济、政治格局重构，风云变幻，世界正步入深度变革期。美欧日等自身经济、政治环境剧烈变动、矛盾日趋加剧，俄乌冲突、巴以冲突等地区动荡持续升级扩散，美欧日频频挑起事端引发区域地缘局势紧张，各种地缘经济政治博弈愈发激烈，全球经济低迷与复苏困难、国际贸易壁垒高挂与深层次蔓延，加重了世界百年未有之大变局的危险性和高度不确定性。与此同时，美国加息造成的跨境资本流动冲击、减息预期带来的全球通胀输出，全球供应链中断，对国际经济社会的安全稳定造成了严重威胁与挑战，世界经济、政治遭受前所未有的冲击与重创。

2023~2024年，尽管面临如此严峻的外部环境，中国经济实力、科技实力、政治实力等综合国力显著提升。在新发展格局和新发展理念引领下，海洋强国、陆海统筹与海洋经济试验示范区、沿海地区自由贸易区等多元化政策深入实施，为我国海洋经济发展提供了强劲动力。近年来，虽然中国海洋经济在总量规模上不断取得新成就，但亦暴露出海洋产业结构不均衡、海洋经济关联不协调、区域海洋经济发展不平衡、海洋经济发展潜力挖掘不显著等问题；面临战略性新兴海洋产业发展缓慢、海洋经济产出效率不高、海洋经济内生动力不足、抵抗外部冲击能力较弱、海洋科技贡献率与成果转化率较低、高质量发展与可持续发展能力不强、海洋经济新质生产力落后等诸多难题。面对全球经济政治环境的复杂性、地区冲突蔓延的危险性，我国海洋经济发展的重点任务是：优化资源配置与陆海经济统筹，加快海洋产业结构转型升级，大力拓展海洋经济发展空间，不断提升海洋全要素生产率；不断激发海洋科技创新活力，加快发展海洋经济新质生产力；培育和壮大战略性新兴海洋产业集群，加快构建现代海洋产业体系；促进数字经济和海洋经济深度融合，不断提升深海远海大洋两极的科技研发水平与资源开发利用能力；加强国家海洋经济安全体系构建，维护国家海洋权益和国家海洋安全，保障海洋经济稳定与可持续发展，加快建设海洋强国。

一 2023～2024年中国海洋经济基本形势分析

近年来，在海洋强国、陆海统筹等国家战略与"一带一路""海洋命运共同体"等全球倡议的大力支持下，我国海洋经济发展在总量规模上不断取得新的突破，海洋生态环境保护质量不断提升。然而，我国海洋经济在高质量发展、新质生产力、资源开发利用能力等方面还存在许多亟须解决的问题，如海洋经济脆弱性问题、海洋产业结构不均衡问题、单位产出效率问题。

从我国海洋经济发展总量规模来看，全国海洋生产总值（GOP）占全国GDP的比重呈现下降趋势，2023年的占比只有7.86%，比2006年下降了20.11%。新兴海洋产业增加值占全国海洋生产总值的比重只有10.07%，占主要海洋产业增加值的比重仅为24.50%，而传统海洋产业增加值占主要海洋产业增加值的比重仍然高达75.50%。从全国海洋三大产业结构来看，传统海洋产业仍占主导地位，但是整体发展呈下降趋势，我国新兴海洋产业虽呈增长态势，但是规模体量过小、所占比重过低、增速不稳定。总体上看，传统海洋产业与新兴海洋产业、主要海洋产业与海洋相关产业、海洋第二与第三产业、海洋重工业与轻工业等，其关系结构和内部结构的不均衡问题还比较突出。海洋产业结构调整是以牺牲海洋第二产业、发展第三产业为代价所换来的此消彼长，海洋第二、第三产业结构的过早失衡对海洋经济的韧性、可持续性、内生性、稳定性、抗风险性等影响巨大。

从区域海洋经济发展格局来看，环渤海地区海洋经济发展面临严峻挑

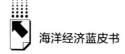

战，其2014~2023年的年均名义增速只有3.54%，远低于全国海洋经济平均增速，在全国海洋生产总值的占比也呈明显下降趋势，由2014年的36.72%下降到2023年的30.77%，下降幅度达16.22%。长三角地区拥有完善的港口航运体系，海洋科技人才充足，雄厚的经济产业基础、持续提升的创新能力、完备的政策支持，海洋经济发展潜力巨大；长三角地区海域单位面积GOP产出和陆域单位面积GDP产出都是最高的，分别是全国平均水平的3.25倍、8.61倍。中国南海地区拥有丰富的海洋资源、优良的海洋环境、强劲的海洋活力，海洋经济发展成效显著，但是区域内的海洋经济发展不均衡问题比较突出，陆海资源单位产出效率也都不高。

（一）中国海洋经济发展规模分析

近年来，在全球经济、政治形势复杂多变的考验下，我国海洋经济总体保持平稳发展。随着海洋强国、陆海统筹等国家重大战略的实施，尤其是党的二十大以来，"发展海洋经济，保护海洋生态环境，加快建设海洋强国"等的不断推进，新发展格局、高质量发展、新发展理念、新质生产力等的提出为海洋经济发展不断增添新的动力，我国海洋经济迎来了新的发展机遇。

1. 全国海洋生产总值①分析

在国家政策支持、科技创新和宏观经济助推下，我国海洋经济全面复苏，2021年、2022年、2023年全国海洋生产总值分别达到89521.30亿元、94628亿元、99097亿元，连续三年展现良好发展势头。

2001~2023年，全国海洋经济总体保持稳步上升趋势，海洋产业结构不断调整，海洋产业现代化水平不断提高。从增速来看，2001~2023年，全国海洋生产总值增长了9.41倍，年均名义增速达11.48%。从全国海洋生产总

---

① 根据《海洋及相关产业分类》（GB/T 20794-2021），海洋生产总值（GOP）=海洋产业增加值+海洋相关产业增加值。其中，海洋产业增加值=主要海洋产业增加值+海洋科研教育业增加值+海洋公共管理服务业增加值；海洋相关产业增加值=海洋上游相关产业增加值+海洋下游相关产业增加值。

值占全国 GDP 比重来看，2001～2023 年平均占比为 8.95%，但已经呈现下降趋势（见图 1），自 2006 年的 9.84% 一直下降到 2023 年的 7.86%，下降了 20.11%。2023 年，主要海洋产业增加值占比为 41.08%，海洋科研教育业增加值占比为 23.16%，海洋相关产业增加值占比为 35.76%。

总体上看，我国海洋经济发展取得了一定的成就。但是，我国海洋产业结构尚不均衡，我国海洋产业尤其是战略性新兴海洋产业发展缓慢，海洋经济自身的内生发展动力不强、韧性较弱、质量不高、产出率较低、波动性较大、稳定性不强，尤其是极易受到外在因素的冲击影响。我国仍需优化海洋产业结构，增强海洋经济发展的稳定性，持续提高海洋经济发展质量，加快培育海洋经济新质生产力。

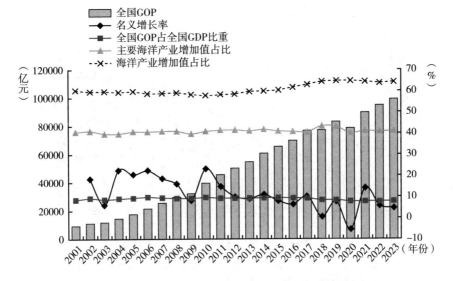

图 1　2001～2023 年全国海洋经济发展规模情况

资料来源：《中国海洋统计年鉴》（2002～2017）、《中国海洋经济统计年鉴》（2018～2022）、《中国海洋经济统计公报》（2022～2023）、国家统计局。

2. 全国海洋产业增加值分析

2001～2023 年，全国海洋产业增加值增长了 10.10 倍，年均名义增速达11.56%，占全国海洋生产总值的比重由 60.24% 上升到 64.24%。

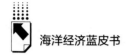

（1）主要海洋产业增加值①。2001~2023 年，全国主要海洋产业增加值增长了 9.56 倍，年均名义增速达 11.68%。但是，受全球经济、政治环境影响，2020 年我国主要海洋产业增加值首次出现负增长，仅为 31403.3 亿元，较 2019 年下降了 12.15%。随着我国宏观经济和海洋经济的复苏，2021~2023 年，我国主要海洋产业回归正常发展水平。2001~2023 年，主要海洋产业增加值占海洋生产总值的比重基本维持在 40.99% 左右，占海洋产业增加值比重平均为 67.42%。但是，自 2011 年以来，其占海洋产业增加值的比重下降趋势明显，由 2011 年的 71.14% 下降到 2023 年的 63.95%，下降了10.11%（见图 2）。

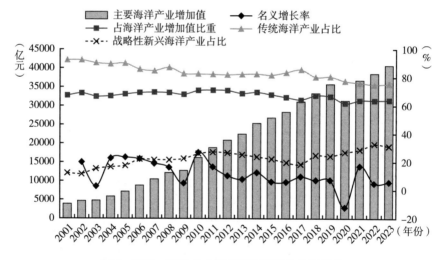

图 2　2001~2023 年全国主要海洋产业发展状况

资料来源：《中国海洋统计年鉴》（2002~2017）、《中国海洋经济统计年鉴》（2018~2022）、《中国海洋经济统计公报》（2022~2023）。

2023 年主要海洋产业增加值达 40711 亿元，同比增长了 5.63%。其中，传统海洋产业仍然具有较大的优势，占据了主导地位，占比高达 75.50%；

---

① 根据《海洋及相关产业分类》（GB/T 20794-2021），主要海洋产业增加值包括海洋渔业、海洋交通运输业等 15 个产业增加值。

新兴海洋产业占比不到 1/4，约为 24.50%。战略性新兴海洋产业占比为 31.21%。

2018 年国家发布战略性新兴产业以来，随着"海洋强国""陆海统筹""海洋强省"建设的快速推进，我国海洋科研工作者在海洋工程装备、海洋深潜技术、海洋探测等战略性新兴海洋产业领域突破了一批关键核心技术，多项成果达到世界一流水平。战略性新兴海洋产业占主要海洋产业的比重由 2017 年的 18.40%，快速上升到 2023 年的 31.21%，提高了 12.81 个百分点，提升幅度高达 69.62%。2023 年，全球最大、国内首艘万吨级远洋通信海缆铺设船"龙吟 9"号下水，我国首艘具有自主知识产权的氢燃料电池动力船"三峡氢舟 1"号完成首航，我国首创的智能化 5G 大型生态海洋牧场"耕海 1 号"建成，我国新一代海洋水色观测卫星的成功发射，等等，提高了我国在海洋科学研究和技术创新方面的国际影响力。

（2）海洋科研教育与公共管理服务业增加值。2001~2023 年，海洋科研教育与公共管理服务业增加值增长了 11.23 倍，年均名义增速达 12.21%，但是，2020~2023 年增速明显减缓为 6.36%。2001~2023 年，海洋科研教育与公共管理服务业占海洋生产总值的比重，由 19.72% 上升到 23.16%，提高了 17.45%；占海洋产业增加值的比重由 32.74% 上升到 36.05%，提高了 10.11%，海洋科研教育与公共管理服务业整体呈现较平稳的增长趋势（见图 3）。2023 年海洋科研教育与公共管理服务业增加值为 22951 亿元，比 2022 年增长了 5.03%。其中，海洋公共管理服务业具有较大的优势，占据了支配地位，占比高达 72.35%；而海洋科研教育业占比只有 27.65%。

（3）海洋相关产业增加值。2001~2023 年，海洋相关产业增加值增长了 8.36 倍，年均名义增速为 11.01%，增速明显减缓。2001~2023 年，海洋相关产业增加值占海洋生产总值的比重，由 39.76% 下降到 35.76%，下降幅度达 10.07%。2023 年海洋相关产业增加值为 35435 亿元，仅比 2022 年增长了 3.51%（见图 4）。其中：海洋上游相关产业占比为 39.79%，海洋下游相关产业占比为 60.21%。

海洋相关产业与陆域经济和陆域产业之间存在着密切的联系，目前海洋

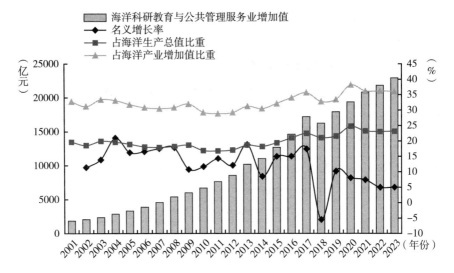

图3 2001~2023年全国海洋科研教育与公共管理服务业发展状况

资料来源:《中国海洋统计年鉴》(2002~2017)、《中国海洋经济统计年鉴》(2018~2022)、《中国海洋经济统计公报》(2022~2023)。

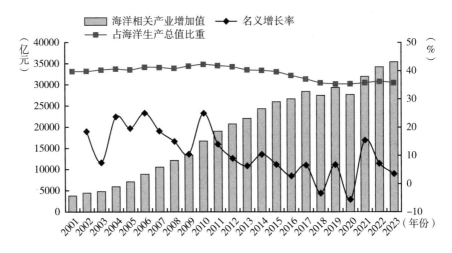

图4 2001~2023年全国海洋相关产业发展状况

资料来源:《中国海洋统计年鉴》(2002~2017)、《中国海洋经济统计年鉴》(2018~2022)、《中国海洋经济统计公报》(2022~2023)。

相关产业的分类边界还比较模糊，随着我国海洋产业结构的优化调整和产业细分的标准化，相信海洋相关产业分类及其数据统计边界会越来越清晰。总体来看，海洋相关产业在海洋生产总值中的占比会呈持续下降的趋势。

3. 全国海洋经济产出率分析

我国拥有 300 多万平方公里的海域面积，约占全国陆域面积的 1/3，约是我国沿海地区陆域面积的 2.476 倍，丰富的海洋资源为我国海洋经济的发展提供了优越的条件。但是，我国海洋资源的单位产出效率、沿海地区人均海洋生产总值很低。

2023 年，全国海域单位面积 GOP 产出率为 307.59 万元/公里^2，全国陆域单位面积 GDP 产出率为 1203.77 万元/公里^2，沿海 11 个地区陆域单位面积 GDP 产出率为 4361.79 万元/公里^2。全国沿海 10 个地区（不包括南海）海域单位面积 GOP 产出率、陆域单位面积 GDP 产出率，分别为 790.19 万元/公里^2、4444.18 万元/公里^2。

2023 年，我国海洋生产总值仅是全国陆域 GDP 的 8.54%，是沿海地区陆域 GDP 的 17.49%。全国海域单位面积 GOP 产出率是全国陆域单位面积 GDP 产出率的 25.55%，仅是沿海地区 11 个省区市陆域单位面积 GDP 产出率的 7.06%。我国沿海地区人均 GOP 只有约 1.56 万元，而人均陆域 GDP 有 8.90 万元。

2023 年，环渤海地区、长三角地区、中国南海地区海域单位面积 GOP 产出率分别为 956.62 万元/公里^2、998.65 万元/公里^2、138.36 万元/公里^2。三个地区陆域单位面积 GDP 产出率分别为 3004.97 万元/公里^2、10359.78 万元/公里^2、3274.55 万元/公里^2。海南省管辖了我国南海 200 多万平方公里的海域，海域单位面积 GOP 产出率、陆域单位面积 GDP 产出率，分别只有约 12.80 万元/公里^2、1410.22 万元/公里^2（见图 5）。

2023 年，如果我国南海海域单位面积产出率达到全国平均水平（307.59 万元/公里^2），则我国南海海域可增加海洋生产总值约 58958 亿元，意味着全国海洋生产总值将会增加 59.50%，而海南省的 GOP 将会是现在的 24.04 倍，海南省的 GDP 将会是现在的 8.81 倍，达到 66509 亿元。

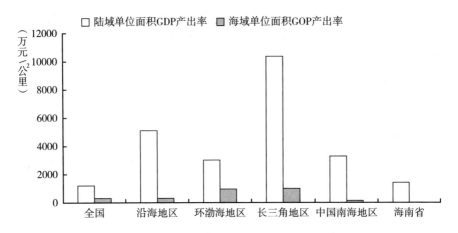

图 5　2023 年全国及沿海地区海域、陆域单位面积产出率

注：陆域单位面积 GDP 产出率计算过程中剔除了海洋 GOP。

资料来源：《中国海洋统计年鉴》（2002~2017）、《中国海洋经济统计年鉴》（2018~2022）、《中国海洋经济统计公报》（2022~2023）。

（二）中国海洋产业结构关系分析

2001~2023 年，我国海洋产业结构不断调整。但是，海洋第二产业与第三产业之间、海洋传统产业与新兴产业之间、海洋重工业和海洋轻工业之间以及各海洋产业内部，仍然存在突出的产业结构不均衡问题、过早失衡问题，严重影响了海洋资源优化配置、海洋产业结构转型升级、海洋经济高质量发展、海洋经济新质生产力提升和海洋经济可持续发展。

1. 我国海洋三大产业结构分析

根据自然资源部官网公布的 2023 年中国海洋经济情况，2023 年海洋三次产业结构为 4.76∶35.83∶59.51，海洋第二产业占比仅是第三产业的 60.17%。2001~2023 年我国海洋三次产业增加值及其占比如图 6 所示。虽然海洋第二产业占比由 2001 年的 43.62% 上升到 2010 年的 47.75%，提高了 4.13 个百分点，但一直处于被动跟从地位，2010 年之后更是断崖式下降到 2019 年的 31.35%，减少了 16.40 个百分点，下降幅度高达 34.31%，年均降幅为 3.81%。虽然 2023 年又缓慢调整到 35.83%，但是仍然比 2010 年下降了近 12 个百分点，下降幅度高达 24.97%。海洋第二产业中，即使是海洋化工业、海洋油气业、海洋工程建筑业等优势海洋产业，2023 年其占全国海洋生产总值的比重仅为 4.38%、2.52%、2.12%。

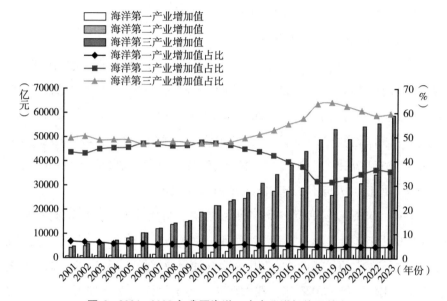

图 6　2001～2023 年我国海洋三次产业增加值及其占比

资料来源：《中国海洋统计年鉴》（2002～2017）、《中国海洋经济统计年鉴》（2018～2022）、《中国海洋经济统计公报》（2022～2023）。

而同时期的海洋第三产业占比持续提升，由 2010 年的 47.18% 快速提高到 2019 年的 64.23%，提高了约 17 个百分点，上升幅度高达 36.15%，年均升幅约为 4.02%。虽然 2023 年又缓慢调整到 59.51%，但是仍然比 2010 年提高了 12.33 个百分点，上升幅度高达 26.13%，年均升幅为 2.01%。海洋第三产业中，海洋科研教育与公共管理服务业、海洋旅游业、海洋交通运输业占比高达 23.16%、14.87%、7.69%。

2001～2023 年，海洋第二产业增长了 7.55 倍，年均名义增速为 10.25；海洋第三产业增长了 11.49 倍，年均名义增速为 12.16%。海洋三大产业结构调整，是以牺牲海洋第二产业、发展第三产业为代价所换来的此消彼长，海洋第二、第三产业结构的过早失衡对海洋经济的韧性、可持续性、内生性、稳定性、抗风险性等影响巨大。海洋产业"未老先衰"的发展调整模式，严重制约了海洋实体经济尤其是新兴海洋产业的发展、海洋经济潜在生产率的提升，制约了海洋产业结构的深度转型，制约了海洋经济高质量发展，制约了海洋经济新质生产力的提升。

2. 我国传统海洋产业结构分析

传统海洋产业由于韧性不强、效率不高、内生动力不足、抗风险能力不强等，其增加值占比呈下降趋势。但是由于发展时间长、规模体量较大，传统海洋产业仍然占据主导地位。2001~2023年，传统海洋产业增加值占全国海洋生产总值的比重由37.45%下降到31.02%，占主要海洋产业增加值的比重由92.43%下降到75.50%。2023年，我国传统海洋产业增加值为30735.00亿元，比2001年增长了7.62倍，年均名义增速为10.29%。

2001~2023年我国传统海洋产业增加值、增速及占比变化如图7所示。2001~2023年，海洋渔业、海洋油气业、海洋交通运输业、海洋旅游业等是传统海洋产业中的优势产业，其中，海洋油气业增长了13.13倍、海洋旅游业增长了12.75倍。2023年，四大产业占传统海洋产业增加值的比重高达95.90%，其中，海洋旅游业、海洋交通运输业、海洋渔业、海洋油气业占比分别为47.94%、24.80%、15.03%、8.13%。

3. 我国新兴海洋产业结构分析

战略性新兴海洋产业作为未来海洋经济的支柱产业，发展空间、发展潜力巨大。但是，由于我国战略性新兴海洋产业起步较晚、发展时间短，又是高新技术产业、高附加值产业，正处于培育、成长、扩张时期，其规模体量相对较小，目前仍然是比较弱势的海洋产业。但是，海洋药物与生物制品业、海洋工程建筑业与海洋工程装备制造业等新兴海洋产业，尤其是海上风电、潮汐发电、海流发电、波浪发电等清洁能源电力业，具有绿色高效、高附加值、社会效益好等特点，具有广阔的市场发展前景和巨大发展潜力。

2001~2023年，新兴海洋产业增加值占全国海洋生产总值的比重由3.07%上升到10.07%，占主要海洋产业增加值的比重由7.57%上升到24.50%。2023年，我国新兴海洋产业增加值为9975.00亿元，比2001年增

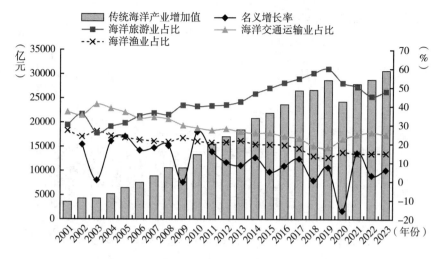

图 7   2001~2023 年我国传统海洋产业增加值、增速及占比变化

资料来源:《中国海洋统计年鉴》(2002~2017)、《中国海洋经济统计年鉴》(2018~2022)、《中国海洋经济统计公报》(2022~2023)。

长了 33.18 倍,年均名义增速为 17.41%。其中:2001~2023 年,海水淡化与利用业增长了 296.30 倍,波动率为 214.58%;海洋电力业增长了 246.78 倍,海洋药物与生物制品业增长了 128.65 倍,波动率为 98.33%;海洋化工业增长了 66.13 倍;海洋工程建筑业增长了 18.21 倍。2001~2023 年我国新兴海洋产业增加值、占比及增速变化趋势如图 8 所示。

2023 年,海洋化工业、海洋工程建筑业、海洋船舶业、海洋工程装备制造业四大产业占新兴海洋产业增加值的比重高达 84.84%,其占比分别为 43.54%、21.03%、11.53%、8.74%,应该说新兴海洋产业几乎都是高成长性产业。但是,海洋工程建筑业、海洋船舶业占比在持续下降,与发展时间长、较成熟的其他海洋产业相比,新兴海洋产业的波动率还较大,发展的稳定性有待加强。

(三)沿海地区海洋经济发展状况分析

环渤海地区主要由辽东半岛、渤海湾和山东半岛沿岸地区组成,包括辽

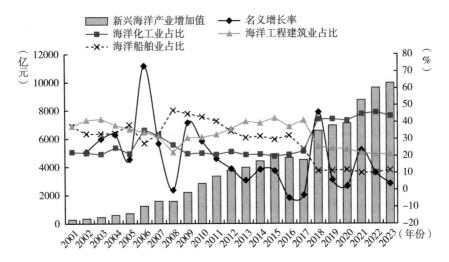

图8　2001~2023年我国新兴海洋产业增加值、占比及增速变化趋势

资料来源：《中国海洋统计年鉴》（2002~2017）、《中国海洋经济统计年鉴》（2018~2022）、《中国海洋经济统计公报》（2022~2023）。

宁省、天津市、河北省、山东省、北京市。长三角地区由长江三角洲沿岸地区组成，涵盖江苏省、上海市和浙江省三个省市。中国南海地区为海峡西岸、珠江口及其两翼、北部湾、南海海域，包括福建省、广东省、广西壮族自治区和海南省及所辖南海海域。

2023年，从陆海资源单位面积产出率看，长三角地区海域单位面积GOP产出率和陆域单位面积GDP产出率都是最高的，分别为998.65万元/公里^2、10359.78万元/公里^2。天津的海域单位面积GOP产出率最高，约为25864.40万元/公里^2；上海的陆域单位面积GDP产出率最高，约为56250.80万元/公里^2。

1. 环渤海地区

环渤海地区海域面积为31.87万平方公里，拥有6255.41公里海岸线，辽东半岛、渤海湾和山东半岛沿岸海洋经济发展基础雄厚、海洋科研教育优势突出、海洋资源丰富，发展潜力巨大。但是，由于环渤海地区海域生态环境脆弱、海洋产业转型滞后、地理位置特殊，海洋资源优势、科研成果等转化利用率不高，海洋经济内生动力不强、发展后劲不足。

2001~2023 年，环渤海地区海洋生产总值增长了 18.21 倍，年均名义增速为 14.38%，2023 年地区海洋生产总值为 30487.5 亿元，比 2022 年增长了 4.94%。但是，2014~2023 年的年均名义增速只有 3.54%，远低于全国海洋经济平均增速，在全国 GOP 的占比也呈明显下降趋势，由 2014 年的 36.72%下降到 2023 年的 30.77%，下降幅度达 16.22%。2001~2023 年环渤海地区海洋经济发展状况如图 9 所示。

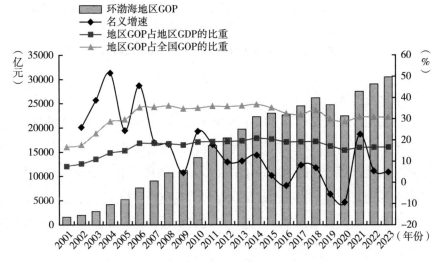

图 9　2001~2023 年环渤海地区海洋经济发展状况

资料来源：《中国海洋统计年鉴》（2002~2017）、《中国海洋经济统计年鉴》（2018~2022）、《中国海洋经济统计公报》（2022~2023）、国家统计局。

从陆海资源单位面积产出率看，2023 年，环渤海地区海域单位面积 GOP 产出率、陆域单位面积 GDP 产出率，分别为 956.62 万元/公里^2、3004.97 万元/公里^2，前者仅为后者的 31.83%。其中：天津市的海域单位面积 GOP 产出率、陆域单位面积 GDP 产出率，分别为 25864.40 万元/公里^2、9400.67 万元/公里^2，前者是后者的 2.75 倍；而辽宁省的海域单位面积 GOP 产出率、陆域单位面积 GDP 产出率，分别只有约 327.01 万元/公里^2、1702.84 万元/公里^2，与天津市相比差距十分明显（见图 10）。

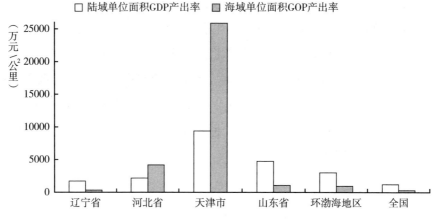

图10　2023年环渤海地区和4个省市的陆海单位面积产出率

2.长三角地区

长三角地区海域面积为30.81万平方公里，拥有3385.05公里海岸线，长三角地区拥有完善的港口航运体系，海洋经济基础扎实，海洋科技人才充足。长三角地区凭借优越的地理位置、广阔的经济腹地、雄厚的产业基础、持续提升的创新能力、完备的政策支持成为我国经济最发达的地区，海洋经济发展潜力巨大，未来江苏、上海、浙江将持续发挥海洋优势，拓展海洋经济范围。

2001~2023年，长三角地区海洋生产总值增长了20.97倍，年均名义增速为16.14%，2023年地区海洋生产总值为30768.5亿元，比2022年增长了4.88%。但是，2014~2023年的年均名义增速只有6.50%，低于地区海洋经济平均增速。在全国GOP的占比基本维持在31%左右，2023年占比下降到31.05%。2001~2023年长三角地区海洋经济发展状况如图11所示。

从陆海资源单位面积产出率看，2023年，长三角地区海域单位面积GOP产出率、陆域单位面积GDP产出率，分别为998.65万元/公里²、10359.78万元/公里²，前者仅为后者的9.64%。其中：上海的海域单位面积GOP产出率、陆域单位面积GDP产出率，分别为9341.13万元/公里²、

56250.80 万元/公里², 后者是前者的 6.02 倍。整体来看, 长三角地区江苏、浙江的陆海资源单位面积产出率都很高（见图 12）。

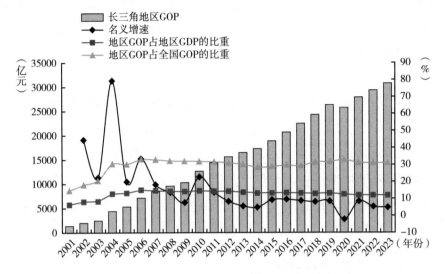

图 11　2001～2023 年长三角地区海洋经济发展状况

资料来源:《中国海洋统计年鉴》（2002～2017）、《中国海洋经济统计年鉴》（2018～2022)、《中国海洋经济统计公报》（2022～2023）、国家统计局。

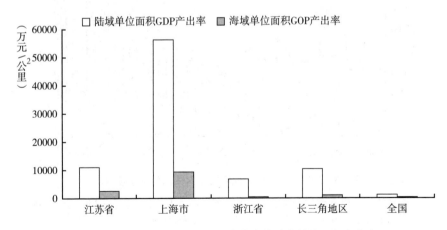

图 12　2023 年长三角地区和 3 个省市的陆海单位面积产出率

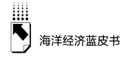

3. 中国南海地区

中国南海地区海域面积为 259.5 万平方公里，拥有 11405 公里海岸线，地理位置赋予了中国南海地区丰富的海洋生物资源、优良的海洋环境、强劲的海洋活力，海洋经济发展成效显著。但是地区间发展不均衡问题也较突出，广东和福建海洋经济在发展速度、发展规模、发展质量等方面都优于广西和海南。

2001~2023 年，中国南海地区海洋生产总值增长了 13.65 倍，年均名义增速为 13.41%，2023 年地区海洋生产总值为 35905.5 亿元，比 2022 年增长了 3.22%。但是，2019~2023 年的年均名义增速只有 1.84%，远低于全国海洋经济平均增速，占全国 GOP 的比重也呈明显下降趋势，由 2018 年的 42.73% 下降到 2023 年的 36.23%，下降幅度达 15.21%。2001~2023 年中国南海地区海洋经济发展状况如图 13 所示。

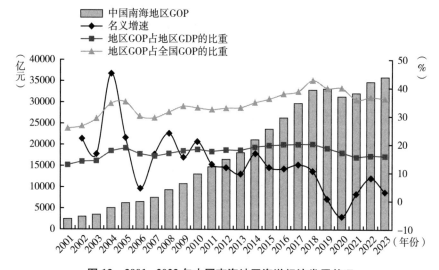

图 13　2001~2023 年中国南海地区海洋经济发展状况

资料来源：《中国海洋统计年鉴》（2002~2017）、《中国海洋经济统计年鉴》（2018~2022）、《中国海洋经济统计公报》（2022~2023）、国家统计局。

从陆海资源单位面积产出率看，2023 年，中国南海地区海域单位面积 GOP 产出率、陆域单位面积 GDP 产出率，分别为 138.36 万元/公里²、

3274.55万元/公里^2，前者仅为后者的4.23%（见图14）。总体来看，中国南海地区的陆海资源单位面积产出率都不高，福建的海域单位面积GOP产出率较高，为882.35万元/公里^2，但是低于环渤海地区和长三角地区的平均值。广东陆域单位面积GDP产出率较高为6501.39万元/公里^2，但是明显低于上海、天津、江苏和长三角地区的平均值。

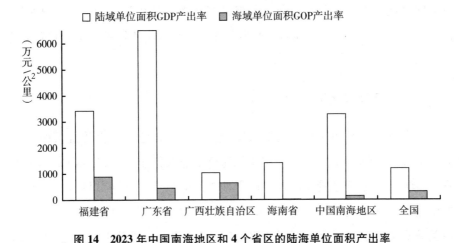

图14　2023年中国南海地区和4个省区的陆海单位面积产出率

二　2023~2024年中国海洋经济发展环境分析

海洋是人类生存与发展的重要战略空间。2000年以来，以美、英、日为代表的海洋帝国加强了对海洋的战略规划与布局，纷纷制定出台了各自的海洋发展战略，不断推进对深海、远海、大洋和两极资源的开发与探测。联合国充分认识到海洋在全球可持续发展中的重要性，认为全球海洋科学就是一门交叉学科的"大科学"；相继发布了众多的海洋战略计划，如《国际海洋能源愿景》《海洋的未来：关于G7国家所关注的海洋研究问题的非政府科学见解》《加快国际海洋空间规划进程的联合路线图》《全球海洋观测系统2030战略》《联合国海洋科学十年（2021—2030）计划》等，为全球海洋利益相关方提供共同协约框架，加强对海洋和沿海地区资源的管理，为海

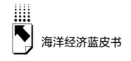

洋可持续发展提供更好的条件。

区域全面经济伙伴关系协定（RCEP）、"一带一路"倡议、"海洋命运共同体"倡议、金砖国家机制等，加强了地区经济合作，推动了区域经济一体化进程，为地区乃至世界繁荣与稳定注入了强劲动力。同时，我国也不断推进海洋强国、陆海统筹、海洋强省和海洋经济试验区示范区、沿海地区自由贸易区、长三角经济一体化、粤港澳大湾区等建设进程，"双循环"、高质量发展、数字经济、新质生产力等都为海洋事业蓬勃发展提供了重要战略机遇。

（一）宏观经济环境分析

当今世界正经历百年未有之大变局，美国金融危机对世界经济的影响尚未消除。长期以来，美国利用美元持续加息收割全球经济、财富屡试不爽，世界各国尤其是受美国货币政策冲击影响较大、金融市场开放度较大的中小国家深受其害。同时，俄乌冲突、巴以冲突等地区争端导致地缘政治关系有随时突变的可能，全球众多国家去美元化浪潮催生新的货币体系。另外，美国货币超发，美元汇聚和美元减息预期对全球输出通胀，美国自身的党派之争、自身内部阶级矛盾、制造地区冲突和代理人战争，等等，都对全球经济平稳发展和全球经济安全造成了重大冲击。

1. 国际宏观经济形势分析

2023~2024年，全球宏观经济增长放缓，各国经济复苏分化明显，发达经济体增速动力持续低迷，新兴经济体整体表现乏力。由于严重的美元债务危机、信贷增速放缓、美元持续加息、美元汇聚通胀、两党换届矛盾等多重因素，美国经济增长速度持续放缓并充满了不确定性和未知数。同时，美国为维护自身霸权私利，不惜严重破坏全球市场规则和国际经贸秩序，加紧在经贸、产业、科技、人才等众多领域对华"脱钩断链"、"围堵遏制"中国的发展，严重损害了支撑世界经济持续繁荣发展的技术创新和投融资活动。

伴随着全球制造业不景气、全球经济贸易增长乏力，以及美元减息预期和由此带来的新通货膨胀预期等因素，欧洲经济复苏进程坎坷，在遭遇俄乌冲突、巴以冲突、能源危机等重大挑战后，整体经济疲态尽显。2023 年开始，欧洲地区的通货膨胀、利率风险、金融危机等经济萧条指标表现黏滞，呈现市场动荡的厚尾效应。2024 年第二季度，欧元区和欧盟 GDP 环比增长仅 0.3%，欧元区和欧盟 GDP 的同比增长率分别仅为 0.6% 和 0.8%。[①] 但是，2024 年 7 月，欧元区和欧盟的年通胀率分别高达 2.6% 和 2.8%，[②] 2024 年 6 月季节性调整后的欧元区和欧盟失业率分别高达 6.5% 和 6.0%。[③]

日本物价上涨、货币贬值、居民收入减少、实际工资水平下降，国内的消费和投资动力不足，尽管调整了货币政策，但仍难以支撑经济稳定复苏。2023 年，日本 GDP 为 4.2106 万亿美元，名义增长 5.7%，实际增长 1.9%。[④] 2023 年第二、三、四季度，私人消费连续三个季度环比负增长，分别为 -0.7%、-0.3%、-0.3%。内需对于实际 GDP 增长率的贡献度为负向拉动，分别为 -0.7%、-0.8%、-0.1%。[⑤]

新兴经济体整体保持一定的增长态势，但是经济复苏进程依旧较为缓慢乏力。2023 年，俄罗斯 GDP 约为 171.041 万亿卢布，同比增长 3.6%。[⑥] 2024 年上半年 GDP 增长 4.6%，工业生产增长 4.4%，零售贸易增长 8.8%。[⑦] 为了抑制通货膨胀，俄央行上调了基准利率，但俄银行的贷款量仍

---

① 中华人民共和国驻欧盟使团经济商务处：《欧元区和欧盟 GDP 均增长 0.3%，就业率均增长 0.2%》，https：//eu.mofcom.gov.cn/jmxw/art/2024/art8630e65f563f444982bc4adc2fefe640.html。

② 中华人民共和国驻米兰总领事馆经济商务处：《欧盟 2024 年 7 月通胀率同比下降》，https：//milan.mofcom.gov.cn/scdy/art/2024/art_801d4c363a3c4da3810c803a572bfed1.html。

③ 中华人民共和国驻欧盟使团经济商务处：《6 月欧盟失业率为 6.0%》，https：//eu.mofcom.gov.cn/omjmzc/imtj/art/2024/arte28710a62bd241499651deddac0dee02.html。

④ 《日本 2023 年名义 GDP 降至世界第四》，人民网，world.people.com.cn/n1/2024/0215/c1002-40177783.html。

⑤ 《日本经济亮点与隐忧并存》，新华网，www.news.cn/world/20240426/af3fd7aee62748d1a0e5dbd2fee3d570/c.html。

⑥ 《俄罗斯 2023 年国内生产总值增长 3.6%》，新华网，www.xinhuanet.com/20240208/3eb2dbb388594d2e80e20668b4e64db6/c.html。

⑦ 《俄罗斯 2024 年上半年 GDP 增长 4.6%》，新华网，www.news.cn/20240826/95306f360865409087b8ed8472648182/c.html。

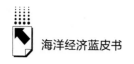

在加速增长。2023 年，印度 GDP 达 3.55 万亿美元，同比增长了 5.97%。①
2024 年第一季度，印度 GDP 同比增长了 7.8%，好于预期的 6.9%。②

2. 国内宏观经济形势分析

2023~2024 年，我国宏观经济发展稳中有升、市场信心逐渐恢复。2023
年，全国经济总量稳步攀升，GDP 超过 126 万亿元，比上年增长 5.2%。全
国居民消费价格指数（CPI）比上年上涨 0.2%，物价运行保持总体稳定。
全年国家外汇储备 32380 亿美元，比上年末增加 1103 亿美元。2023 年，在
"双循环"新发展格局下，全国供给端服务业已全面恢复增长，工业和建筑
业平稳运行，全年全部工业增加值达 399103 亿元，同比增长 4.2%，全年建
筑业增加值达 85691 亿元，同比增长 7.1%。需求端消费市场逐渐复苏，固
定资产与制造业投资逐步增加，贸易内部结构不断优化，全年社会消费品零
售总额达 471495 亿元，同比增长 7.2%；全社会固定资产投资达 509708 亿
元，同比增长 2.8%。全年人民币贷款余额为 237.59 万亿元，同比增长
10.6%；人民币存款余额达 284.26 万亿元，同比增长 10%。

2024 年上半年，全国经济运行总体稳健，经济发展质量不断提升。
GDP 达 61.7 万亿元，同比增长 5.0%。CPI 同比上涨 0.1%，全国城镇调查
失业率平均值比上年同期下降 0.2 个百分点，社会消费品零售总额同比增长
了 3.7%，服务零售额同比增长了 7.5%。全国固定资产投资同比增长
3.9%，基础设施和制造业投资分别增长了 5.4% 和 9.5%，高技术产业投资
同比增长 10.6%，货物进出口总额同比增长 6.1%。人民币贷款余额同比增
长 8.8%，人民币存款余额同比增长 6.1%。

2024 年 7 月，党的二十届三中全会明确了宏观调控和政府治理的重要
性，统筹推进财税、金融等重点领域改革。加强财政、货币、就业、产业、
环保等政策协同配合，将非经济性政策纳入宏观政策取向一致性评估。加快

① Tradingeconomics：《印度-国内生产总值 | 1960-2023 数据 | 2024-2026 预测》，https://zh.tradingeconomics.com/india/gdp。
② 《印度一季度 GDP 超预期升至 7.8%，但 GVA 增速放缓至 6.3%》，新浪财经，https://finance.sina.com.cn/roll/2024-05-31-doc-inaxcqen9244251.shtml。

新质生产力培育，统筹"短期稳定、长期增长、宏观经济结构优化"三大宏观政策，提高政策效率。积极扩大国内需求，改善市场预期，加快国债和专项债发行，扩大财政支出规模，推动消费需求复苏，支持实体经济增长、促进价格回升、保持汇率稳定和金融稳定，推进国家安全体系和能力现代化。整体来看，中国宏观经济长期基本面向好的局势没有改变，但由于国际经济、政治环境的复杂多变，中国宏观经济发展仍面临着增长速度放缓、经济下行压力增大等诸多难题。

（二）海洋经济政策环境分析

近年来，以联合国为主导的国际涉海组织、主要海洋国家等不断制定出台新的海洋开发与治理规划、政策。联合国聚焦海洋可持续发展与治理、生物多样性保护框架、全球海洋治理挑战与合作。我国加强海洋科技创新，推动现代海洋产业体系建设、优化海洋经济空间布局与拓展、培育海洋经济新质生产力，实现海洋经济高质量发展与海洋生态环境保护。

1. 国际海洋经济政策环境分析

2024年，2024联合国"海洋科学促进可持续发展十年（2021~2030）"大会在西班牙巴塞罗那举行，中国自然资源部围绕航海文化、数字深海典型生境计划、气候变化影响的海洋解决方案、海洋观测系统等主题举行多场边会活动。第九届"我们的海洋"大会在希腊雅典举行，大会以"充满潜力的海洋"为主题，聚焦海洋保护区、可持续蓝色经济、海洋气候联系、海上安全、渔业可持续发展与海洋污染六大议题，各方共同探讨国际合作、法律监管和经济等领域行之有效的海洋政策，推进务实海洋行动。七国集团科技部长会议在意大利举行，主要议题包括研究开放科学和科学交流、海洋和生物多样性等内容，海洋和生物多样性议题强调海洋观测的重要性，将加强全球海洋观测系统建设；加强国际伙伴关系和基础设施建设，推动海洋数字孪生能力发展等。

2023年，历经近20年谈判，联合国成员国在美国纽约市联合国总部就保护公海海洋生物多样性法律框架的最终文本达成一致。框架确立了到

2030 年保护至少 30%的全球陆地和海洋的目标，寻求在公海设立大范围海洋保护区，对捕鱼量、航运线路等作出限制，要求评估经济活动对这些区域生物多样性产生的影响。联合国会员国在纽约联合国总部通过《〈联合国海洋法公约〉下国家管辖范围以外区域海洋生物多样性的养护和可持续利用协定》，旨在加强各国管辖范围以外区域海洋生物多样性保护等工作。2023年海洋合作与治理论坛在海南三亚召开，围绕"全球海洋治理面临的挑战与大国海洋合作""全球安全倡议视角下的南海治理与互信构建""联合国2030 议程目标 14 与海洋渔业可持续发展""公海协定（BBNJ）与全球海洋治理"等议题进行深入探讨。

2022 年，"促进蓝色伙伴关系，共建可持续未来"边会活动在葡萄牙里斯本——2022 联合国海洋大会会场举行，边会由中国自然资源部主办。会上发布了《蓝色伙伴关系原则》，原则共 16 条分四个方面，分别明确蓝色伙伴关系合作的重点领域、合作的途径和措施、推进合作的基本方式，以及合作需要遵循的理念。中国、萨尔瓦多、斐济、巴基斯坦和南非常驻联合国代表团在 2022 年可持续发展高级别政治论坛期间共同举办"现代海洋法促进可持续发展"视频主题研讨会，各方普遍赞同《联合国海洋法公约》对促进海洋法治、完善全球海洋治理和实现可持续发展具有重要意义，愿就加强全球海洋治理、加快落实 2030 年议程深化合作。

2. 国内海洋经济政策环境分析

党的二十大报告提出了坚持陆海统筹，发展海洋经济，保护海洋生态环境，加快建设海洋强国，以及强化海洋安全保障体系建设，维护海洋权益的战略部署。国家"十四五"规划明确了积极拓展海洋经济发展空间，建设现代海洋产业体系、打造可持续海洋生态环境、深度参与全球海洋治理的重点任务。2024 年政府工作报告提出，大力发展海洋经济，建设海洋强国。

党和国家领导人高度重视海洋强国建设和海洋事业发展。2024 年 7 月，党的二十届三中全会明确提出健全海洋资源开发保护制度，完善促进海洋经济发展体制机制，健全维护海洋权益机制，完善参与全球安全治理机制等重点建设任务。2024 年 5 月，习近平总书记在山东考察时指出，要发挥海洋资源丰富的得天独厚优势，经略海洋、向海图强，打造世界级海洋港口群，打造现代海洋经济发展高地。2022 年 4 月，习近平总书记在海南考察时指出，建设海洋强国是实现中华民族伟大复兴的重大战略任务，要推动海洋科技实现高水平自立自强，加强原创性、引领性科技攻关。2018 年，习近平在参加十三届全国人大一次会议山东代表团审议时指出，海洋是高质量发展战略要地，要加快建设世界一流的海洋港口、完善的现代海洋产业体系、绿色可持续的海洋生态环境，为海洋强国建设做出贡献。国家"十四五"规划明确提出了积极拓展海洋经济发展空间，加快建设海洋强国的战略目标。党的十九大以来，海洋强国与陆海统筹战略，"一带一路"与"海洋命运共同体"倡议，自由贸易区、海洋经济试验示范区，粤港澳大湾区、长江三角洲区域一体化、黄河三角洲国家自然保护区，智慧海洋、海洋牧场、海洋强省建设等不断推进，都为打造现代海洋经济发展新高地提供了重要契机。

国家有关部门围绕海洋强国、陆海统筹建设出台了一系列政策文件。2024 年 2 月，工业和信息化部等七部门联合发布《关于加快推动制造业绿色化发展的指导意见》，提出要在船舶与海洋工程装备领域，加快液化天然气（LHG）、氨、电池等动力形式的绿色智能船舶研制及示范应用。2023 年 12 月，工业和信息化部等五部委联合发布《船舶制造业绿色发展行动纲要（2024—2030 年）》，提出要推进船舶工业产品体系、制造体系、供应链体系绿色转型，培育新业态、打造新动能、锻造新优势，提升船舶全生命周期绿色低碳水平，建设优质高效的现代船舶产业体系，实现船舶制造业健康可持续发展。2023 年 6 月，农业农村部等八部门联合发布《关于加快推进深远海养殖发展的意见》，提出要坚持市场主导、科学布局、科技引领、绿色生态、安全发展，拓展深远海养殖空间，加快深远海养殖渔场建设，保障优质水产品供给。

我国不断优化海洋经济空间布局，建设现代化海洋产业体系，提升海洋科技创新能力，统筹海洋资源开发与保护，致力于建设中国特色海洋强国。2024 年 8 月，海南省发布《高质量发展海洋经济推进建设海洋强省三年行动方案（2024—2026 年）》；2024 年 7 月，杭州市印发《杭州市海洋经济高质量发展倍增行动实施方案》；2023 年 8 月，江苏省印发《江苏省海洋产业发展行动方案》；2023 年 5 月，深圳市发布《深圳市海洋发展规划（2023-2035）》；2023 年 4 月，广西发布《广西大力发展向海经济建设海洋强区三年行动计划（2023—2025 年）》。各相关省（自治区、直辖市）、城市根据海洋经济发展目标，结合地区实际情况，发挥地区优势，制定本地区海洋经济发展规划。

（三）海洋资源、科技环境分析

全球海洋资源丰富，涵盖港口、航线、生物、矿产及化学资源。地球上生物资源的 80% 分布在海洋里，海洋给人类提供食物的能力是陆地的 1000 多倍。据估算，2024 年南极磷虾的数量达 10 亿~30 亿吨①，而 2022 年全球捕捞渔业产量已达 9230 万吨②。世界石油极限储量约有 10000 亿吨，可采储量约 3000 亿吨。③ 在海洋生态环境不受破坏的情况下每年可向人类提供约 30 亿吨水产品。④ 随着 AI 技术引领海洋科技创新的发展，多国在深海探测、水雷探测等领域取得显著进展。

1.国际海洋资源、科技环境分析

（1）国际海洋资源环境分析。全球海洋中有鱼类、贝类和藻类等 20 余万种生物资源。海底石油可采储量约 1350 亿吨，海底天然气储量约 140 亿立方米。在水深 4000~6000 米的海底，分布着富含铜、钴、锰、镍等金属的多金属结核资源，其资源总量约有 3 万亿吨。富钴结壳分布于 400~4000 米水深的海底山、脊和平台的斜坡和顶部，最大厚度近 20 厘米。海水中含有丰富的海水化学资源，已发现的海水化学物质有 80 多种，其中 11 种元素

---

① 赵宁：《南极磷虾知多少》，《中国自然资源报》2024 年 9 月 2 日，第 5 版。
② 联合国粮农组织：《世界渔业和水产养殖状况》，https://www.fao.org/newsroom/detail/fao-report-global-fisheries-and-aquaculture-production-reaches-a-new-record-high/zh。
③ 中国海洋发展研究中心：《丰富的油气资源》，https://aoc.ouc.edu.cn/t719/2019/0613/c15171a250084/page.psp。
④ 中国海洋发展研究中心：《有关海洋的小知识》，https://jwc.ouc.edu.cn/hydxt/2010/1108/c6856a32877/page.htm。

（氯、钠、镁、钾、硫、钙、溴、碳、锶、硼和氟）占海水中溶解物质总量的99.8%以上，可提取的化学物质达50多种。人们利用海水生产食盐，提取氯化镁、硫酸钠、氯化钙、氯化钾、溴化钾等。

（2）国际海洋科技环境分析。2023年是人工智能（AI）技术创新与应用突飞猛进的一年，生成式人工智能快速进入大众视野。美国、欧盟、日本等正在起草或准备推出人工智能指导准则或法案，美国发布了《关于安全、可靠和可信的AI行政令》，欧盟就《人工智能法案》达成协议。整体而言，由于AI政策与地缘政治、经济竞争等因素紧密交织，全球层面的AI治理合作仍未取得具体成果。2024年1月，美国罗德岛大学海洋工程和海洋学教授布伦南·菲利普斯带领的多学科研究团队成功展示了一种新技术。该技术可以在几分钟内获取深海中一些最脆弱动物的保护组织和高分辨率3D图像，能够在与深海动物接触的几分钟内获取详细的测量和运动数据，获取整个基因组，并生成详尽的基因表达清单，从而创建动物的"数字标本"。

2023年2月，美国斯坦福大学研发出机载光声声呐系统样机，通过激光声效应在水中产生声波，利用超声换能器捕获声波经目标反射形成的目标回波，经信号处理生成水下目标的三维图像，有望改变航空声呐逐点吊放搜索或定点抛洒的运用样式，标志着光声声呐技术正逐步向实用化迈进。

2.国内海洋资源科技环境分析

（1）国内海洋资源环境分析。近年来，我国大力推动"资源修复+生态养殖+高质高效"的海洋生态牧场综合体建设。我国拥有144个港口、10563个海岛、25562公里海岸线、3189946平方公里海域，海洋自然资源丰富。我国设立了170个国家级海洋牧场以及14个海洋经济试验示范区，覆盖渤海、黄海、东海和南海四大海域。拥有中国—朝鲜、中国—日本、中国—俄罗斯等近洋航线，中国—西欧、中国—北美、中国—地中海等远洋航线，海运航线与200多个国家和地区的众多港口相连，航线密度和频率持续提升。2023年，我国海洋船队规模居世界第一，外贸海运量占世界海运量的30.1%，全球前十大集装箱港口中占据7席。

2023年，在海洋矿产资源方面，我国油气产量当量超过3.9亿吨，连续 7 年保持千万吨级快速增长趋势；原油产量达 2.08 亿吨，同比增产超过 300 万吨，进一步巩固国内原油 2 亿吨长期稳产的基本盘；天然气产量达 2300 亿立方米，连续 7 年保持百亿立方米增产势头。[①] 海上风电发展迅速，中国海上风电累计装机容量达到 3650 万千瓦，同比增长 19.8%，新增并网装机容量 604 万千瓦。[②] 在海洋生物资源方面，我国有海洋生物物种 2.8 万余种，约占世界已知海洋生物物种总数的 11%，是全球海洋生物多样性最为丰富的国家之一。[③]

（2）国内海洋科技环境分析。在海洋科研投入与产出方面，2021 年全国共完成海洋科研课题 21182 项、专利授权数 6457 件，分别比 2020 年增长 8.13%、23.91%；科技论文 24936 篇、科技著作 535 部，分别比 2020 年减少-4.69%、-1.29%。

在涉海科研机构和人员结构方面，2021 年我国海洋科研机构数量达到 194 个、从业人员达 43760 人，分别比 2020 年增长 8.99%、4.67%。在海洋科技研究与开发机构 R&D 经费支出方面，2021 年，我国海洋科研机构 R&D 经费内部支出总计达 3069528 万元，比 2020 年增长 21.14%（见表 1）。

表 1　2021 年我国海洋科研机构、人员及科研成果

机构分类	科研机构（个）	R&D 经费内部支出（万元）	从业人员（人）	R&D 课题（项）	专利授权（件）	科技论文（篇）	科技著作（部）
基础科学研究	107	2055840	27113	16065	3751	18614	327
工程技术研究	50	961989	13398	4537	2533	5838	191
海洋技术服务	29	35964	2454	516	158	385	11
海洋信息服务	8	15735	795	64	15	99	6
合　计	194	3069528	43760	21182	6457	24936	535

资料来源：《中国海洋经济统计年鉴（2022）》。

---

① 《2023 年我国油气产量当量超 3.9 亿吨》，中国政府网，https://www.gov.cn/lianbo/bumen/202401/content6925077.htm。

② 中国海油集团能源经济研究院主编《中国海洋能源发展报告 2023》，海洋出版社，2023。

③ 《我国已记录海洋生物物种 2.8 万余种　占世界已知总数 11%》，中新网，https://www.chinanews.com.cn/gn/2024/07-11/10249510.shtml。

分地区来看，广东、山东和浙江的海洋科研机构数量最多。在 R&D 经费内部支出方面，广东、上海和山东占据前三位。在从业人员、R&D 课题、专利授权、科技论文和科技著作方面，广东、山东和上海领跑（见表2）。

表2　2021年沿海地区海洋科研机构、人员及科研成果（分省份）

项目	辽宁	河北	天津	山东	江苏	上海	浙江	福建	广东	广西	海南
科研机构（个）	7	11	11	32	13	18	21	17	38	12	18
R&D 经费内部支出（亿元）	29.58	2.85	4.97	41.11	13.64	48.66	10.78	5.50	60.79	2.00	7.33
从业人员（人）	2669	1728	2026	6531	2559	5374	2874	1296	8257	1250	1048
R&D 课题（项）	394	236	395	3230	2020	2098	688	679	3121	239	570
专利授权（件）	409	64	306	947	315	595	343	127	1365	118	129
科技论文（篇）	521	661	570	3403	1816	2098	559	559	4460	894	470
科技著作（部）	17	50	28	67	47	51	6	10	59	32	6

资料来源：《中国海洋经济统计年鉴（2022）》。

近年来，随着科技不断进步，海洋科研环境显著改善，我国科研工作者在海洋工程装备制造、海洋勘探等领域不断取得新的突破。2024 年 4 月，"深海一号"船搭载"蛟龙"号载人潜水器停靠国家深海基地管理中心码头，标志着中国大洋 83 航次顺利结束，完成了中国载人潜水器在大西洋的首次载人深潜科考。2023 年 12 月，我国自主设计建造的首艘大洋钻探船"梦想"号首次试航，"梦想"号具备全球海域无限航区作业能力和海域 11000 米的钻探能力，总体装备和综合作业能力处于国际领先水平，标志着我国深海探测能力建设和海洋技术装备研发现代化建设迈出关键一步。2023 年 9 月，中科院南海海洋研究所与中国地质大学（北京）合作，在南海中

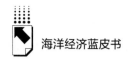

央海盆水深约 4000 米处，开展了我国第一条跨洋中脊深海人工源电磁与大地电磁联合探测剖面的实验，标志着我国在复杂深海地形条件下，大功率人工源电磁探测技术取得进一步突破。2022 年 7 月，我国海上首口页岩油探井"润页-1 井"压裂测试成功并获商业油流，实现了用我们自己的装备和技术自主勘探开发我国海上页岩油气资源，拉开了海上非常规油气勘探开发的序幕，标志着我国海上页岩油勘探取得重大突破。

三　2023~2024年中国海洋经济发展存在的问题分析

近年来，我国海洋经济发展总体上呈不断增长态势。2023 年，海洋生产总值接近 10.00 万亿元，与金融业、批发和零售业基本持平，超过了农林牧渔业、建筑业、房地产业等行业。但是仍然存在一些比较突出的问题。总的来看，近年来，一方面，海洋经济增长明显放缓，海洋生产总值占全国 GDP 的比重持续下降；另一方面，海域单位面积产出率不高、海洋资源利用率不高、单位能耗居高不下，海洋经济的抗风险能力不强、韧性较弱、波动较大、内生动力不足等问题凸显，一直是制约我国海洋经济发展的重要因素。从海洋产业结构看，传统海洋产业仍然占主导地位、迭代升级迟缓，新兴海洋产业尤其是战略性新兴海洋产业规模较小、占比较低、发展较慢，仍然存在较为明显的海洋产业结构不均衡问题。区域海洋经济协同创新不强，动力机制效果、陆海统筹效果等尚不理想。

（一）海洋资源环境保护与治理仍需加强

近年来，我国形成了覆盖国家、省、市、区县的相对完善的四级海洋行政管理体系体制。但是，海洋行政管理部门主要是依据海洋资源种类和海洋行业设定的，海洋系统整体被不同行业、不同领域的部门管辖，必然导致海洋系统的整体性被刚性分割。海洋行政管理部门在职能结构、信息传达、信息共享、资源配置、陆海统筹、政策制定、决策部署等方面仍存在许多掣肘问题。目前，仍存在国际海洋治理机制、规则制定等参与度不深，深海、远海、大洋、两极等国际务实合作度不高，国家海洋权益维护任重道远等诸多难题。应对气候变化、海洋灾害与风险防控、维护国家海洋安全能力亟须加强，海洋综合治理体系、海洋生态环境保护制度亟须完善，海洋事务调控管理能力、海洋应急管理效率亟须提高。

海洋生态、环境、气候、灾害和资源等问题共生共存、相互叠加、交互影响，海洋生态环境系统和生物多样性具有明显的脆弱性，表现出明显的系统性、区域性和复杂性等特征。我国海洋经济发展与海洋生态资源环境保护之间的协同治理效果尚不明显。一方面，我国海洋生态资源环境复杂，极易受气象灾害、海洋灾害和气候变化等的影响。另一方面，海洋资源开发利用，海洋生态环境脆弱，海洋生态资源环境承载力与海洋生物多样性安全能力下降等，都对海洋生态资源环境造成了不同程度的影响。

《中国环境统计年鉴（2023年）》和《中国海洋生态环境状况公报（2023年）》数据显示，近年来我国全海域海水水质越来越好，但未达第一类海水水质标准的海域面积仍然较大。2023年，东海海域未达第一类海水水质标准的海域面积，比2022年增长了35.00%。第二类、第四类与劣于第四类水质的海域面积，比2022年分别增长了44.68%、25.74%和46.61%。

《中国海洋生态环境状况公报（2023年）》显示，2023年夏季，我国富营养化海域面积为28960平方公里，相比2022年有增无减，其中，重度富营养状态海域面积为12800平方公里、占比高达44.20%，主要集中在辽东湾、长江口、杭州湾和珠江口等近岸海域。2023年，我国近岸海域表层水体拖网监测的漂浮垃圾平均数量为3719个/公里^2，海滩垃圾平均数量为46311个/公里^2，海底垃圾平均数量为1201个/公里^2，均是塑料类垃圾数量最多，占比分别高达89.8%、79.1%、75.4%。

《中国海洋灾害公报（2022年）》和《中国海洋灾害公报（2023年）》显示，以风暴潮、海浪和赤潮为主的海洋灾害，每年都给我国沿海地区经济社会发展造成极大损失。2022年共造成直接经济损失24.12亿元，死亡失踪9人。2023年，共造成直接经济损失25.07亿元，死亡失踪8人。2023年，24处典型海洋生态系统中，有17处呈亚健康状态，占比高达70.83%。

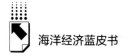

其中，4 处珊瑚礁生态系统、2 处红树林生态系统、广西北海海草床生态系统呈健康状态，7 处河口生态系统、8 处海湾生态系统、滩涂湿地生态系统、1 处海草床生态系统均呈亚健康状态。

近年来，尽管我国对海洋生态资源环境进行了严格保护与治理，国家、地方政府、沿海社区和民间协会组织等出台并采取了大量保护治理政策、措施，付出了大量人力、物力、财力，多层次、多维度、多方位竭力遏制对海洋生态环境的破坏。但是我国海洋生态环境仍然面临着保护治理与开发利用的双重压力，全球气候变化、海洋灾害、经济社会发展等多重因素相互作用，海洋生态资源环境保护与治理问题仍然面临严峻形势。

（二）海洋产业结构失衡与低端化突出

目前，我国海洋经济仍然以资源型、粗放式、中低端等的传统海洋产业为主，附加值、科技创新能力、生产效率、转型速度、质量水平等相对较低。而高附加值、高科技、高效率、高效益的战略性新兴海洋产业的总量规模较小、发展速度较慢、产业结构失衡突出。总体来看，新兴海洋产业、高端海洋产业、高科技海洋产业等发展滞后，海洋产业的内生动力和自主创新发展能力薄弱，海洋经济新质生产力生产效率还不高，海洋经济高质量发展、可持续发展与平稳发展能力不足。海洋经济发展潜力挖掘不显著，突出表现为海域单位面积产出率较低、海洋科技贡献率与成果转化率不高、海洋资源开发利用效率不高、深海远海大洋两极开发利用能力不足。

海洋产业结构不均衡，突出表现为海洋第二与第三产业间的过早失衡，主要海洋产业与相关海洋产业间的不均衡、传统产业与新兴产业间的不均衡、重工业与轻工业间的不均衡、多主体与多元化产业结构不均衡，以及主要海洋产业之间、传统海洋产业内部、新兴海洋产业内部的不均衡。区域海洋经济发展不平衡，突出表现为北部、东部、南部发展不平衡，区域海洋科技、人才、资源、效率、投融资不均衡，区域间产业、产品、集群、结构不均衡。海洋经济关联不协调，突出表现为陆—海—河—港经济关联、海洋传统产业与新兴产业关联、深海远海大洋与两极经济关联等不协调。

我国海洋产业在空间布局上也存在许多问题，产业空间结构布局松散而趋同，技术研发体系与产业分工体系尚不成熟，产业集聚程度不高，优势海洋产业集群和产业规模效应、集群效应、集聚效应、溢出效应、关联效应等效果尚未显现也不成熟。海洋科技、人才、资金、政策以及土地、生态、环境等经济、社会、自然资源的错配现象比较突出。海洋经济发展缺少高端科技引领产业、缺乏多主体多元化发展路径，投入产出效率较低、关键产业链条不长，海洋产业结构转型升级缓慢，缺乏产业协同和科技支持，海洋经济抵抗外部冲击能力较弱，海洋经济产业发展缺乏韧性。我国战略性新兴海洋产业与海洋产业集群亟须壮大、海洋关键核心技术亟须突破、海洋试验示范区发展质量亟须提升。

2023 年，我国沿海地区现有各类海洋产业园区 300 余个，由于缺乏整体规划，园区的产业布局呈现分散状态，产业同质化和低端化问题严重。此外，产业结构不平衡，科技创新能力不足，产学研合作平台不完善，科研成果转化受限，等等，严重影响了海洋产业链、供应链的高级化、系统性、完整性。一些所谓的海洋硅谷、海洋高科技园区内，涉海企业尤其是海洋高科技企业不多，有的甚至成了房地产开发园区，为数不多的企业只是在地理空间上无序扎堆，其产业关联、技术关联、产品关联等较弱。

（三）海洋经济新质生产力与效率不高

近年来，我国海洋工程装备、大国重器等关键海洋科技领域的核心部件国产化率不断提高，海工装备实力不断攀升，数字化、智能化、智慧化、融合化等海洋产业新动能不断形成，我国海洋科技水平和研发能力正在高速追赶西方发达国家。但是，我国海洋科技实力与西方发达国家还有不小的差距，我国海洋空间资源和矿产资源的开发利用效率与发达国家相比还有很大差距，海洋科技仍然是制约开发利用深海、远海、大洋、两极的瓶颈，是提高海洋开发利用效率、挖掘海洋潜力的关键手段。传统海洋产业创新能力不足、结构转型困难、深加工能力较弱、高附加值产品太少，产业链、价值链、供应链、技术链、人才链不完善，资源优化配置效率与投入产出效率不

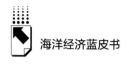

高，单位能耗居高不下，内生发展动力不足。支柱产业、主导产业的带动效应、引领效应、传导效应不强。

我国拥有300多万平方公里的海域面积，占全国陆域面积的三分之一多，约是我国沿海地区陆域面积的2.476倍，但是我国海洋资源的单位产出效率、沿海地区人均海洋生产总值很低。2023年，我国海洋生产总值仅是全国陆域GDP的8.54%，是沿海地区陆域GDP的17.49%；海域单位面积GOP产出率只有约307.59万元/公里^2，是全国陆域单位面积GDP产出率的25.55%，仅是沿海地区陆域单位面积GDP产出率的7.06%。我国沿海地区人均海洋生产总值只有约1.56万元，而人均陆域GDP有8.90万元。2021年，我国海洋领域科研投入、科研活动从业人员，占我国总体科研领域的比重均不足2%，海洋创新性科研成果少，尤其是海洋科技领域发明专利授权数量，占全国发明专利授权的比重仅有0.6%，海洋科技投入尚未形成规模效应、海洋科技创新效率和产出效率不高。海洋高新技术投入、海洋科技创新投入、海洋基础设施建设投资等严重不足，海洋资源潜力、海洋生物潜力、海洋经济潜力、海洋科技对海洋经济贡献率、海洋空间成果转化率的潜力和效率等远未挖掘释放出来。

海洋药物与生物制品业、海洋工程装备制造业、海水淡化与利用业等战略性新兴海洋产业，总量规模与发展速度较小，产业链、供应链、技术链、价值链尚不成熟，科技、人才、资金、政策、环境等方面还存在很多短板，高成长性海洋产业、优势海洋产业及其产业集群较少。仍存在发达国家的许多技术壁垒限制，深海、远海、大洋、两极资源的开发利用效率、能力和水平较低，尤其是在深海大洋探测、海洋工程装备、海洋药物等领域的核心技术自主创新能力不强。海洋高端人才储备不足，海洋高素质人才短缺，海洋高层次人才、专精尖人才的培养和引进不够，海洋自然科学、海洋人文科学等的博士、硕士、本科学科布局及在校生人数等，远远不能满足海洋强国建设的需要。总体来看，我国海洋经济全要素生产率还较低，海洋经济高质量发展、海洋经济可持续发展、海洋数字经济发展、海洋经济新质生产力等"耕海牧洋"的能力还较弱。

（四）海洋经济数据细分不够、时效性不强

2000年以来，相关部门已经制定了两次海洋产业行业分类标准，我国近海海洋综合调查与评价专项（国家海洋908专项调查）历时八年，完成了近海海洋综合调查、综合评价和"数字海洋"信息构建等多项任务，基本摸清了我国近海海洋环境资源家底。但是海洋经济统计数据仍然存在诸多问题，严重影响了相关部门与科研院所对我国海洋事业发展进程的科学研判。一是海洋经济统计数据分类模糊、滞后严重、指标缺失、冗余、统计口径不一、质量不高，以及数据的稳定性、时效性、共享性、透明性不足等问题依然突出。二是海洋经济数据统计方法的科学性、可行性、适应性、可操作性不强，尚未形成统一的海洋经济数据统计与采集标准，海洋部门、产业、产品、原料、资源等投入产出要素分类不清，海洋经济活动、海洋经济范畴、海洋产业尤其是海洋相关产业边界模糊，各级地方政府的海洋管理部门与海洋经济统计工作任务艰巨，增加了海洋经济数据收集的难度。三是海洋数据来源分散、数据缺乏整合，统计数据不完整，数据采集机制不健全；各部门海洋经济统计公报的数据尚存在准确性、一致性方面的问题，海洋经济统计数据的"碎片化""部门化"，甚至存在海洋经济指标统计数据的时空重叠和冲突。四是国家层面和沿海省市、县区等海洋经济统计数据、统计指标衔接性差，沿海省市、县区和国际主要海洋大国的海洋经济统计数据严重缺失，海洋经济统计指标与海洋产业分类数据细分不足。严重缺失与国家统计年鉴统计指标分类相对应的海洋自然资源、人文资源分类数据和涉海科技、人才、专利、就业、企业、产品、资产、投资、融资、利税、消费、贸易等众多海洋经济细分统计数据。

四　2024~2026年中国海洋经济发展预测分析

海洋经济发展的影响因素复杂多变，部分因素具有高度不确定性和随机性，海洋经济统计数据比较匮乏，海洋产业投融资、海洋产品市场消费、海

洋货物贸易额等关键性的细分海洋经济数据严重缺失，约3/4的沿海地区海洋产业细分后的统计数据没有公布，给量化预测全国海洋经济指标带来了巨大挑战。为了准确评估2024～2026年中国海洋经济的发展形势，课题组建立灰色预测模型、向量自回归模型、计量经济模型、统计分析模型和机器学习模型等组合模型，对全国海洋生产总值等五项主要指标进行集成预测。预测过程分为数据处理、模型建立、算法优化和组合预测等四个步骤。同时，采用启发式算法优化组合模型估计参数，提高预测结果的准确性和鲁棒性。经过多种启发式算法的计算结果比较，最终选择计算时间短、准确性高的胡桃夹子算法训练模型参数，并输出中国海洋经济主要指标的预测结果。组合模型计算和算法优化在专业编程软件 Matlab 2020b 上操作完成，2024～2026年预测结果如表3所示。

表3　2024～2026年中国海洋经济主要指标预测

单位：亿元

预测指标	2024 年		2025 年		2026 年	
	预测区间	名义增速区间	预测区间	名义增速区间	预测区间	名义增速区间
全国海洋生产总值	103502,105593	4.45～6.56	109401,111612	3.61～7.84	115747,118085	3.70～7.94
主要海洋产业增加值	42338,43194	4.00～6.10	44752,45656	3.51～7.81	47347,48304	3.68～7.82
海洋科研教育业	6568,6700	3.51～5.60	6942,7082	3.46～5.71	7344,7493	3.41～5.76
海洋公共管理服务业	17369,17720	4.59～6.71	18359,18730	4.46～6.72	19424,19816	4.41～6.79
海洋相关产业增加值	37227,37979	5.06～7.18	39349,40144	5.01～7.26	41631,42472	4.98～7.35
海洋上游相关产业	14780,15078	4.81～6.93	15622,15938	4.76～7.21	16528,16862	4.65～7.42
海洋下游相关产业	22447,22900	5.22～7.34	23726,24206	5.19～7.41	25103,25610	5.12～7.51

续表

预测指标 增加值	2024 年		2025 年		2026 年	
	预测区间	名义增速	预测区间	名义增速	预测区间	名义增速
传统海洋产业 增加值	31627,32266	2.90~4.98	33072,33740	2.50~6.68	34611,35310	2.58~6.77
新兴海洋产业 增加值	10712,10928	7.38~9.55	11680,11916	6.88~9.95	12736,12994	6.56~9.99

近年来，美国金融危机、货币超发、美元持续加息和地区冲突，频频破坏世界的安全与宁静。同时，美欧贸易高墙与俄乌冲突、巴以冲突等地区争端，严重影响了全球经济的平稳发展。目前，我国海洋经济正处于产业结构转型升级、增长模式转变、关键技术突破、绿色效率提升、海洋经济高质量发展、海洋数字经济发展、新质生产力形成等关键时期，海洋经济的韧性还不强、稳定性还不高、抗风险冲击能力还较弱、内生发展动力和高质量发展尚需加强。未来海洋经济发展仍面临诸多的挑战，预计海洋经济在平稳发展中不乏波动。

党的二十届三中全会明确提出了"完善促进海洋经济发展体制机制"。随着国家综合国力与科技实力的不断提升，在新发展格局下，我国宏观经济发展持续向好。同时，海洋强国、陆海统筹、海洋经济试验示范区、自由贸易区、海洋强省等建设，都对我国海洋经济平稳、快速发展提供了有力支持。根据国内外经济发展趋势和我国海洋经济现实情况的分析，预计 2024 年我国海洋生产总值将突破 10.00 万亿元，将达到 104547 亿元左右，与上年相比，名义增速将达到 5.50%左右。其中，主要海洋产业增加值预计为 42766 亿元左右，海洋科研教育业约为 6634 亿元，海洋公共管理服务业约为 17545 亿元。

现阶段，海洋强国建设、海洋强省建设不断推进，现代海洋产业体系、战略性新兴海洋产业集群不断形成，传统海洋产业快速转型升级，海洋数字经济、海洋经济新质生产力等加速发展，海洋全要素生产率、海洋科技贡献

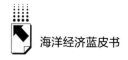

率不断提高，现代海洋经济发展的新高地逐渐形成。2025 年，预计我国海洋生产总值将超 11.00 万亿元，约为 110507 亿元。2026 年，预计我国海洋生产总值大概率将达到 11.50 万亿元左右。总体来说，海洋经济技术创新驱动发展模式将逐渐取代资源投入增长模式，集约化、精细化、质量型、效益型的海洋经济高质量发展模式不断形成，海洋经济新质生产力和内生发展动力不断增强。另外，全球经济政治形势依然复杂多变，美欧日等对我国经济、科技发展的围堵和破坏不会停止，我国海洋经济发展依然面临着国际上不确定性、不稳定性、突发性等诸多因素的影响。

五　中国海洋经济发展对策建议

2000 年以来，我国海洋经济规模总量不断增加，海洋在我国区域经济发展中的地位不断凸显、作用不断增强。但是，我国海洋经济在国民经济中的占比仍然很低，海洋经济增速与潜在增长力仍有待提升。深入实施海洋强国、陆海统筹等国家重大战略，优化海洋产业结构与海洋空间布局，尽快改进粗放式的海洋生产模式，大力提高海洋全要素生产率，不断增强海洋经济高质量发展与海洋科技自主创新活力，重点促进海洋新质生产力形成与发展，提升海洋经济自主发展的内生动力，不断提升"耕海牧洋"的科技研发水平与资源开发利用能力，持续维护国家海洋经济安全稳定与可持续发展，是未来我国海洋事业发展的重要使命。

（一）加强海洋经济高质量发展，完善海洋资源环境保护机制

"海洋是高质量发展的战略要地"。海洋经济高质量发展是海洋经济发展由外延粗放式向集约精细化转变、由速度规模型向质量效益型转变的根本要求，是未来海洋经济发展方式的重要目标，是海洋强国建设的重要保障。海洋经济高质量发展的核心是通过"理念、动力、结构、效率、质量"五大变革，实现海洋经济的创新、协调、绿色、开放、共享发展和健康、稳定、安全、高效、持续发展。海洋是人类的资源宝库，而海洋资源又是海洋

的生命，海洋蕴含的矿物资源、食物资源均是陆地的 1000 多倍，世界货物贸易总量的约 80% 是通过海洋通道实现的。海洋环境是地球气候的重要调节器，海洋环境与海洋资源是息息相关、唇齿相依的一对孪生兄弟，保护海洋环境就是保护人类的资源宝库，就是保护人类的生命之源，就是保护人类的生活家园，也是实现海洋经济高质量发展的必然要求。

大力推进粗放式、掠夺式、速度型、规模型海洋经济外延型发展模式向集约化、精细化、质量型、效益型海洋经济高质量发展模式转变。显著提升海洋资源利用效率，有效减轻海洋资源依赖程度，大力倡导"海洋经济+资源+生态+环境"等绿色融合发展理念，推动人海和谐、人文自然和谐发展，保护海洋资源、生态、环境安全，不断提升蓝色碳汇能力，构建全球蓝色债券交易市场。精细化测算海洋生态、环境、资源、空间承载力，保障海洋经济高质量发展与可持续发展。进一步完善海洋生态环境保护法律体系，加强行政立法、执法。严格实施海洋资源、生态、环境等监测、监管、补偿制度，加大海洋生态环境保护的执法力度。强化海洋资源生态环境保护治理，科学控制海洋污染物排放，杜绝海洋生态环境破坏，着重解决海洋资源无序开发、海洋生态环境恶化等突出问题。增强海洋生态文明示范区引领效应，精细化厘定海洋生态环境红线，持续恢复盐沼地、海草床、红树林等典型滨海湿地生态系统，显著提升海洋生物多样性安全水平，不断提升海洋生态环境监测与治理能力。

推进海洋卫星遥感数据增值服务，加快建立集海洋防灾减灾、海洋环境监测、海洋执法于一体的海陆空立体监测预警网络体系，建立海洋安全与权益维护、海洋综合管理服务、海洋智能开发利用等智慧海洋应用群。建立和完善海洋生态环境监测多源异构大数据库平台，不断提高海洋灾害预报精度，全面、系统、科学、精细化统计收集海洋灾害损失数据，全面提升应对气候变化和防灾、减灾、救灾能力。引入第三方评估机构，重点建立和完善海洋生态环境保护与治理，海洋灾害损失、海洋安全风险评估等监测预警体系。加强保险公司与政府、涉海企业、沿海社区等的合作，开发、创新制定定制化、多样化的海洋灾害保险产品和保险方案，建立健全海洋灾害保险的

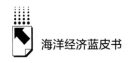

多主体分担机制。建立健全海洋灾害保险法律法规，优化理赔流程、提高理赔效率，拓展和提升海洋灾害保险的广度、深度和效能。加快构建现代化的全球海洋治理体系，加强"海上丝路"建设，拓展蓝色伙伴合作关系网络，持续扩大国际海洋事务合作范围，积极参与制定国际海洋资源、清洁能源开发利用规则，深度参与全球海洋治理，提出中国方案、贡献中国智慧，推动构建全球海洋命运共同体，保障国家海洋安全。

（二）加速战略性新兴产业崛起，推动海洋产业结构均衡发展

战略性新兴海洋产业是未来海洋经济的主导产业、支柱产业和重要增长点，是海洋经济高质量发展与可持续发展的关键产业，也是增强海洋经济内生发展动力的核心环节，代表了现代海洋产业体系的高级水平。海洋产业结构是衡量海洋经济发展阶段和发展水平的重要指标，同时也是海洋经济高质量发展与可持续发展的关键指标。实现海洋产业结构均衡与海洋经济协同发展，又是海洋经济健康、稳定发展的关键要素，是增强海洋经济韧性与安全性、提高海洋经济抗风险能力、促进海洋经济协同发展的关键。

优化政府、金融机构、企业与科研院所、高校的协同创新体制机制，加大对战略性新兴海洋产业的政策、财政等支持力度，加大研发投入，强化技术创新和协同攻关，完善激励机制，切实落实税收减免、研发补贴和融资优惠等政策措施。设立战略性新兴海洋产业发展专项基金，重点加强对初创企业和中小微型企业的孵化、培育和政策支持、金融支持。特别是重点支持关键技术研发、重大项目建设和供应链、价值链、产业链、技术链等深化工程，集中力量突破关键核心技术瓶颈，重点支持海洋工程装备制造业和海洋药物与生物制品业。加强沿海地区自由贸易区、海洋经济试验区示范区等产业园区的建设效果评估，重点支持建设海洋产业集聚区，重点打造战略性新兴海洋产业集群高地，吸引、培养国际知名企业和高端人才集聚，积极培育壮大新兴产业和未来产业，大力提升战略性新兴海洋产业集群的全球竞争力和影响力，充分发挥产业园区和产业集群的引领示范效应、溢出效应、集聚效应。

加强陆海统筹、区域统筹与产业协同，优化多主体、多层次、多元化、多领域的海洋产业结构空间布局，延伸海洋产业链条长度、拓展海洋产业链条广度、挖掘海洋产业链条深度。加快推动产业链供应链优化升级、推动传统海洋产业迭代升级，大力促进海洋数字经济发展，深入挖掘传统海洋产业提质增效能力、自主创新能力和高质量发展潜力；重点培育发展海洋高端科技引领产业，重点增强新兴海洋产业发展动力，尤其是加强战略性新兴海洋高新技术产业的关联效应、溢出效应，重点提高海洋科技贡献率与科技成果转化率。立足长三角区域一体化、粤港澳大湾区等重大区域发展规划，加快推进环渤海大湾区建设，实施区域差异化海洋产业发展战略，充分发挥自然、人文、经济与海洋资源禀赋等区域优势条件，科学布局区域海洋产业分工，着力提高海域单位面积产出率和海洋资源开发利用效率。重点支持打造具有全球竞争力的区域战略性新兴海洋产业集群，创新海洋产业集约、高效发展新模式，避免资源浪费和产业同质化竞争，形成优势互补、合作共赢的海洋产业发展新格局，着力打造具有全球竞争力的现代海洋产业体系。

（三）加快形成海洋新质生产力，增强海洋经济内生发展动力

海洋经济新质生产力是我国海洋经济高质量发展、可持续发展的动力源泉。海洋经济新质生产力是海洋技术革命性突破、海洋生产要素创新性配置、海洋产业深度转型升级而催生的先进生产力，核心是海洋资源优化配置、海洋产业结构深度转型、海洋全要素生产率大幅度提升，具有高科技、高效能、高质量特征。高素质的海洋人才队伍、高效率的海洋资源配置、智慧的海洋产业组织、高科技的海洋生产工艺、高品质的海洋绿色产品，以及高度发达的国内市场、引领前沿的科技革命、充满活力的创新环境，是海洋经济发展内生动力的核心要素。增强海洋经济内生发展动力是发展海洋经济新质生产力的必然要求和重要目标。

加强海洋科技创新顶层设计，加大海洋科技研发投入力度，完善海洋科技研发与创新体系，强化海洋科技创新激励机制，激发海洋科技自主创新活力。加强政府、金融机构、企业、科研机构与产业基地、成果转化基地等的

协同创新，完善海洋科技成果转化奖惩机制，优化海洋科技资源与要素配置，大力推进深海装备、海洋能源、海洋生命科学等海洋科技创新，打造海洋科技自主研发新高地。着力推进海洋高科技人才、资金、技术、政策等要素聚集，打造优势海洋企业与优势海洋产业集群。重点推动海洋科研教育事业发展，大力支持鼓励高校、科研院所设立海洋自然科学、海洋人文科学等学科专业，着重加强海洋高素质人才队伍建设、培养与引进，扩大多层次、多领域、多学科海洋科技人才规模，重点发挥海洋高素质人才队伍效能，大力提升海洋科技人才竞争力。显著提升海洋科技、人才、资金以及土地、生态环境等经济、社会、自然资源的配置效率，重点提升海洋全要素生产率，加快培育和提高海洋经济新质生产力和生产效率。

重点解决海洋高端装备、海洋关键共性技术研发，海洋科技成果转化效率问题，着力突破海洋高端装备关键设备、海洋核心技术瓶颈，重点提升海洋重大关键技术和海洋核心工程装备自主化水平，积极推进智慧海洋工程建设。着重加快多功能大洋巨型浮岛装备及关键配套设备研发建设，大力提升我国深海大洋战略支援服务能力，充分发挥我国港口、航运、船舶等集群优势，加强优势海洋产业集群的规模效应、联动效应、溢出效应，大力发展深海、远海海洋牧场与养殖基地，提升海洋远洋渔业捕捞能力。加快海洋旅游业、海洋渔业、海洋油气业和海洋交通运输业等传统海洋产业智能化、绿色化、数字化、集约化、精细化、高质量、高效益深度转型。不断扩大多层次、多领域国外市场，重点加强国内市场循环建设，大力推动国内消费市场升级。建立国家级全球海洋空间数据库，全面掌握全球海洋资源储量和分布特点，重点打造海洋生物医药业、海洋工程装备制造业、海洋船舶制造业、海洋工程建筑业等战略性新兴海洋产业集群，大力提升深海、远海、大洋、两极领域的核心技术优势和资源开发利用能力，不断提升海洋经济发展的内生动力。

（四）提高海洋经济数据透明度，增强海洋数据时效性、共享性

海洋经济数据是海洋经济统计工作的生命，海洋经济数据直接关系到我

国对海洋经济发展水平的科学研判，关系到国家对海洋经济政策、规划等的制定，关系到海洋强国建设、陆海统筹规划、"一带一路"倡议等的设计与实施，关系到我国对海洋强省建设、海洋产业竞争力、海洋经济高质量发展、海洋数字经济发展、海洋经济新质生产力等的科学评判，关系到我国对海洋经济政策实施效果、海洋经济安全状态、海洋经济周期波动变化、海洋经济试验示范区建设情况等的监测预警，关系到海洋产业结构调整、海洋经济发展空间规划、海洋资源资产配置等。

建立健全海洋经济数据统计的法律法规、制度等监管机制，加强海洋经济统计业务管理，增强业务责任，完善业务职能，明确职责分工与职能定位，落实海洋行政、管理、服务的专业职能、职责和义务，逐渐剥离非行政、非管理、非服务的部门和工作。加快解决海洋数据资源的"碎片化""部门化"等突出问题，加强海洋经济多源异构数据的统计融合分析，开放海洋经济统计数据库的快速检索、查询、共享与动态展现功能，显著增强海洋信息服务与数据支持功能。加强海洋经济统计数据共享的机制建设与制度设计。重点增强海洋经济统计数据的全面性、可比性、准确性、完整性、稳定性、透明性、时效性、共享性、实用性。建立国家、地方、科研院校等的海洋经济数据共享平台，为政府、企事业单位等提供全面、准确、及时、透明的海洋经济信息。

建立严格的数据审核机制，确保数据在采集、录入和统计过程中的准确性、科学性。引入第三方审计机构对数据进行定期审核，减少数据漏报、误报、错报和重复统计事件。建立实时更新机制，加快数据的更新修订频率，降低数据发布的滞后性，增强数据的时效性与共享性。规范统计口径，健全统计指标，提高海洋经济统计数据与国家经济统计数据的指标衔接性、时间衔接性、透明共享性、准确完整性，加强国家层面和沿海省市、县区、试验示范区、产业园区等海洋经济统计数据、统计指标的衔接性。重点加强对海洋资源分类与涉海科技、人才、专利、就业、企业、产品、资产、投资、融资、利税、消费、贸易等海洋经济微观细分数据的统计，加强省、市、区县的海洋经济数据统计的完整性、时效性，加快国际主要海洋国家海洋经济数

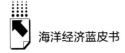

据的收集、整理、统计。重点加强主要海洋产业指标分类与数据的微观化、国际化统计，加强沿海省市、县区和国际主要海洋大国的海洋经济微观数据统计，强化海洋数据新型要素与传统生产要素的融合衔接，有效释放海洋统计数据蕴含的信息价值，有力支持海洋数字经济产业发展，建立全球蓝色经济大数据中心，打造国际一流的海洋数据信息产业集群。

参考文献

中华人民共和国国务院新闻办公室：《中国的海洋生态环境保护》，《人民日报》2024年7月12日，第11版。

张迎春、李婷婷、姚芳斌：《海洋经济省际隐含碳转移与网络结构特征研究》，《经济与管理评论》2023年第4期。

孙才志、苗贺鹍、杨羽頔：《基于机会不平等理论的中国区域海洋经济差异源解析》，《经济地理》2024年第6期。

殷克东、张凯、杨文栋：《基于概率累加的离散GM（1，1）模型及其在海洋天然气产量预测中的应用》，《系统工程理论与实践》2024年第8期。

殷克东主编《中国海洋经济发展报告（2021~2022）》，社会科学文献出版社，2022。

产　业　篇 ▷

B.2
中国海洋经济示范区产业结构优化分析

杨　林　崔玉虎*

摘　要： 海洋经济示范区是我国落实海洋强国战略、推动海洋产业结构优化、加快构建海洋新质生产力的关键，分析海洋经济示范区对海洋产业结构优化效应具有重要意义。本报告以宏观海洋经济数据为支撑，阐述海洋经济示范区对沿海典型省份海洋产业结构优化的现实效应。结果表明：①中国海洋产业结构不断优化，表现出较强韧性，且海洋经济示范区建设日趋完善；②以沿海典型省份为研究对象，发现海洋经济示范区对海洋产业结构优化具有正向显著效应，且存在滞后性；③结合典型省份发展历程，在海洋产业发展、机制创新与政策法规等层面凝练出一般性经验。从强化政策实施进程、关注政策滞后现象与拓宽资金来源等角度提出建议，为海洋产业结构优化提供参考。

---

* 杨林，博士，山东大学商学院教授，研究领域为海洋经济与管理；崔玉虎，山东大学商学院，研究领域为海洋政策评估。

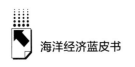

关键词：海洋经济　海洋经济示范区　海洋产业结构

一　中国海洋产业与海洋经济示范区发展现状

（一）中国海洋产业发展形势分析

海洋是可持续发展的宝贵财富，对人类生存和发展具有重要意义，海洋经济已成为沿海国家经济增长最具活力和前景的领域之一。①沿海海洋产业结构优化是促进国家发展的重要因素，可以推动海洋经济的发展，有利于统筹陆海空间资源，确保海洋资源的可持续利用，不断增进沿海人民的福祉。改革开放以来，我国沿海地区取得举世瞩目的成就。据历年《中国海洋经济统计公报》，中国海洋经济发展平稳，近十年海洋生产总值占国内生产总值的比重保持在9%左右（见图1），占沿海地区生产总值比重超过15%；2023年，中国海洋产业结构不断调整，海洋三次产业结构为4.70∶35.80∶59.50，内部结构呈不断优化趋势，成为中国经济的一个重要增长点。因此，探索研究沿海经济发展与海洋产业结构优化的现实因素与政策效应，对推动海洋经济高质量发展与提升中国海洋发展话语权具有重要意义。

（二）海洋经济示范区发展脉络

海洋经济示范区作为中国式"海洋场景"现代化的重要机制，在海洋体制建设、海洋产业集聚、海洋生态文明发展与海洋权益保护等方面发挥着关键作用，是推动海洋强国战略实现的有效抓手。海洋经济示范区政策产生背景可追溯到2003年5月国务院发布《全国海洋经济发展规划纲要》，在发展目标中提出：形成各具特色的海洋经济区域，海洋经济成为国民经济新的增长点，逐步把我国建设成为海洋强国。2010年10月公布的《中共中央关于制定国民经济和社会发展第十二个五年规划的建议》中指出，要发展海洋经济，

---

① 熊丽：《释放蓝色经济澎湃动能》，《经济日报》2024年6月7日，第5版。

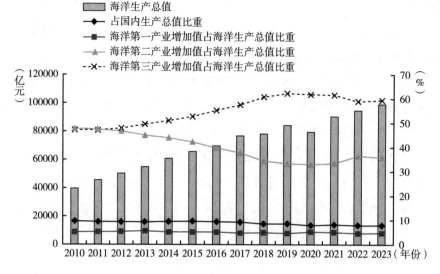

图1 2010～2023年中国海洋经济规模及产业结构变化

资料来源：历年《中国海洋经济统计公报》。

制定和实施海洋发展战略，合理开发利用海洋资源。之后2016年3月发布的《中华人民共和国国民经济和社会发展第十三个五年规划纲要》中提出建设海洋经济发展示范区。同年12月，国家发展改革委和原国家海洋局联合发布《关于促进海洋经济发展示范区建设发展的指导意见》，提出"十三五"时期拟在全国设立10～20个示范区，海洋经济示范区建设步入新阶段。

在上述政策文件指引下，沿海各省份积极响应，相继采取相关举措，大力发展海洋经济与海洋产业。基于此，以中国海洋产业结构优化为宏观背景，以沿海典型省份获批海洋经济示范区规划为切入点，结合海洋经济与海洋产业发展实际，本报告系统阐述海洋经济示范区与海洋产业结构优化的现实特征，总结凝练发展建议，为其他区域海洋产业结构优化升级提供更多现实参考。

二 海洋经济示范区与海洋产业结构优化逻辑关系阐述

海洋经济示范区是指在特定区域内，通过创新海洋投资体系、优化海洋

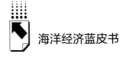

管理机制与完善海洋政策等举措，打造具有国际竞争力的现代海洋产业集聚区。海洋经济示范区与海洋产业结构优化存在相互关联与相互促进的关系，这在海洋经济高质量发展过程中发挥重要作用。

从理论层面来看，一方面，海洋经济示范区为海洋产业结构优化升级提供支持和保障。政府主体通过制定一系列海洋经济发展方案，以优化海洋资源配置、改善海洋发展环境、吸引海洋投资等方式，促进海洋产业集聚发展。同时，海洋经济示范区积极鼓励海洋产业向绿色低碳方向发展，引导海洋企业进行技术创新、产品升级等，将外资力量与先进技术柔性引入中国海洋市场，加快海洋科技成果转化，促使海洋产业高端化、绿色化转型，为海洋产业结构优化升级提供广阔的空间。因此，海洋经济示范区政策可以为海洋经济发展提供支撑和保障，为海洋产业结构优化提供有利条件。另一方面，海洋产业结构优化升级亦为海洋经济示范区发展提供动力和方向。海洋产业转型优化，既可以提高海洋各领域之间的耦合度，提升海洋资源利用率；亦可以推动海洋清洁低碳产业发展，减少海洋环境污染，保护海洋生物多样性与稳定性，推动高技术值、高附加值、高生态值与高可持续值海洋产业的培育和发展，从而提高海洋经济的整体效益和竞争能力，实现海洋经济效益和生态效益之间的良性循环。与此同时，针对海洋产业发展区域性强等特点，优化产业结构，可促进各沿海区域产业协调互补发展，有利于国家与地方深度合作，形成海洋产业协同发展机制，全方位、多层次落实海洋领域各项政策。

三　典型海洋经济示范区产业结构优化分析

（一）浙江海洋经济发展示范区

自2003年以来，在"八八战略"指引下，大力发展海洋经济已经成为浙江将潜在优势转化为现实优势的重要举措。2011年，国务院正式批复《浙江海洋经济发展示范区规划》。随后，浙江以此为契机，全面动员部署海洋经济发展示范区建设的各项任务，为推动海洋强国战略发挥探索引领、先行先试的作用。考虑到统计数据的有限性，汇总整理2011~2021年浙江省海洋产业结构变化情况如图2所示。

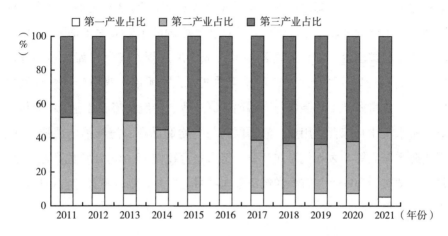

图2 2011~2021年浙江省海洋产业结构变化情况

资料来源：历年《中国海洋统计年鉴》《中国海洋经济统计年鉴》。

首先，浙江省海洋第一产业占比趋于稳定，约占7%，海水养殖等第一产业价值链不断拓宽。其次，海洋第二产业占比波动下降，约占30%。浙江省充分发挥沿海资源优势，传统海洋产业不断优化，海洋生物医药与海洋新能源等新兴行业增加值逐步提升。最后，海洋第三产业占比波动上升，占近60%。随着相关政策的推进，浙江省抓住"一带一路"建设机遇，推动滨海旅游业、海洋服务业等第三产业的发展，持续为浙江海洋经济高质量发展助力。

在此基础上，为进一步探析浙江海洋经济发展示范区对海洋产业结构优化的影响效应，运用合成控制法绘制政策效应评估图①。在图3中，2011年之后，真实浙江的海洋产业结构优化水平逐渐高于合成浙江的预测值，且出现显著的偏离态势，表明海洋经济示范区对浙江海洋产业结构优化调整具有

---

① Abadie, A., & Gardeazabal, J., "The economic costs of conflict: A case study of the Basque Country", *American Economic Review* 2003, 93（1），113-132；连玉君、李鑫：《合成控制法中的安慰剂检验改进研究——基于准标准化转换的统计推断》，《统计研究》2022年第8期。

正向效应，且存在一定的滞后性。需要指出的是，2011~2013年，合成浙江高于真实浙江，其原因可能为：在浙江海洋经济发展示范区获得国务院批复后，政策的具体落实与产业结构的调整之间存在一个过渡期，需制定详细的落实方案，才可促进海洋产业结构转型升级；而在2013年之后，真实浙江则明显位于合成浙江之上，证明示范区所产生的政策效应逐步增强。[①] 此阶段，浙江相继出台《浙江省海洋新兴产业发展规划》《浙江海洋经济发展"822"行动计划（2013—2017）》等详细方案，明确未来海洋产业发展方向，重点扶持海洋工程装备与高端船舶制造业、港航物流服务业、滨海旅游业、海水淡化与综合利用业、海洋医药与生物制品业、海洋清洁能源产业、现代海洋渔业等8大现代海洋产业，努力培育建设25个海洋特色产业基地，每年滚动实施200个左右海洋经济重大项目。由此，浙江海洋产业结构优化水平不断提升。

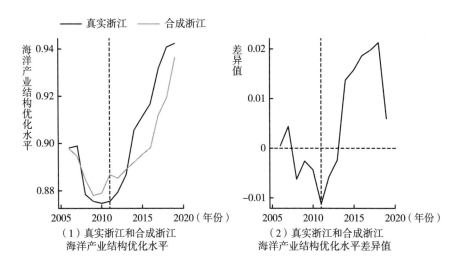

图3　海洋经济示范区政策对浙江海洋产业结构优化的影响效应

资料来源：根据原始数据测算所得。

---

① Cui, Y., Xu, H., An, D., & Yang, L., "Evaluation of marine economic development demonstration zone policy on marine industrial structure optimization: a case study of Zhejiang, China", *Frontiers in Marine Science* 2024, 11, 1403347.

（二）山东半岛蓝色经济区

山东省坚持陆海统筹，不断经略海洋，向海图强，以高水平海洋强省建设助推实现中国式现代化。2011 年 1 月，国务院正式批复《山东半岛蓝色经济区发展规划》，标志着山东半岛蓝色经济区建设正式上升为国家战略，成为国家海洋发展战略和区域协调发展战略的重要组成部分。据历年《山东省海洋经济统计公报》，21 世纪初，山东省海洋生产总值为 1066.7 亿元；到 2023 年，山东省海洋生产总值突破 1.7 万亿元，同比增长 6.2%，占全省地区生产总值的 18.5%，占全国海洋生产总值的 17.2%，海洋经济总量稳居全国第二位，海洋强省建设迈出新步伐。

2011~2023 年山东省海洋产业结构变化情况如图 4 所示。首先，山东省海洋第一产业占比波动幅度较小，2011 年之后呈现逐渐下降趋势，2020 年开始有所回升，到 2023 年为 5.8%。虽然传统渔业和养殖业的占比有所下降，但近年来山东不断加强对海洋资源保护和可持续发展的重视，对海洋第一产业重新投入更多资源，特别是在深远海养殖和远洋渔业方面。[①] 其次，海洋第二产业占比下降，由 49.3% 下降至 43.3%。随着经济发展和技术进步，产业结构不断优化升级，第二产业中的部分传统行业仍面临着较强的转型压力，导致第二产业增长速度放缓。最后，海洋第三产业占比上升，由 43.9% 提升至 50.9%。在推进过程中，山东半岛蓝色经济区规划确定了 14 大重点产业——具有"涉海、深海"的特点。综上，山东正以海洋产业结构优化升级为主线，实施高端高质高效产业发展战略，进一步推动海洋第三产业的发展，助力山东海洋强省建设。

（三）广东海洋经济综合试验区

作为中国经济最发达的省份之一，广东省依托其强大的经济实力为广东

---

① 张舒平：《山东海洋经济发展四十年：成就、经验、问题与对策》，《山东社会科学》2020 年第 7 期。

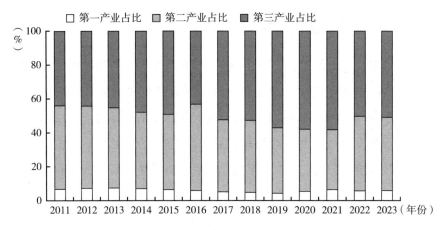

图 4　2011～2023 年山东省海洋产业结构变化情况

资料来源：历年《中国海洋统计年鉴》《中国海洋经济统计年鉴》《山东省海洋经济统计公报》。

海洋产业的发展提供充足的资金支持和市场需求。2011 年 8 月，国务院正式批复《广东海洋经济综合试验区发展规划》，提出加快将海洋资源优势转化为发展优势，全力推动广东海洋强省建设。同时，国务院在批复中明确要求，广东要创新合作方式，加强与香港和澳门、海峡西岸经济区、北部湾地区和海南国际旅游岛的对接合作，努力探索有利于海洋经济科学发展的体制机制。2023 年，广东海洋生产总值为 18800 亿元，占全国海洋生产总值的 18.9%，连续 29 年居全国首位，海洋经济支撑高质量发展的"压舱石"作用不断凸显，促进海洋全产业链升级发展。

广东海洋经济综合试验区覆盖广东省沿海的主要城市和海域，包括广州、深圳、珠海、汕头、湛江等重点城市。上述城市不仅是广东省经济发展的重要引擎，也是海洋经济发展的核心区域。综合试验区通过协同发展，推动海洋经济在全省范围内的均衡协调发展。自 2011 年广东海洋经济综合试验区设立以来，广东省海洋产业结构发生了显著变化（见图 5）。首先，海洋第一产业占比总体较低，在 2021 年、2022 年有所上升，分别达到 3% 和 3.3%。随着综合试验区的设立，广东省加大对现代渔业技术和可持续渔业的投入，虽然第一产业占比低，但其质量和效益有所提高。其次，海洋第二产业所占比重逐年下降，由 46.9% 下降至 31.4%。广东省海洋产业正在从传统的海洋制造业向高附加值的产业转型，综合试验区推动传统海洋制造业的转型升级，鼓励高端海洋装备制造业、海洋新材料和海洋新能源加快发展，使得第二产业占比虽然减少，但产业结构更加优化。最后，海洋第三产业所占比重逐年上升，2020 年达到 71.2% 的峰值。广东省海洋第三产业发展迅猛，依托粤港澳大湾区建设，海洋服务业实现新突破。设立综合试验区，进一步促进广东省海洋传统产业向现代海洋服务业的转型，为海洋产业结构优化升级提供了重要的政策参考和发展动力，拓宽海洋经济增长新空间。

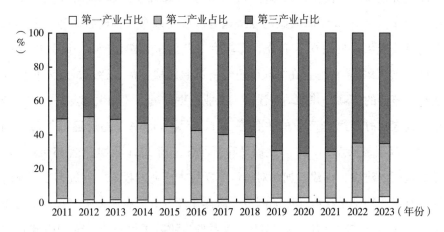

图 5　2011~2023 年广东省海洋产业结构变化情况

资料来源：历年《中国海洋统计年鉴》《中国海洋经济统计年鉴》《广东海洋经济发展报告》。

（四）福建海峡蓝色经济试验区

福建省地处中国东南沿海，面向台湾海峡，靠近东海和南海，是中国联通东南亚国家以及共建"一带一路"国家和地区的重要海上通道和枢纽。同时，福建省拥有长达 3700 公里的海岸线，沿海岛屿众多，海域面积广阔，海洋资源种类丰富，包括优质的港湾资源，以及丰富的海底矿产资源。2012年 11 月，国务院批复《福建海峡蓝色经济试验区发展规划》，是国务院对中国海洋发展战略的深远布局，旨在推动福建实现更高效、更可持续的发展。作为中国最早获批建设海洋经济示范区的省份之一，福建省得到了国家在政策、资金、项目等多方面的大力支持。2023年，福建海洋生产总值为1.2万亿元，在海洋资源开发、海洋产业优化和海洋经济发展方面取得显著成效。

福建海峡蓝色经济试验区包括福州、厦门、漳州、泉州和平潭综合试验区等19万平方公里区域，其增强海洋经济的辐射带动作用。试验区的首要目标是加快福建省海洋经济的发展，提升海洋产业的竞争力和附加值，实现经济的可持续增长；并利用福建在两岸关系中的特殊地位，推动海峡两岸在海洋经济领域的合作，包括海洋科技、渔业资源管理、海洋旅游等方面的交流与合作。自2012年海峡蓝色经济试验区成立以来，福建省海洋产业结构发生显著变化（见图6）。首先，海洋第一产业占比波动下降，到2019年降至最低点5.9%。福建省在海峡蓝色经济试验区成立后，逐步减少对传统渔业和养殖业的依赖，并推动海洋第一产业向更加可持续和生态友好的方向转型。其次，海洋第二产业的占比在2011年为43.6%，随后逐渐下降，到2019年降至最低点31.7%，之后又有所回升，到2021年回升至35.3%。伴随试验区的建设，福建省加大对海洋高新技术产业的投资，促进第二产业的转型升级，特别是在海洋船舶制造、海洋化工等方面有所突破。最后，海洋第三产业占比波动上升，在2011年为48%，随后逐年上升，到2019年达到

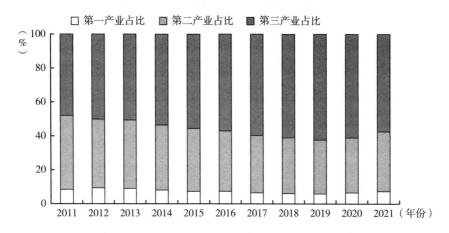

图6　2011~2021年福建省海洋产业结构变化情况

资料来源：历年《中国海洋统计年鉴》《中国海洋经济统计年鉴》。

最高点 62.4%，之后略有回落，到 2021 年为 57.4%。福建省在海峡蓝色经济试验区的带动下，大力发展海洋服务业、海洋旅游业和海洋运输业。作为海上丝绸之路的核心区，进一步推动海洋第三产业的发展，在旅游业和港口物流方面取得显著成效。试验区的设立为福建海洋经济提供政策支持和发展动力，推动全省海洋经济的高质量发展和结构优化。

（五）天津海洋经济科学发展示范区

天津地处京津冀地区和环渤海经济带，与河北沿海地区、辽宁沿海经济带、山东半岛蓝色经济区联系密切。天津管辖海域面积约 2146 平方公里，海岸线全长 153.67 公里，自然岸线长 18.63 公里，沿海地势平坦，同时天津拥有港口、油气、盐业和旅游等优势海洋资源，为海洋经济发展提供了良好的基础条件。2013 年，经国务院批准，国家发改委正式批复《天津海洋经济科学发展示范区规划》。继山东、浙江、广东和福建后，天津成为第 5 个全国海洋经济发展试点地区，规划期为 2013 年至 2020 年。自建设示范区以来，天津的海洋生产总值从 2012 年的 4014 亿元增长至 2021 年的 5145 亿元，海洋生产总值占全市 GDP 比重稳步增长至 33%，海洋经济已成为拉动天津经济发展的新增长点和重要引擎。

作为我国北方对外开放的重要门户，天津已完成 30 万吨级航道和国际邮轮码头等一批重大工程项目建设，并与世界 180 多个国家和地区的 500 多个港口航路贯通，是亚欧大陆桥的重要桥头堡之一。天津海洋经济科学发展示范区的战略定位为海洋高新技术产业聚集区、海洋生态环境综合保护试验区、海洋经济改革开放先导区和陆海统筹发展先行区。重点任务主要是：优化海洋经济空间布局，推进形成"一核、两带、六区"的海洋经济总体发展格局；构建现代海洋产业体系，推动海洋产业转型升级。自示范区获批建设以来，天津市海洋产业结构变化情况如图 7 所示。首先，天津市海洋第一产业占比较低，低于全国平均水平，主要受限于天津市区位条件及海域面积。其次，海洋第二产业占比逐步下降，由 67.3% 降至 41.5%。天津是老牌工业城市，海洋第二产业基础较好，但存在着粗放发展的现象，而天津海洋经济科学发展示范区基本原则包括科技兴海、生态优先，这使得天津市在发展海洋第二产业时更注重对粗放式发展产业的限制，导致其增长速度放缓。最后，海洋第三产业占比上升，由 32.5% 提升至 58.4%，这标志着天津海洋经济科学发展示范区积极发展现代海洋服务业取得成效，为天津建设现代海洋产业体系奠定基础。

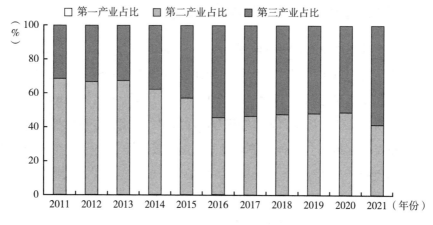

图 7　2011~2021 年天津市海洋产业结构变化情况

资料来源：历年《中国海洋统计年鉴》《中国海洋经济统计年鉴》。

（六）江苏通州湾江海联动开发示范区

江苏通州湾江海联动开发示范区是南通市委、市政府策应江苏沿海开发、长江三角洲一体化发展两大国家战略节点的高能级沿海开发平台，是江苏沿海开发重要战略园区。2012 年 2 月，南通市启动通州湾开发建设，开发面积 585 平方千米，其中陆域面积 292 平方千米、海域面积 293 平方千米。2015 年 3 月，国家发改委复函江苏省人民政府同意设立通州湾江海联动开发示范区，国家级通州湾江海联动开发示范区正式成立。2016 年 12 月 8 日，长江三角洲地区主要领导座谈会明确提出加快构建江苏通州湾江海联动开发示范区，通州湾江海联动开发全面上升到国家战略层面。自通州湾江海联动示范区建设以来，江苏省海洋生产总值实现从 2012 年的 4722.9 亿元增至 2022 年的 9046.2 亿元，年均增长率达 6.7%，实现江苏海洋经济的较快增长与海洋产业转型升级。

通州湾拥有长三角一体化等多重战略叠加优势，具有江苏沿海优质的深水岸线、深水航道和开发腹地资源，是打造长江经济带战略支点的重要平台，具有"服务长三角、联动长江北、连通中西部"的重要功能。自通州湾江海联动示范区开发建设以来，江苏省海洋产业结构变化情况如图 8 所示。首先，江苏省海洋第一产业占比较为稳定，与全国平均水平保持一致。其次，海洋第二产业占比波动下降，由 54.0% 降至 41.6%，而海洋第三产业占比则由 42.8% 上升至 55.1%，彰显出通州湾江海联动示范区推动绿色高端临港产业基地建设，打造滨海特色生态旅游示范区的成效，促使江苏省海洋产业转型升级迈上新高度。

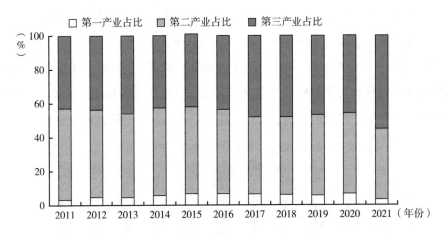

图 8 2011～2021 年江苏省海洋产业结构变化情况

资料来源：历年《中国海洋统计年鉴》《中国海洋经济统计年鉴》。

（七）辽宁沿海经济带

辽宁沿海经济带位于我国东北沿海地区，毗邻渤海和黄海，陆域面积 5.65 万平方公里，海岸线长 2920 公里，海域面积 6.8 万平方公里，区位优势明显，资源禀赋优良。2009 年 7 月 1 日，《辽宁沿海经济带发展规划》经国务院常务会议通过，上升为国家战略，成为东北老工业基地振兴的重要引擎和国家整体开放、发展战略的关键部分。2012 年 1 月 1 日，经辽宁省人民政府批准，大连瀛洲经济区和辽宁现代海洋产业区整合，更名为辽宁海洋产业经济区，是辽宁省唯一的以海洋产业命名的省级经济区。2008 年，辽宁海洋生产总值为 2074.4 亿元；2023 年，辽宁海洋生产总值为 4905.2 亿元，海洋经济示范区在取得显著建设成效的同时，努力打造振兴发展"蓝色引擎"。

作为东北主要出海通道和对外开放的重要窗口，辽宁沿海经济带是东北亚地区极具潜力的国际航运中心，是支撑东北全面振兴的重要区域。根据经济区功能定位、资源环境承载能力、现有基础和发展潜力，辽宁海洋产业经济区旨在构建"一城、两港、两园"的发展格局。科学开发海洋资源，培育海洋优势产业，大力发展海洋经济，是建设辽宁海洋产业经济区的重要任务。

2011~2021 年，辽宁省海洋产业结构变化情况如图 9 所示。首先，辽宁省海洋第一产业占比逐步下降，由 13.1%下降至 8.2%，这一变化归因于辽宁省海洋产业转型升级，在保持海洋资源可持续利用的同时，正逐步减少对传统渔业资源的过度依赖，向更加多元化、高附加值的海洋产业模式迈进。其次，海洋第二产业占比波动变化，随着时代的发展，第二产业中的一些传

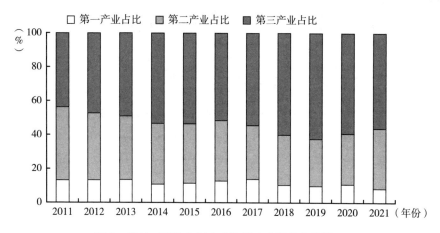

图 9　2011~2021 年辽宁省海洋产业结构变化情况

资料来源：历年《中国海洋统计年鉴》《中国海洋经济统计年鉴》。

统行业面临市场竞争加剧和技术更新的压力，导致其增长速度放缓，但辽宁省在海工装备、深海探索等领域加大科研投入，带来先进海洋机器人装备等一系列高水平海洋科技成果，使得海洋第二产业焕发新生、重现活力。最后，海洋第三产业占比上升，由 43.7% 提升至 56.2%，这标志着辽宁省海洋产业转型升级实现新突破，推动形成产业结构合理、经营体制完善、支撑保障有力的海洋经济发展格局，助力区域海洋经济高质量发展。

四　研究结论与建议

（一）研究结论

加快推进海洋经济示范区建设，有利于构建现代化海洋产业体系，强化海洋产业国际合作，为海洋经济持续高质量发展提供重要保障。本报告以历年《中国海洋经济统计公报》为宏观数据支撑，以沿海典型省份为研究对象，在评估海洋经济示范区对海洋产业结构优化的实施效应基础上，系统阐述典型省份海洋产业结构优化的现实特征。主要结论如下：①中国海洋经济呈向好发展态势，海洋产业结构不断优化，具有一定的周期性与稳定性；②海洋经济示范区对海洋产业结构优化具有积极正向的显著影响，且存在一定的滞后效应；③由理论到现实，从沿海海洋产业重点任务与政策法规等方面着手，总结发展经验，为其他省域海洋产业调整与海洋强国建设提供有效借鉴。

（二）对策建议

一是完善海洋经济示范区管理机制，为海洋产业结构优化提供制度保证。沿海省份要以海洋经济示范区建设为抓手，进一步发挥引领示范作用，完善海洋领域顶层设计与发展规划，逐步形成年报制度、统计制度、评估考核制度和动态调整制度；聚焦海洋示范任务，在海洋产业、海洋人才与涉海项目等方面共同发力，将政策实施与海洋实际相结合，促进区域海洋经济高

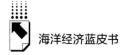

质量发展。

二是关注海洋经济示范区对海洋产业结构优化作用的滞后特征,为海洋产业结构优化提供支持引导。从研究结果来看,海洋经济示范区政策的执行与落实存在一定的迟缓性,且由政策发布到落地中间的过程较为复杂。因此,各沿海区域在落实海洋政策时,要充分调研区域海洋市场与资源,加强海洋经济示范区统计数据的规范性和时效性,结合市场变化和产业发展中的新情况、新问题,建立快速反应机制,重点关注海洋特色产业的发展,优化海洋经济示范区的产业布局与构成,以点带面,全方位提升区域海洋经济综合实力。

三是拓宽海洋经济示范区筹资渠道,为海洋产业结构优化提供资金保障。资金支持是海洋产业结构优化的关键要素。沿海各区域要积极争取国家海洋专项资金,充分发挥海洋产业基金的作用,支持示范区海洋产业发展与生态环境保护等,并制定资金管理规定,提升资金利用效率;通过规范发展海洋供应链融资、海洋融资租赁业、出口信贷融资、民间资本,支持涉海企业上市或发行债券等方式,拓宽海洋信贷资金来源,从而推动海洋科技创新成果转化,多方位构建现代化海洋产业体系。

四是扩大海洋经济示范区社会影响,为海洋产业结构优化提供必要助力。沿海省份可依托海洋产业相关协会、企业和科研院所,成立咨询团队,统筹推进海洋经济示范区建设,系统提升海洋产业竞争力,形成海洋经济良性发展局面。关注海洋新兴产业发展需求,在完善与落实海洋产业政策的同时,对海洋新兴产业相关联的重点项目,在土地、海岸线、海域等方面优先安排,完善区域层面海域指标统筹使用和跨区域海洋指标协同使用的方案,助力海洋产业结构深度调整。

参考文献

熊丽:《释放蓝色经济澎湃动能》,《经济日报》2024年6月7日。

Abadie, A. , & Gardeazabal, J. "The economic costs of conflict: A case study of the Basque Country", *American Economic Review* 2003, 93 (1), 113-132.

连玉君、李鑫:《合成控制法中的安慰剂检验改进研究——基于准标准化转换的统计推断》,《统计研究》2022年第8期。

Cui, Y. , Xu, H. , An, D. , & Yang, L. , " Evaluation of marine economic development demonstration zone policy on marine industrial structure optimization: a case study of Zhejiang, China", *Frontiers in Marine Science* 2003, 11, 1403347.

张舒平:《山东海洋经济发展四十年:成就、经验、问题与对策》,《山东社会科学》2020年第7期。

B.3
中国海洋产业低碳转型分析[*]

徐 胜 韩佳琪 刘书芳[**]

摘 要： 本报告聚焦于中国海洋产业的低碳转型，旨在为实现国家"双碳"目标提供科学依据。首先系统梳理了我国海洋产业低碳转型的现状及影响因素，并基于绿色化、创新化、生态化和增汇化四个维度构建了评价体系，通过熵值法量化分析2006~2022年全国及沿海地区的低碳转型水平。研究发现，中国海洋产业自2006年以来整体呈现波动上升趋势，东南沿海省份如广东、山东表现突出，而北部沿海地区进展相对滞后，区域差距逐步扩大。展望未来，技术创新和政策支持将成为推动低碳转型的核心驱动力。为进一步推进低碳转型，建议加强区域协同、加大技术投入、完善政策体系，并促进社会广泛参与。

关键词： 海洋产业结构 低碳化转型 熵值法 主成分分析

一 中国海洋产业低碳转型现状分析

（一）海洋产业低碳转型发展脉络分析

中国海洋产业的发展可以追溯到改革开放初期。随着经济全球化的推进和国内经济结构的调整，海洋产业逐步成为国家经济增长的新动力。进入

* 本报告受国家社科基金重大专项（18VHQ003）、人文社科横向服务（20210104）资助。
** 徐胜，中国海洋大学经济学院教授，研究方向为经济结构转型与绿色金融、海洋经济；韩佳琪，中国海洋大学经济学院；刘书芳，中国海洋大学经济学院博士研究生。

21 世纪以来，国家相继出台了一系列政策和规划，推动海洋经济的快速发展，特别是海洋强国战略的实施，为海洋产业提供了新的发展机遇。近年来，随着"双碳"目标的提出，海洋产业的低碳转型逐渐成为国家战略的重要组成部分。通过发展清洁能源、提升技术创新能力和加强生态保护，海洋产业开始向可持续发展的方向迈进。

海洋产业的低碳转型过程可以大致划分为三个阶段：起步阶段、加速阶段和深化阶段。起步阶段主要在 2000 年，国家开始重视海洋经济的发展，出台了一些初步的政策和法规。加速阶段从 2000 年至 2010 年，国家进一步加强对海洋资源的开发与保护，推进海洋经济的快速发展。深化阶段则是在 2010 年以后，国家明确提出海洋强国战略，海洋产业的低碳转型进入深化期，重点在于实现产业结构的优化和能源利用的绿色化。

（二）海洋产业低碳转型基本形势分析

中国海洋产业已成为国民经济的重要组成部分。2023 年，海洋生产总值达到 99097 亿元，占国内生产总值的 7.9%。这表明中国海洋经济在培育新动能、拓展新空间和引领新发展方面发挥了至关重要的作用。然而，随着海洋资源的开发与利用不断加深，资源枯竭、环境污染和生态系统退化等问题日益凸显，传统的高耗能、高排放的发展模式已难以为继。

在区域发展方面，东部和南部沿海省份如广东、福建、山东等，因其丰富的海洋资源和先进的技术水平，在海洋产业低碳转型中取得了显著成效。这些地区率先实现了海洋经济的绿色发展，形成了以清洁能源、海洋旅游和高端制造为主导的产业结构。相比之下，北部沿海省份如河北、辽宁和天津，由于资源禀赋和经济基础相对较弱，在低碳转型过程中面临较大挑战。

在产业结构方面，中国海洋产业正逐步从传统的渔业、港口运输等低附加值产业向海洋高新技术产业转型升级。海上风电、海洋生物医药、海洋环保技术等新兴产业迅速发展，成为推动低碳转型的重要力量。然而，整体产

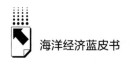
业结构仍需进一步优化，部分地区的传统产业依然占据主导地位，限制了低碳转型的步伐。

（三）海洋产业低碳转型面临的主要问题分析

虽然中国海洋产业在低碳转型方面有了一定进展，但仍面临诸多挑战和问题。

首先，区域发展不平衡问题突出。东南沿海地区凭借其资源和技术优势，率先推动了海洋产业的低碳转型，而北部沿海地区由于经济基础薄弱、技术创新能力不足，低碳转型进展缓慢。这种区域发展的不平衡制约了整体海洋经济的可持续发展，也加大了区域间的经济差距。

其次，低碳技术创新不足。虽然部分地区在海洋领域的技术创新方面进展显著，但整体上中国海洋产业的技术创新能力仍有待提高。尤其是在海洋清洁能源开发、碳汇能力提升和生态环境保护等关键领域，缺乏核心技术和自主创新能力，导致低碳转型的深度和广度受到限制。

再次，政策支持与实施力度不足。虽然国家出台了多项支持海洋产业低碳转型的政策，但在地方层面，政策的实施力度和效果不同。部分地区的政策执行缺乏系统性和连贯性，无法充分发挥政策的引导作用。此外，资金和人才的不足也影响了政策的落实效果。

最后，生态环境压力依然较大。随着海洋资源开发的深入，海洋生态环境面临巨大的压力。海洋污染、生态系统破坏和生物多样性减少等问题仍然严重，这威胁到海洋产业的可持续发展，也对实现"双碳"目标构成挑战。

综上所述，海洋产业的低碳转型是减少碳排放和环境污染，保护海洋生态，实现资源可持续利用和提升产业竞争力的必要过程，也是实现海洋经济高质量发展、解决环境问题、完成"双碳"目标的重要一环。[1]

---

[1] 盛朝迅：《"十三五"时期我国海洋产业转型升级的战略取向研究》，《经济研究参考》2016年第26期，第7页。

二 中国海洋产业低碳转型环境及影响因素分析

（一）海洋产业低碳转型机遇与挑战

中国海洋产业的低碳转型处在重要的历史机遇期，亦面临诸多挑战。机遇方面，随着国家"双碳"目标的提出，海洋产业低碳转型获得了前所未有的政策支持和社会关注。国际上，全球应对气候变化的行动加速，为中国在海洋产业推广低碳技术、引进国际先进经验提供了契机。同时，技术的快速发展，如海洋新能源开发、碳捕集与封存（CCS）技术等，也为海洋产业的绿色转型提供了新的动力。国内方面，沿海经济的快速发展和居民环保意识的增强，推动了绿色消费和产业结构的优化，这为海洋产业低碳转型创造了良好的市场环境。

挑战同样显著。首先，低碳转型要求对现有产业模式进行深度调整，这涉及巨大的资金投入和技术变革，特别是在传统海洋产业占据主导地位的地区，面临较大的调整阻力。其次，低碳技术的开发与推广在短期内难以看到经济效益，这使得一些企业和地方政府在推动低碳转型时缺乏积极性。此外，海洋生态环境的复杂性和海洋资源开发的特殊性，也增加了低碳转型的难度，特别是实现经济效益与生态保护之间的平衡方面，面临诸多不确定性。

（二）海洋产业低碳转型政策环境分析

中国政府高度重视海洋产业的低碳转型，近年来出台了一系列政策，形成了较为完善的政策体系，这为海洋产业低碳转型提供了坚实的制度保障。

1. 国家层面政策环境

2017年，国家发改委、国家海洋局发布《全国海洋经济发展"十三五"规划》，明确提出要推动海洋产业的绿色化、低碳化发展，并提出具体目标和任务。2020年，国家发展改革委和自然资源部联合发布《全国海洋经济发展"十四五"规划》，进一步强化了低碳发展要求，强调提高海洋资源利用效率和推动海洋产业绿色转型。此外，《国务院关于印发2030年前碳达峰

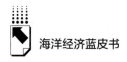

行动方案的通知》和《"十四五"海洋生态环境保护规划》等文件，进一步明确了海洋产业在实现"双碳"目标中的重要作用，推动了海洋产业的低碳化进程。[1]

2. 地方层面政策环境

各沿海省份根据国家政策导向，结合地方实际，制定了相应的实施细则和发展规划。例如，广东省发布的《广东省海洋经济发展"十四五"规划》，明确了海洋产业低碳转型的路径和措施，重点发展海洋清洁能源、推动海洋渔业的绿色发展。山东省则在《山东半岛蓝色经济区发展规划》中，提出了大力发展海洋生物医药和海洋环保技术，推动传统海洋产业向高端化、绿色化转型。其他省份如浙江、福建、江苏等，也纷纷出台相关政策，推动海洋产业的低碳转型。

3. 政策实施中存在的问题

尽管政策环境较为完善，实施过程中仍存在一些问题。一是政策的执行力度和效果在地方上存在差异。一些地方政府在推进低碳转型过程中，因资源限制或经济压力而无法全面落实相关政策。二是政策之间缺乏协调性。部分地区在制定地方政策时，存在政策重叠或空白，导致政策执行效果不佳。三是政策支持的力度与海洋产业低碳转型的需求不完全匹配，特别是在资金、技术支持等方面，仍需进一步加强。

（三）海洋产业低碳转型影响因素分析

在推动中国海洋产业低碳转型的过程中，多个因素共同作用，影响着转型的效果和进程。主要的影响因素包括经济因素、技术因素、社会因素和环境因素。

1. 经济因素

经济因素是海洋产业低碳转型的基础和驱动力之一。[2] 首先，地区经济发展直接影响着低碳转型的资源投入和实施效果。经济发达的沿海省份，如

---

[1] 徐小梅：《生态环境部等6部门联合印发〈"十四五"海洋生态环境保护规划〉》，《水处理技术》2022年第2期，第52页。

[2] 刘桂春、史庆斌、王泽宇等：《中国海洋经济增长驱动要素的时空差异》，《经济地理》2019年第2期，第132~138页。

广东、浙江、江苏等，具有较强的财政能力和充足的技术储备，能够在低碳转型中占据优势。其次，产业结构的优化升级对低碳转型至关重要。传统的高能耗、高污染产业如化工、钢铁、造船等，转型难度大，投资回报周期长，容易导致地方政府和企业在低碳转型中的动力不足。此外，市场需求也是关键因素。随着消费者环保意识的增强，市场对绿色产品和服务的需求日益增长，进而推动了海洋产业的低碳转型。

2. 技术因素

技术创新是实现海洋产业低碳转型的核心动力。海洋新能源技术的发展，如海上风电、海洋光伏、潮汐能等，为海洋产业提供了可持续的能源支持。此外，碳捕集与封存、碳汇能力提升技术等在海洋领域的应用，也为实现"双碳"目标提供了可能。[1] 科研投入和人才培养是技术创新的重要保障，技术先进地区往往在低碳转型中表现更为优异。然而，整体来看，技术开发与推广的不足依然是制约海洋产业低碳转型的重要因素，尤其是在部分欠发达地区，技术滞后导致低碳转型进展缓慢。

3. 社会因素

社会意识和公众参与对海洋产业低碳转型有重要影响。近年来，随着环保教育的普及和环境污染事件的曝光，公众的环保意识显著提高，推动了绿色消费的普及。这不仅推动了政府和企业在制定和实施低碳政策时更加积极，也提高了社会各界对低碳转型的接受度和支持度。此外，社会组织和非政府组织（NGO）的参与，成为低碳转型的重要监督和推动力量。[2] 然而，社会各界对低碳转型的认识和参与仍存在不均衡性，部分地区和群体对低碳转型的认识不足，影响了政策的实施效果。

4. 环境因素

环境因素不仅是推动低碳转型的原因，也是衡量转型成效的重要标准。

---

[1] 潘家华、陈梦玫、刘保留：《净零碳转型的主要路径及其优化集成》，《中国人口·资源与环境》2023 年第 11 期，第 1~12 页。

[2] 严佳佳、蔡悦林：《"双碳"背景下我国企业绿色低碳生态责任体系构建研究》，《福建论坛》（人文社会科学版）2023 年第 10 期，第 110~120 页。

海洋生态环境的健康状况直接影响着海洋产业的可持续发展。[①] 近年来，海洋生态系统的退化、海洋污染加剧、生物多样性减少等问题，促使国家和地方政府加大了海洋环境保护力度。然而，环境治理的复杂性和高成本，使得部分地区在推进低碳转型时面临巨大挑战。尤其是在经济欠发达地区，生态保护与经济发展的矛盾更为突出，如何平衡两者之间的关系，成为低碳转型中亟须解决的关键问题。

综上所述，中国海洋产业的低碳转型受多重因素的影响。机遇与挑战并存，政策环境逐步完善，但仍需加强执行与协调。经济、技术、社会、环境等因素共同作用，决定着低碳转型的进程和效果。推动海洋产业的可持续发展，需要进一步加强技术创新，优化产业结构，提升社会参与度，并在环境治理中寻求经济与生态的平衡。

三 中国海洋产业低碳转型水平测度及分析

当前，关于海洋产业低碳转型尚未形成统一明确的定义。通过梳理现有海洋经济低碳转型的相关研究，本报告将海洋产业低碳转型界定为：以保护海洋生态环境和合理利用海洋资源为基础，依靠科技创新和产业结构优化，通过降低环境代价和碳排放，实现经济、社会和生态效益最大化的过程。

（一）海洋产业低碳转型水平指标体系构建

基于对海洋产业低碳转型的深入剖析，结合我国海洋产业的发展现状，构建了一个包含四个维度的低碳转型水平指标体系：绿色化转型、创新化转型、生态化转型和增汇化转型。该体系包括8个二级指标和16个三级指标，具体见表1。

[①] 杨波、付辉、郭世麒等：《中国海洋生态保护与绿色发展》，《科技导报》2023年第22期，第22~29页。

表1 海洋产业低碳转型水平指标体系

一级指标	二级指标	权重	三级指标	权重	指标含义
海洋产业绿色化转型	资源高效利用	0.08	海洋清洁能源利用水平	0.06	海洋风力发电能力
	产业结构优化	0.01	能源利用水平	0.01	GDP/能源消费
			海洋第三产业产值占比	0.01	海洋第三产业产值/海洋生产总值
海洋产业创新化转型	科技创新投入	0.14	海洋科研经费支持力度	0.07	海洋R&D经费内部支出
			海洋科研人员规模	0.06	海洋科研机构科技活动人数
	科技创新产出	0.15	海洋专业教育规模	0.06	海洋专业在读硕博人数
			海洋专业科技论文产出	0.06	海洋研究与开发机构发表科技论著、科技论文量
	科技创新效率	0.18	海洋科研成果产出	0.07	海洋研究院所专利授权量
			海洋资本产出效率	0.15	海洋生产总值/涉海固定资产投资
			海洋劳动力生产效率	0.01	海洋生产总值/涉海就业人数
海洋产业生态化转型	生态治理	0.06	海洋环境治理强度	0.03	工业污染治理完成投资/GDP
	生态保护	0.17	海洋生态绝对保护力度	0.06	海洋类型自然保护区数量
			海洋生态相对保护力度	0.09	自然保护区面积/辖区内总面积
海洋产业增汇化转型	固碳能力	0.21	海洋生态系统固碳能力	0.07	地区内红树林面积
			海水养殖贝类固碳能力	0.17	海水养殖贝类固碳量/海水养殖面积
			海水养殖藻类固碳能力	0.04	海水养殖藻类固碳量/海水养殖面积

注：二级指标权重均保留两位小数，导致权重和超过1的情况。

绿色化转型是衡量海洋产业低碳转型的重要指标之一，是实现海洋高质量发展的核心内容，[1] 因此，从海洋资源的高效利用和产业结构优化两个方面来衡量其绿色化程度。创新化转型为海洋产业低碳转型提供持久动力，[2]

---

[1] 盖美、朱莹莹、郑秀霞：《中国沿海省区海洋绿色发展测度及影响机理》，《生态学报》2021年第23期，第9266~9281页。

[2] 印玺、胡健：《中国省域能源绿色发展评价及时空特征研究》，《统计与信息论坛》2023年第7期，第75~86页。

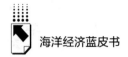

从海洋科技创新的投入、产出及效率三个方面，可以综合评价海洋产业的创新能力。生态化转型是必经之路，要求海洋产业在发展过程中遵循自然规律，将经济发展与海洋生态环境结合考虑，衡量指标包括海洋生态治理与保护水平。[①] 增汇化转型是低碳转型的重要保障，[②] 因此，从海洋生态系统固碳能力和海洋生物固碳能力两个方面测度海洋产业的碳汇能力。

研究对象涵盖全国及天津、河北、辽宁、上海、江苏、浙江、福建、山东、广东、广西、海南 11 个沿海省份，时间跨度为 2006~2022 年。数据来源主要包括各省海洋经济发展公报、统计年鉴、中国海洋经济统计年鉴和中国环境统计年鉴。由于部分数据缺失，本报告采用增长率法和插值法进行补充。

（二）海洋产业低碳转型水平测度方法

采用熵值法计算海洋产业低碳转型水平指标的权重和得分，具体步骤如下。

1. 低碳转型水平指标标准化处理

为消除各指标间的量纲差异，采用极差法对各指标进行标准化，将初始数据转换为 0 到 1 之间的数值。表 1 中的三级指标均为正向指标，处理公式如下：

$$X_{ij}^{'} = \frac{X_{ij} - \min(X_{ij})}{\max(X_{ij}) - \min(X_{ij})} \tag{1}$$

其中，$X_{ij}^{'}$ 为标准化后的值，X_{ij} 为地区 i 的第 j 项指标，$\max(X_{ij})$ 和 $\min(X_{ij})$ 分别表示该指标的最大值和最小值。若初始数据在归一化后为零，影响后续计算，可采用以下方法修正：

$$X_{ij}^{''} = X_{ij}^{'} + \in \tag{2}$$

---

① 陈航、王海鹰、张春雨：《我国海洋产业生态化水平评价指标体系的构建与测算》，《统计与决策》2015 年第 10 期，第 48~51 页。

② 刘芳明、刘大海、郭贞利：《海洋碳汇经济价值核算研究》，《海洋通报》2019 年第 1 期，第 8~13+19 页。

其中，$\in$ 为极小值，防止零值产生。

2. 低碳转型水平熵值计算

构建标准化矩阵 P：

$$P_{ij} = \frac{X_{ij}^{''}}{\sum_{i=1}^{n} X_{ij}^{''}} \tag{3}$$

计算地区 i 第 j 项指标对海洋产业低碳转型的贡献度 e_{ij}：

$$e_{ij} = -k \sum_{i=1}^{n} P_{ij} \ln(P_{ij}) \tag{4}$$

其中，$k = \dfrac{1}{\ln(n)}$。

3. 低碳转型水平指标权重确定

根据熵值计算权重 w_j：

$$w_j = \frac{1 - e_j}{\sum_{j=1}^{m}(1 - e_j)} \tag{5}$$

4. 海洋产业低碳转型水平计算

最终得分由各指标的标准化值和权重的加权和得到：

$$S_i = \sum_{j=1}^{m} w_j \cdot X_{ij}^{''} \tag{6}$$

该得分用于评价各省份海洋产业的低碳转型水平。

表 1 列出了各级指标的权重，最终得分见表 2。

（三）海洋产业低碳转型水平测度结果分析

1. 低碳转型水平指标权重分析

从表 1 权重计算结果来看，一级指标的权重依次为海洋产业增汇化转型（0.38）、生态化转型（0.28）、创新化转型（0.24）和绿色化转型（0.10）。海洋产业增汇化权重最大，反映了提升海洋固碳能力和高效利用海洋碳汇在低碳转型中的关键性。此外，生态化转型权重较大，凸显了

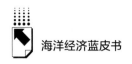

"人与自然和谐共生"理念的重要性。整体而言,绿色化、创新化、生态化和增汇化是海洋产业低碳转型的四个核心维度,缺一不可。

2. 全国海洋产业低碳转型水平分析

依据表2可知,从全国层面来看,2006~2022年,中国海洋产业低碳转型水平总体呈现波动上升趋势,得分从2006年的18.28增长至2022年的60.03,表明我国海洋产业正在向低碳排放和环境友好的方向迈进。具体来看,2006~2008年,低碳转型水平增长较为缓慢,这一时期的海洋产业发展较为粗放,创新能力弱,海洋碳汇利用进展不大。2009~2015年,随着绿色低碳理念的提出,各地区开始重视创新投入和资源管理,低碳转型水平稳步提升。2016~2022年,得益于技术设备创新、生态修复与保护,以及碳汇资源合理利用,全国海洋产业的低碳转型水平进一步提升。

表2 2006~2022年全国及沿海各省海洋产业低碳转型水平综合得分

年份	全国	天津	河北	辽宁	山东	浙江	上海	江苏	福建	广西	广东	海南
2006	18.28	1.72	1.04	2.59	3.94	2.70	2.65	2.51	4.74	2.54	5.60	5.97
2007	19.78	1.80	1.12	2.69	4.11	2.90	2.78	2.74	5.33	2.59	5.88	3.96
2008	22.10	1.82	1.19	1.74	5.24	2.86	2.98	6.46	5.10	2.75	6.22	6.98
2009	28.83	1.59	0.94	2.64	4.39	3.15	3.47	5.92	5.51	2.75	6.32	3.65
2010	32.05	1.73	0.84	2.65	5.32	3.33	3.84	6.07	5.81	2.66	6.16	3.72
2011	33.76	1.86	1.33	2.82	5.81	3.67	4.00	6.27	6.00	2.78	6.21	7.26
2012	36.74	2.02	1.39	3.08	6.47	3.94	4.22	6.67	6.26	2.81	10.97	7.12
2013	39.99	2.21	1.86	3.60	7.20	4.65	4.58	7.30	6.72	2.98	15.24	6.79
2014	43.30	2.58	2.70	4.07	8.82	5.13	5.02	7.54	6.93	3.20	19.71	6.79
2015	47.82	2.70	2.09	4.34	8.14	5.74	5.28	8.98	8.07	3.40	20.81	6.79
2016	45.02	2.36	1.63	3.56	9.36	6.48	5.19	8.26	8.12	3.14	20.77	6.83
2017	46.98	2.50	1.96	3.08	9.46	6.32	5.07	10.97	8.14	3.10	20.96	6.84
2018	49.45	2.26	3.41	3.09	9.18	6.77	4.56	9.09	7.41	3.43	21.80	6.52
2019	48.78	2.43	2.41	2.96	9.06	6.81	4.73	8.91	7.77	3.76	27.00	13.02
2020	56.42	2.27	1.78	2.98	8.73	7.06	5.32	9.09	7.83	3.80	27.25	13.06
2021	57.22	2.30	1.91	3.24	9.24	6.86	6.19	8.91	7.99	4.08	28.34	13.25
2022	60.03	2.42	2.15	3.27	9.47	7.14	6.65	9.00	8.30	4.20	28.01	13.38

3. 沿海各省份海洋产业低碳转型水平分析

图 1 显示了 2006～2022 年沿海各省份海洋产业低碳转型水平的变化趋势。各省份的转型水平自 2006 年起显著提升，全国均值从 3.27 上升至 2022 年的 8.54。然而，各省份增长速度存在差异，广东省的增幅最大，从 5.60 增至 28.01，年均增长率为 10.58%。这得益于广东丰富的海洋资源及其较高的科研和教育水平。相较之下，天津、辽宁等省市的增幅较小，增长量不足 10.00，年均增长率低于 5.00%，可能受到海洋资源储量及当地科技创新能力的限制。总体来看，区域间的差异在扩大。

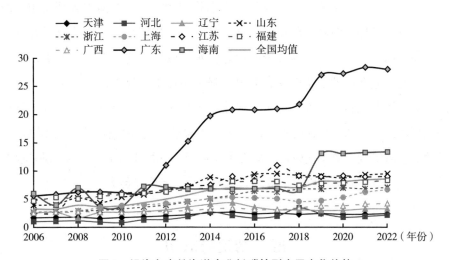

图 1　沿海各省份海洋产业低碳转型水平变化趋势

为了更直观地呈现各省份低碳转型的空间变化，将 2006～2022 年全国海洋产业低碳转型水平划分为四个等级，结果显示，我国海洋产业低碳转型的空间格局逐渐形成以东部和南部沿海地区为核心的发展态势。具体而言，2006 年，山东、福建、广东和海南率先开展低碳转型，处于领先地位；到 2022 年，高值区省份数量增至 5 个，东部和南部沿海省份的低碳转型水平显著高于北部地区，区域差异明显。

4. 海洋产业低碳转型水平特征分析

总体来看，沿海地区在 4 个一级指标上均呈现波动上升的趋势，且各地

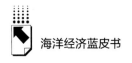

区之间存在差异。

绿色化转型方面，山东表现突出，自 2010 年以来遥遥领先。这得益于其成为全国首批海洋经济发展试点区以及山东半岛蓝色经济区建设的推动。相比之下，河北省的绿色化转型水平较低，显示其在海洋开发中环境代价较高，传统高污染产业占比较大，能源利用效率较低。创新化转型方面，各省份的创新化水平普遍上升，显示出科技创新在低碳转型中的关键作用。广东、山东、上海、江苏创新化水平较高，这得益于充足的教育资源、众多海洋科研机构及较高的科研投入。海南、广西、河北等省份则在科技创新方面存在短板，亟须加强科技赋能和创新支持。生态化转型方面，海南省表现突出，海洋产业发展对环境的破坏较小，得益于其经济起步较晚及较低的海洋开发强度。而广西、天津、辽宁等省份的生态化水平较低，这些省份或为早期工业区，或海洋生态保护起步较晚，需要加强生态保护和修复，提升生态环境治理能力。增汇化转型方面，广东、福建表现良好，展现出海洋碳汇资源储存和利用的优势，如广东在完善碳汇渔业模式和推进蓝碳交易上取得显著成果。天津、上海等则因海岸线较短、碳汇资源匮乏，在增汇化转型方面面临挑战，需制定更符合实际的低碳发展规划，提升其他低碳转型能力。

四　结论与展望

（一）研究结论

本报告通过构建涵盖绿色化、创新化、生态化和增汇化四个维度的评价体系指标，对中国海洋产业的低碳转型水平进行了系统测度和分析。研究结果表明，自 2006 年以来，中国海洋产业低碳转型水平整体呈现波动上升的趋势，不同地区之间的转型进展存在显著差异。东南沿海省份如广东、山东、福建等，由于其较强的经济基础、较高的技术创新能力和对海洋资源的高效利用，在低碳转型方面取得了显著成效，显著高于全国平均水平。相比之下，北部沿海省份如河北、辽宁、天津等，由于资源禀赋较差、技术创新能力不足、经济发展相对滞后，低碳转型进展缓慢；区域间发展差异逐步扩大。

进一步的分析表明，中国海洋产业的低碳转型虽已经取得了初步成效，但仍面临着不少挑战。首先，虽然绿色低碳发展理念已深入人心，但在部分地区，产业结构调整和技术创新仍然滞后，难以有效推动低碳转型。其次，虽然国家层面已出台了一系列支持政策，但地方政策的执行效果存在差异，部分地区在政策实施过程中遇到了资金、技术和人才的瓶颈，限制了其低碳转型的深度和广度。最后，海洋生态环境的复杂性和治理难度也给低碳转型带来了挑战，尤其是在海洋生态系统保护和碳汇能力提升方面，仍需进一步探索和创新。

（二）发展趋势展望

展望未来，中国海洋产业的低碳转型将继续深化，并呈现以下几个明显的发展趋势。

1. 区域协同推动低碳发展

随着国家区域协调发展战略的推进，未来中国海洋产业的低碳转型将更加注重区域协同发展，尤其是北部沿海省份，将加大对低碳转型的政策支持和资源倾斜力度，加快产业结构调整和技术创新，缩小与东南沿海发达省份的差距。具体而言，国家可以通过设立专项资金、制定区域发展规划、推动跨区域合作等方式，促进北部沿海省份海洋产业低碳转型快速发展。同时，这些省份将逐步探索适合自身特点的低碳转型路径，利用地方特色资源和发展潜力，形成各具特色的低碳产业集群，助力区域经济的均衡发展。

2. 技术创新引领绿色转型

技术创新将成为未来中国海洋产业低碳转型的核心驱动力。随着全球气候治理的日益深入，国家将加大对海洋领域的科技研发投入，特别是在海洋新能源、碳捕集与封存技术、海洋生态修复技术等领域，力求在关键技术上实现重大突破。未来，海洋新能源如海上风电、海洋光伏、潮汐能等，将逐步成为能源结构转型的重要支撑，技术水平的提升将显著降低这些新能源的

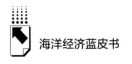

成本，扩大其在海洋产业中的应用范围。

同时，随着国家对"双碳"目标的进一步推进，海洋碳汇技术也将得到更多关注和发展。通过加强对海洋生物固碳能力的研究，改进和创新海洋碳汇利用技术，将进一步提升中国在全球气候治理中的话语权和影响力。此外，随着科技成果转化机制的完善，更多创新成果将被快速应用于海洋产业，有效推动产业的低碳转型和高质量发展。

3. 生态保护与碳汇能力并重

未来，中国将更加注重海洋生态保护和碳汇能力的提升，推动海洋生态文明建设迈上新台阶。在"双碳"目标的指引下，国家将在海洋生态保护方面加大投入，进一步完善海洋环境监测和治理体系，推动"海洋生态红线"制度的落实，严格控制海洋资源开发的强度和范围。

同时，海洋碳汇能力的提升将成为国家生态文明建设的重要组成部分。未来，国家将通过加强立法、规划、资金支持等多种手段，推动红树林、海草床、珊瑚礁等海洋生态系统的保护与恢复，扩大海洋碳汇的储存能力。此外，国家将积极探索"蓝碳"交易机制，通过市场化手段推动海洋碳汇资源的有效利用，激励企业和地方政府积极参与海洋碳汇的保护和开发。

4. 政策支持与完善助力低碳转型

政策支持将继续成为推动海洋产业低碳转型的重要动力。未来，国家将进一步完善低碳转型的政策体系，确保政策的系统性、连贯性和执行力。具体而言，国家可能出台更多专项政策，支持海洋领域的低碳技术研发、绿色金融创新和低碳基础设施建设。此外，国家还将加强对地方政府的指导和监督，确保各项低碳转型政策能够真正落地，发挥实效。

在全球气候治理背景下，中国还将积极参与国际气候合作，推动全球海洋生态保护和低碳转型的政策协调和经验分享。未来，随着中国在全球气候治理中的角色日益重要，国家可能在海洋领域出台更多符合国际规则和标准的政策，推动中国海洋产业的低碳转型与全球接轨。

5. 社会参与度推动绿色理念普及

社会参与度的提升将成为未来海洋产业低碳转型的重要特征。随着环保教育的普及和环保意识的提高，绿色低碳理念将在全社会范围内深入人心，推动公众积极参与低碳生活和环保实践。未来，国家可能通过立法、教育和宣传等手段，进一步推动绿色低碳消费方式的普及，鼓励公众积极参与海洋环境保护和碳汇资源的利用。

与此同时，社会组织和非政府组织（NGO）将在海洋产业低碳转型中发挥越来越重要的作用。未来，这些组织将在监督、宣传、倡导和推动低碳转型方面发挥更大作用，协助政府落实各项低碳政策，推动形成全社会共同参与、共同推进的绿色低碳发展格局。

综上所述，中国海洋产业的低碳转型已进入深化发展的关键时期。未来，随着技术创新的不断突破、区域协同发展的加快推进、政策支持体系的不断完善，以及社会参与度的持续提升，中国海洋产业将在绿色低碳转型方面取得更加显著的成就，为实现国家"双碳"目标和全球可持续发展做出重要贡献。

五　推进中国海洋产业低碳转型的对策建议

基于以上研究结论与趋势展望，为进一步推动中国海洋产业的低碳转型，本报告提出以下对策建议。

（一）加强区域协同发展

中国海洋产业低碳转型中，区域发展不平衡是亟待解决的问题。沿海省份在资源、技术和经济实力上存在显著差异，导致转型进展不一。建议国家进一步推动区域协同发展，特别是加大对北部沿海省份的政策支持和资源倾斜。通过政策倾斜、专项资金支持和项目优先安排，推动北部沿海地区加快技术创新和产业升级，缩小与东南沿海发达省份的差距，实现海洋产业的均衡发展。

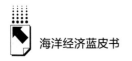

（二）加大技术创新投入

低碳转型的核心在于技术创新。国家应加大对海洋领域科技研发的投入，特别是在海洋新能源、CCS技术、生态修复技术等方面，提升自主创新能力。建议设立国家级海洋科技创新示范区，集中布局研发机构和高等院校，推动科研成果的产业化应用。提升技术创新能力，不仅推动海洋产业的绿色化、低碳化发展，还增强我国在全球海洋经济中的竞争力。

（三）完善政策支持体系

尽管国家层面已出台多项支持海洋产业低碳转型的政策，但地方政府的政策执行效果存在差异。建议进一步完善政策支持体系，增强政策的执行力和系统性。地方政府应结合自身实际情况，制定符合地方特点的低碳转型实施方案，并确保中央政策有效衔接与落实。增强对低碳转型的资金支持，尤其是在基础设施建设、统计数据细化、技术研发和人才培养方面，推动低碳转型的进程。

（四）推动社会广泛参与

社会各界的广泛参与是推动海洋产业低碳转型的重要保障。国家应通过加强环保教育和宣传，提升公众的环保意识、丰富低碳生活方式。建议通过学校教育、媒体宣传和社区活动推广低碳理念，鼓励公众积极参与海洋环境保护。与此同时，鼓励NGO参与低碳转型的监督与推动，发挥其在监督政策执行、宣传环保理念、推动公众参与等方面的积极作用，形成政府、企业、社会三位一体的低碳发展格局。

（五）加强国际合作与经验交流

在全球气候治理和海洋保护的背景下，中国海洋产业的低碳转型需要融入全球绿色发展的潮流。建议国家加强国际合作，积极参与全球海洋治理，学习借鉴其他国家在低碳转型方面的先进经验。通过国际技术交流、联合研发和人员培训，推动低碳技术的推广应用。同时，国家应积极参与全球"蓝碳"交易市场的建设，探索符合国际规则的海洋碳汇交易机制，为全球气候治理贡献中国智慧。

综上所述，这些对策建议旨在为中国海洋产业的低碳转型提供有力支持，推动其在全球绿色经济发展中占据领先地位，并为实现国家"双碳"目标和全球可持续发展做出重要贡献。

参考文献

盛朝迅：《"十三五"时期我国海洋产业转型升级的战略取向研究》，《经济研究参考》2016 年第 26 期。

刘桂春、史庆斌、王泽宇等：《中国海洋经济增长驱动要素的时空差异》，《经济地理》2019 年第 2 期。

潘家华、陈梦玫、刘保留：《净零碳转型的主要路径及其优化集成》，《中国人口·资源与环境》2023 年第 11 期。

盖美、朱莹莹、郑秀霞：《中国沿海省区海洋绿色发展测度及影响机理》，《生态学报》2021 年第 23 期。

印玺、胡健：《中国省域能源绿色发展评价及时空特征研究》，《统计与信息论坛》2023 年第 7 期。

B.4
中国海洋产业结构均衡性发展分析

张卓群　姚倩儿*

摘　要： 中国海洋产业发展情况是决定海洋经济发展质量的关键所在。党的十八大以来，我国海洋产业发展态势稳步向好，其中传统海洋产业质量有所提升，新兴海洋产业占比稳步提升。需要注意的是，从结构均衡性的角度来看，新兴海洋产业占比仍然偏低，三大海洋经济圈内部差异显著，在海洋科技创新驱动、海洋生态环境保护方面仍然面临一系列的问题与挑战，制约我国海洋产业均衡、高质量发展。因此，在面向"十五五"时期以及迈向中国式现代化的进程中，要促进传统海洋产业转型，扩大新兴海洋产业规模，打造陆海联动、双向互济的区域协调发展新格局，聚力海洋科学技术创新，加强海洋生态文明建设，为促进海洋产业均衡、高质量发展奠定坚实基础。

关键词： 海洋经济　海洋产业　结构均衡性

海洋是支撑未来发展的资源宝库和战略空间。党的十八大以来，以习近平同志为核心的党中央高度重视海洋强国建设，习近平总书记先后提出了"海洋经济发展前途无量""海洋是高质量发展战略要地""建设海洋强国是实现中华民族伟大复兴的重大战略任务"等一系列重要论断，为我国海洋经济发展和海洋强国建设指明了方向。

---

* 张卓群，经济学博士，中国社会科学院生态文明研究所海洋经济学研究室副主任、副研究员、硕士生导师，主要研究方向为海洋经济学、可持续发展经济学；姚倩儿，中国社会科学院大学，主要研究方向为海洋经济学。

在海洋经济发展和海洋强国建设的全局工作中，海洋产业高质量发展占据主导地位。海洋产业是指以开发、利用和保护海洋资源和海洋空间为对象的产业部门①。自新千年以来，我国海洋产业规模迅速增长，成为促进海洋经济发展的重要支柱。本报告从产业结构的视角入手，系统分析中国海洋产业总体发展趋势及结构均衡性，运用泰尔指数对中国海洋产业结构均衡性开展测算，研究中国海洋产业结构均衡性发展面临的问题与挑战，在此基础上提出优化中国海洋产业结构的对策建议，以期为促进我国海洋产业现代化建设提供参考。

一 中国海洋产业总体发展趋势及结构均衡性分析

（一）总体趋势分析

党的十八大以来，全国海洋产业增加值呈现整体上升态势，由 2012 年的 20830 亿元上升至 2023 年的 38852 亿元，年平均名义增速达到 5.83%。在此期间，海洋产业宏观政策连续稳定，资源供给能力稳步提升，自主创新能力持续增强，高质量发展成效显著。

2001~2023 年，传统海洋产业增加值占比波动下降，新兴海洋产业增加值占比波动上升。2001 年我国海洋产业增加值的 92.43% 来自传统海洋产业、7.57% 来自新兴海洋产业。随着传统海洋产业转型升级和新兴海洋产业不断发展壮大，2001~2015 年新兴海洋产业增加值占比保持着相对稳定的小幅上升趋势，2015 年我国新兴海洋产业增加值占比达 18.31%。2016~2021 年，受国际经济环境影响，新兴海洋产业增加值出现下降趋势，2021 年我国新兴海洋产业占比下降至 12.22%。2022 年以来，随着国内外经济形势好转，我国海洋产业迎来了新的发展机遇，新兴海洋产业发展进一步提速。

---

① 《海洋及相关产业分类》（GB/T20794-2021）将海洋经济划分为海洋产业、海洋科研教育、海洋公共管理服务、海洋上游产业、海洋下游产业等 5 个产业类别。本报告针对海洋产业开展研究。

2022 年和 2023 年，我国新兴海洋产业增加值占比分别达到 24.05% 和 23.43%，呈现良好增长态势。2001~2023 年全国海洋产业增加值发展状况。

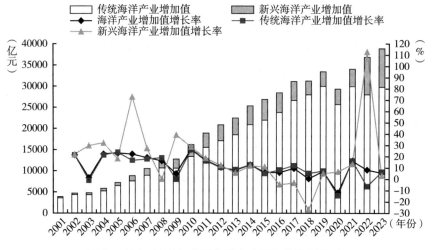

图 1 2001~2023 年全国海洋产业增加值发展状况

资料来源：《中国海洋统计年鉴》（2002~2017）、《中国海洋经济统计年鉴》（2018~2021）、《中国海洋经济统计公报》（2021~2022）、中华人民共和国自然资源部。

（二）产业结构分析

对比分析 2012 年和 2023 年我国海洋产业结构①（见图 2、图 3），海洋旅游业、海洋交通运输业和海洋渔业的产业增加值所占比重始终保持领先地位，三者占我国海洋产业增加值总额的半数以上。值得注意的是，海洋交通运输业和海洋渔业占比不断缩小，分别由 2012 年的 22.82% 和 17.09% 下降至 2023 年的 19.62% 和 11.89%；而海洋旅游业占比出现上升，由 2012 年的 33.27% 上升至 2023 年的 37.92%。随着人民收入水平的上升，海洋旅游已经成为国内外旅游市场的热点，成为沿海地区对外发展的亮丽名片。

---

① 《海洋及相关产业分类》（GB/T 20794-2021）新标准自 2022 年统计核算开始使用，相比于 2021 年及之前使用的《海洋及相关产业分类》（GB/T 20794-2006）标准，新标准中海洋产业名称有以下变化：滨海旅游业变更为海洋旅游业、海水利用业变更为海水淡化与综合利用业、海洋生物医药业变更为海洋药物和生物制品业；后同。

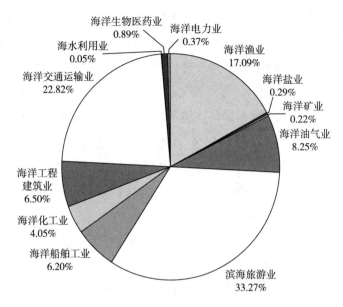

图 2 2012 年海洋产业结构

资料来源:《中国海洋统计年鉴（2013）》。

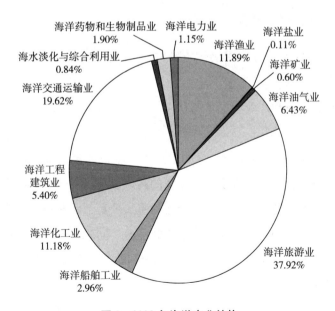

图 3 2023 年海洋产业结构

资料来源:中华人民共和国自然资源部。

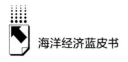

海洋化工业快速增长，占比 2023 年相较 2012 年增长 7.13 个百分点，海洋化工业逐步由劳动密集型、资源密集型向创新引领型、环境优化型转变。而随着我国能源革命的稳步推进，以风能、潮汐能为主的海洋电力业占比由 0.37% 上升至 1.15%，海洋油气业占比由 8.25% 下降至 6.43%。

海洋船舶工业是我国海洋经济的重要支柱产业，船舶工业发展与其他海洋产业发展密切相关。相比 2012 年，2023 年海洋船舶工业增加值占比明显下降，但总体仍然呈现良好发展态势。海洋船舶研发进展加快，现代船舶产业体系正在逐步形成，海洋船舶工业正由高速发展向高质量发展转变。海洋工程建筑业也呈现与海洋船舶工业相似的变化趋势。近年来，虽然海洋工程建筑业占比有小幅下降，但随着行业结构不断优化、区域布局持续改善，该行业经济效益稳中有进，发展质量明显提升。

此外，海洋盐业、海洋矿业、海水淡化与综合利用业、海洋药物和生物制品业各有升降，但在我国海洋产业中的占比均较小，其支撑海洋经济发展的效能有待进一步释放。

（三）地区结构分析

2012 年和 2021 年沿海各省、直辖市、自治区海洋产业增加值占全国比重变化如图 4 所示。

具体来看，海洋产业增加值占比上升幅度最大的是福建，从 2012 年的 8.9% 上升到 2021 年的 13.2%。福建是"海上丝绸之路"的重要起点之一和"一带一路"倡议的重要枢纽，党的十八大以来，福建抢抓机遇，积极建设海峡蓝色经济试验区，促进了海洋经济的高速发展。福建始终坚持新兴海洋产业发展立足本地特色，传统海洋产业的重大项目不断向临港区域集聚，培育了一批全国领先的高端海洋产业集群和基地。同时，不断加强政策和资金等支持，完善海洋经济产学研体系，为福建海洋产业发展提供强有力的支撑。浙江的海洋产业发展也同样亮眼，海洋产业增加值占比由 2012 年的 9.4% 提升至 2021 年的 12.5%。"十三五"期间，浙江全省全面贯彻落实"5211"海洋强省战略，在深入推进浙江海洋经济发展示范区等重大涉海战

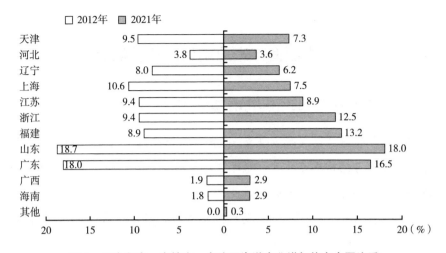

图 4　沿海各省、直辖市、自治区海洋产业增加值占全国比重

资料来源：《中国海洋统计年鉴（2013）》《中国海洋经济统计年鉴（2022）》。

略举措的同时，全面推进"大湾区大花园大通道大都市区"建设，推动了浙江海洋产业的快速发展。

　　上海、天津和辽宁的海洋产业增加值占比表现出较为明显的下降趋势。上海下降的主要原因是海洋经济发展已经进入服务化阶段，海洋服务产业在海洋经济中占据主导地位，以第一产业、第二产业为主的海洋产业规模进一步压缩。天津是中蒙俄经济走廊主要节点，是连接国内外的重要枢纽。2021年，天津港完成货物吞吐量 5.29 亿吨，集装箱吞吐量突破 2000 万标箱，枢纽港地位不断提升。但是，天津的海洋经济以海洋油气和海洋化工等传统产业为主导，新兴产业尽管近年来增长迅速，但在总量中的占比不足 10%，新兴海洋产业链相对短且产业配套不足。辽宁毗邻渤海和黄海，海洋空间资源丰富，拥有辽东湾、海洋岛两大传统渔场，也是我国重要的海盐产区和船舶与海工装备重要的研制生产基地。但辽宁地区海洋产业结构布局和经济密度与其他沿海发达地区相比仍有差距。目前，传统海洋产业仍然是该地区的支柱性产业，海洋电力、海洋生物医学等无污染的新兴产业较为薄弱，阻碍了海洋经济的高质量发展。

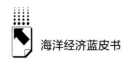

二 中国海洋产业结构均衡性测算

（一）中国海洋产业结构均衡性测算方法

本报告从传统和新兴产业以及三大海洋经济圈两个角度，利用泰尔指数对中国海洋产业结构均衡性进行测算，基于不同分组分别计算了总体差异、组内差异、组间差异和相关贡献率。

以基于传统和新兴产业的均衡性测算为例，泰尔指数的计算使用如下模型：

$$T = \frac{1}{k}\sum_{q=1}^{k}\left(\frac{S_q}{\bar{S}} \times \ln\frac{S_q}{\bar{S}}\right) \tag{1}$$

$$T_p = \frac{1}{k_p}\sum_{q=1}^{k_p}\left(\frac{S_{pq}}{\bar{S_p}} \times \ln\frac{S_{pq}}{\bar{S_p}}\right) \tag{2}$$

$$T = T_w + T_b = \sum_{p=1}^{i}\left(\frac{k_p}{k} \times \frac{\overline{S_p}}{\bar{S}} \times T_p\right) + \sum_{p=1}^{i}\left(\frac{k_p}{k} \times \frac{\overline{S_p}}{\bar{S}} \times \ln\frac{\overline{S_p}}{\bar{S}}\right) \tag{3}$$

（1）式中，T 表示主要海洋产业增加值的总体差异泰尔指数，泰尔指数越小说明总体差异越小，反之则越大。其中，q 表示产业，k 表示产业数量（取值为 1，2，3，…，12），S_q 表示产业 q 的增加值，$\bar{S}$ 表示主要海洋产业增加值的平均值。（2）式中，T_p 表示产业大类 p 的总体差异泰尔指数，k_p 表示产业大类 p 中的产业数量，S_{pq} 表示产业大类 p 中 q 产业的增加值，$\overline{S_p}$ 表示产业大类 p 的增加值平均值。（3）式中，主要海洋产业增加值的总体差异泰尔指数被进一步分解为产业内（组内）差异泰尔指数 T_w 和产业间（组间）差异泰尔指数 T_b，i 表示产业大类数量（取值为 1，2）。另外，定义 T_w/T 和 T_b/T 分别为产业内差异和产业间差异对总体差异的贡献率，$(S_p/S) \times (T_p/T)$ 为产业大类 p 对产业内总体差异的贡献率，S_p 表示产业大类

p 内各产业的增加值之和，S 表示主要海洋产业增加值之和。

同理，可以得到基于三大海洋经济圈的均衡性测算结果。本部分均衡性测算中所使用的原始数据来自《中国海洋统计年鉴》（2002~2017）、《中国海洋经济统计年鉴》（2018~2021）、《中国海洋经济统计公报》（2021~2022）、中华人民共和国自然资源部报告《2023 年海洋生产总值增长 6%》。受到数据可得性限制，基于传统和新兴产业的均衡性测算时间范围为 2001~2023 年，基于三大海洋经济圈的均衡性测算时间范围为 2006~2021 年。

（二）基于传统和新兴产业的均衡性测算

传统海洋产业和新兴海洋产业增加值的总体差异经历了先下降后上升再下降的趋势（见图5），泰尔指数由 2001 年的 0.95 下降至 2011 年的 0.69，2012~2019 年泰尔指数不断上升，在 2019 年达到区域最高点 1.02，随后从 2020 年开始回落，2023 年泰尔指数下降为 0.66。从总体看，我国传统海洋产业和新兴海洋产业的差异较大且波动明显，两大产业规模的差异是造成这种现象的一个重要原因。传统海洋产业增加值占据了我国海洋产业增加值的大部分，特别是海洋旅游业和海洋交通运输业增加值份额始终在海洋产业中保持领先地位。同时，海水淡化与综合利用业和海洋电力业等新兴海洋产业虽然表现出较快的增长势头，但在海洋产业增加值中的占比仍然很小。2020 年之后，相关政策大力支持传统海洋产业转型升级和新兴海洋产业快速发展，以海洋渔业、海洋盐业为代表的传统海洋产业正在向高质量发展转变，以海洋药物和生物制品业为代表的新兴海洋产业不断突破关键技术，增强了新兴海洋产业发展动能，使传统海洋产业和新兴海洋产业的总体差异有明显减小。

进一步将总体差异分解为两大产业的产业间和产业内差异。从分解结果看，2001~2023 年产业内差异的贡献率均大于 50%（见图6），即产业内差异贡献率大于产业间差异贡献率，说明我国海洋产业的总体差异主要来源于传统产业和新兴产业的内部差异。从产业间差异看，从 2001 年的 44.96% 下

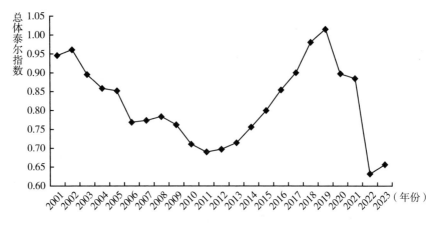

图5 传统海洋产业与新兴海洋产业总体差异

资料来源：笔者测算。

降至2023年的22.65%，目前两大产业间的差异保持良好的缩小趋势。从产业内差异看，传统海洋产业和新兴海洋产业的内部差异明显，并且产业内差异贡献率呈现波动上升趋势。

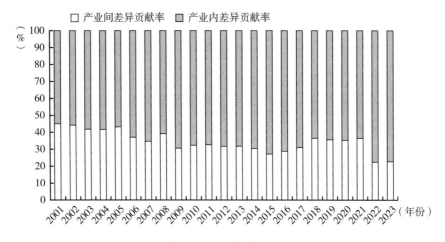

图6 传统海洋产业与新兴海洋产业差异分解

资料来源：笔者测算。

为精细化测算海洋产业的均衡性发展，进一步分解产业内差异，如图7所示。2001~2023年我国传统海洋产业和新兴海洋产业增加值的泰尔指数平均值分别为0.54和0.47，贡献率平均值分别为56.77%和8.83%。相比于新兴海洋产业，传统海洋产业内部的差异和贡献率更大。从传统海洋产业看，2001~2023年其泰尔指数在0.45至0.70的范围内浮动，其贡献率从2001年的50.30%波动上升至2023年的64.21%。值得注意的是，2019~2021年，受全球范围内经济波动影响，占据了传统海洋产业增加值绝大部分的海洋旅游业和海洋交通运输业受到严重冲击，使传统海洋产业泰尔指数逐年下降，传统产业内差异逐渐减小。但2022年和2023年传统海洋产业泰尔指数呈现"翘尾"特征，这表明传统海洋产业的内部差异正表现出增长的趋势，海洋旅游业的强势复苏、资源过度开采和环境恶化导致海洋渔业和盐业发展放缓等多重因素正在影响传统海洋产业内部的均衡发展。从新兴海洋产业看，泰尔指数呈现波动下降趋势，从2001年的0.59下降至2023年的0.37，伴随海洋产业关键技术的不断突破与广泛应用以及新兴海洋产业数字化转型的推进，新兴海洋产业内部差异正在不断缩小。

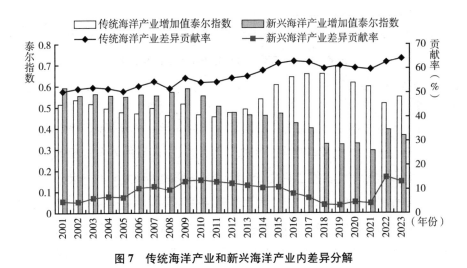

图7 传统海洋产业和新兴海洋产业内差异分解

资料来源：笔者测算。

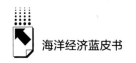

（三）基于三大海洋经济圈的均衡性测算①

三大海洋经济圈的海洋产业增加值总体差异呈现波动上升而后下降的趋势（见图8），泰尔指数由 2006 年的 0.19 波动上升至 2016 年的 0.20，随后回落至 2021 年的 0.16。我国三大海洋经济圈的海洋产业增加值的总体差异不大且相对稳定地在 0.16 至 0.20 之间浮动。特别是 2018 年以来总体泰尔指数出现明显的下降趋势，这表明我国三大海洋经济圈海洋产业的总体差异呈现不断缩小的势头。

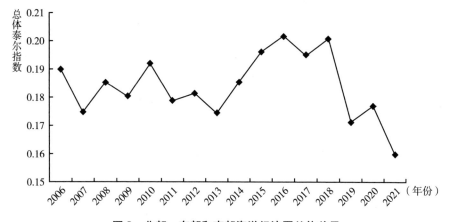

图 8　北部、东部和南部海洋经济圈总体差异

资料来源：笔者测算。

进一步将总体差异分解为区域间和区域内差异。从分解结果看，2006～2021 年区域内差异贡献率均大于 90%（见图9），区域内差异贡献率远大于区域间差异贡献率，占据了我国三大海洋经济圈的总体差异的绝大部分。从区域间差异看，2006～2021 年三大海洋经济圈间存在的差异较小，泰尔指数均小于 0.02 且波动下降，区域间差异贡献率也呈现波动下降趋势，从 2006 年的 5.33% 下降至 2021 年的 0.46%，目前三大海洋经济圈的区域间差异呈

---

① 受数据限制，基于三大海洋经济圈的均衡性测算分析年份为2006～2021年。

现良好的缩小趋势。从区域内差异看，三大海洋经济圈的内部差异非常明显，并且区域内差异贡献率呈现上升趋势。

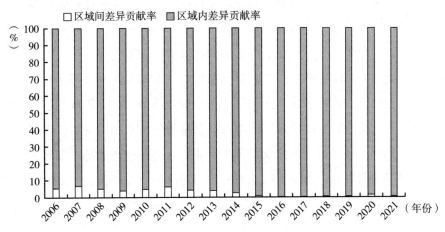

图9 北部、东部和南部海洋经济圈差异分解

资料来源：笔者测算。

进一步分解三大海洋经济圈的区域内差异，如图10所示。2006~2021年北部、东部和南部海洋经济圈的海洋产业增加值的泰尔指数平均值分别为0.15、0.01和0.36，贡献率平均值分别为31.22%、1.99%和63.97%，南部海洋经济圈差异及贡献率最大，北部次之，东部最小。从南部海洋经济圈看，其泰尔指数从2006年的0.40下降至2021年的0.25，其贡献率在50%至70%范围内浮动。南部海洋经济圈内的差异最大且占据了区域内差异的半数以上，可能受到各省份之间发展不平衡等因素的影响，例如以深圳和广州为主要海洋经济发展中心的广东在南部海洋经济圈中贡献了海洋产业增加值的绝大部分，而广西和海南的海洋产业发展相对滞缓，这极大增加了南部海洋经济圈的内部差异。不过，南部海洋经济圈的泰尔指数整体上表现出下降趋势，近年来，广西和海南积极利用其独特区位优势，不断深化与东盟和东南亚的海洋经济开放合作，充分发挥后发优势和追赶效应，南部海洋经济圈的内部差异正在逐渐缩小。北部海洋经济圈内部也存在一定差异，虽然没有南部海洋经济圈内部的差异大，却表现出不断扩大的趋势，其泰尔指数从2006年的

0.10 上升至 2021 年的 0.18，北部海洋经济圈内部发展不均衡现象日益凸显。山东的海洋产业增加值在我国沿海地区中始终处于领先地位，相比于其他北部地区，其海洋经济基础较好，海洋产业规模更大，与当地经济发展联系紧密；而辽宁等地仍以传统海洋产业为支柱产业，海洋电力、海洋生物医学等新兴产业较为薄弱，海洋产业结构布局和经济密度方面仍存在一些亟须解决的问题，使北部海洋经济圈内部差异不断扩大。东部海洋经济圈所包含的上海、浙江和江苏三地处于长三角地区，是中国经济最发达、科技创新最活跃的地区。长三角区域一体化发展战略对东部海洋经济圈协同发展产生深刻影响，是东部海洋经济圈均衡发展的重要因素。未来，推进北部、东部和南部海洋经济圈均衡发展，需要在因地制宜地完善海洋产业结构、增强海洋经济发展动能等方面持续发力，有序推进三大海洋经济圈协调发展。

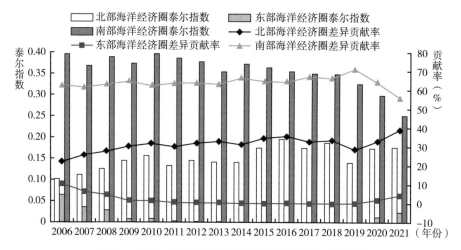

图 10　北部、东部和南部海洋经济圈区域内差异分解

资料来源：笔者测算。

三　中国海洋产业结构均衡性发展面临的问题与挑战

近年来，我国海洋产业发展取得了显著的成绩，现代海洋产业体系构建加快推进，海洋资源供给保障能力不断提升。但是，需要注意的是，在传统海洋产业与新兴海洋产业之间、在地区之间，非均衡发展的情况依然比较突出。此外，在海洋科技创新驱动、海洋生态环境保护方面仍然面临一系列的问题与挑战，制约我国海洋产业均衡、高质量发展。

（一）传统海洋产业抗风险能力差且转型滞后

在传统海洋产业中，海洋旅游业和海洋渔业增加值占传统海洋产业增加值比重超过一半，而 2019～2021 年，这两类产业承受的冲击最为严重。一方面，旅游景点游客人数大幅度减少，海洋旅游业增加值大幅度下跌，直到 2023 年才有所恢复，但其增加值仅为 2019 年的 81.77%。另一方面，水产品批发市场、餐馆等场所时开时停，渔业的生产、运输、加工和销售短期内都受到较大影响，海洋渔业增加值也出现大幅度波动。另外，我国传统海洋产业现代化体系亟须进一步完善。以海洋交通运输业为例，虽然我国港口货物吞吐量和集装箱吞吐量连续多年位居世界第一，并且我国也是世界最大船东国，但国内部分港口的专业化、大型化、深水化建设仍然不足，部分沿海地区的配套设施，如船坞、修理厂等，仍然比较落后，无法满足现代航运的需求，海洋交通运输业的整体运输效率和信息化程度仍有较大提升空间。此外，海洋盐业、海洋矿业在传统海洋产业的占比过低，制约着传统海洋产业的均衡发展。

（二）新兴海洋产业引领海洋经济变革动能弱

新兴海洋产业增加值占海洋产业增加值比重由 2001 年的 7.57% 上升至 2023 年的 23.43%①，虽然出现显著上升，但占比仍然偏低，难以支撑海洋经济高质量发展。就 2023 年的情况而言，海水淡化与综合利用业、海洋药物和生物制品业、海洋电力业占比均低于 2%。海水淡化与综合利用对于缓解沿海地区水资源匮乏具有关键作用，能够有效减缓工业及民用水的需求压

---

① 数据来源：笔者根据中华人民共和国自然资源部发布数据测算。

力,保障沿海地区水资源安全,但海水淡化的成本仍然高于传统水源供应,制约海水淡化与综合利用业的发展。海洋药物和生物制品在治疗癌症、心脑血管疾病等领域显示出独特疗效,且作为战略性新兴产业具有带动地方经济发展的巨大潜力,但在科研成果转化为实际产品的过程中存在诸多技术和市场障碍。海洋电力作为清洁能源的重要组成部分,能够促进能源结构优化,减少二氧化碳排放,但海洋电力面临可靠性、稳定性挑战,接入电网和消纳问题制约着海洋电力的发展。

(三)沿海地区海洋经济发展不平衡问题突出

表1　2021年沿海各省(区、市)地区生产总值与海洋生产总值占比①情况

单位:%

地区	北部海洋经济圈				东部海洋经济圈			南部海洋经济圈			
	辽宁	天津	河北	山东	江苏	上海	浙江	福建	广东	广西	海南
地区生产总值占比	4.50	2.60	6.70	13.60	19.30	7.20	12.20	8.20	20.50	4.10	1.10
海洋生产总值占比	5.10	5.90	3.10	17.30	9.60	11.00	11.30	12.40	19.50	2.50	2.30

资料来源:笔者测算。

　　三大海洋经济圈区域间的差异不大,但区域内的差异十分显著。在南部海洋经济圈中,广东占据主导地位,广西、海南海洋经济发展相对滞后;在北部海洋经济圈中,山东占据主导地位,辽宁、天津、河北新兴海洋产业支撑能力偏弱。在东部海洋经济圈中,江苏、上海、浙江海洋经济规模差别不大,但江苏海洋经济占比与地区生产总值占比存在错位。通过比较2021年沿海各省(区、市)地区生产总值占比与海洋生产总值占比(见表1)可以发现,江苏前者占比为19.30%,后者仅为9.60%,说明相对于其经济体量来说,海洋经济的发展比较滞后。主要原因在于江苏海洋经济结构性矛盾

---

　　① 此处占比指该地区占沿海11省(区、市)总和之比。

突出，海洋传统产业占比过高、新兴产业规模偏小，海洋船舶、海工装备核心关键技术自给率偏低；连云港、盐城、南通等沿海城市辐射能力不强，缺少竞争力强的海洋中心城市。

此外，深圳、上海、天津、广州、青岛、舟山、宁波、大连陆续提出建设海洋中心城市的目标，其中既有国家级规划，也有各地方提出目标。但从建设情况来看，深圳建设全球海洋中心城市的步伐较快。2024 年，深圳成立海洋发展局，统筹推进全市海洋领域各项工作。深圳加速布局海洋电子信息、海洋高端装备、现代海洋渔业和海洋新能源等领域，加速培育和形成海洋新质生产力。相较而言，多数城市建设全球海洋中心城市的进程相对滞后。

（四）海洋产业技术创新、人才培养存在短板

一方面，近年来我国在海洋科技创新方面屡有突破，例如 2023 年 11 月国产首艘大型邮轮"爱达·魔都号"正式交付，标志着中国又一次成功摘取世界造船业皇冠上的明珠。然而，由于我国海洋科技发展起步较晚，在诸多领域与世界领先水平仍然存在差距。例如，海洋矿业所涉及的深海探测技术，海底矿物采集、处理和运输技术仍有较大提升空间；海洋油气业中的深海油气勘探和开采技术、水下生产设备等与国际先进水平存在差距；海洋药物和生物制品业在海洋生物活性物质的提取、分离和纯化技术，以及海洋药物的临床研究方面存在短板等。

另一方面，海洋产业相关人才培养缺口巨大。在海洋产业人才培养数量方面，2021 年，全国普通高等教育各海洋专业本科在校生人数为 154521 人，仅占全国普通本科在校生人数的 0.82%，而同期海洋生产总值占全国生产总值的比重为 7.90%。在海洋产业人才培养结构方面，现有的海洋专业设置以传统海洋产业为主，新兴海洋产业设置较少，与市场需求出现错配。在海洋产业人才培养层次方面，具有国际一流水准的海洋科技创新团队较少，既懂技术又懂管理，能够跨学科工作的复合型、创新型人才数量不足，对海洋经济、海洋社会、海洋文化进行研究的社科领域人才比较匮乏。

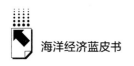

（五）海洋生态环境面临的威胁凸显且呈多样化

随着我国海洋产业活动的增加，海洋生态环境面临的威胁也在日益凸显。首先，在海洋资源利用方面，海洋矿业的发展方式仍然比较粗放，海洋资源集约利用效率不高。例如，传统的海洋矿产开发往往注重单一矿产的提取，而忽略了共生资源的开发，造成资源的极大浪费，且过度开采导致一些优质矿产资源迅速枯竭。其次，在海洋环境保护方面，海洋油气业、海洋交通运输业、海洋化工业、海洋药物和生物制品业对海洋生态环境产生重大影响。例如，海洋油气业、海洋交通运输业存在海上石油在开采和运输中泄漏的风险，一旦出现石油泄漏将对周围的生态环境造成毁灭性打击，且类似案例在全球屡见不鲜；海洋化工业、海洋药物和生物制品业形成的海洋微塑料和新型持久性有机污染物已经成为海洋生态治理的世界性难题。最后，在海洋生物多样性方面，海洋渔业、海洋矿业、海洋工程建筑业的发展有可能对海洋生物多样性形成重大威胁。例如，过度捕捞导致许多海洋鱼类和其他海洋生物种群数量急剧下降，甚至面临灭绝的风险；海洋工程建筑建设改变了近海海底地形地貌，对近海生物种群产生影响，打破了原有的海洋生态平衡。此外，由海洋产业活动导致的气候变化风险、核污染风险、海洋地质灾害风险也显著增大。

四　优化中国海洋产业结构的对策建议

总的来说，中国海洋产业的发展对于落实海洋强国战略、增强国家经济实力、提升国家战略安全水平具有重大意义。在面向"十五五"时期以及迈向中国式现代化的进程中，要促进传统海洋产业转型，扩大新兴海洋产业规模，打造陆海联动、双向互济的区域协调发展新格局，聚力海洋科学技术创新，加强海洋生态文明建设，为加快海洋经济高质量发展奠定坚实基础。

（一）增强传统海洋产业韧性，把握深度转型升级方向

首先，要将数字经济与传统海洋产业相结合，提升传统海洋产业数字化

水平。例如，建设智慧港口，提升装卸效率，增强港口综合服务功能；将物联网、大数据等技术与航线规划和船舶管理深度结合，确保海洋经济统计数据能够及时反映市场动态与趋势变化，提高海洋交通运输业的整体运输和管理效率。其次，要促进产业之间融合发展，打造海洋经济新业态。例如，可以发展观光渔业，深入挖掘和展示地区渔村文化和海洋文化，将渔业与文化传承、休闲娱乐、旅游观光、生态建设等有机结合，开展消费升级，提供满足人们休闲需求的产品和服务。再次，在促进海洋盐业、海洋矿业现代化转型的同时，提升其经济规模，力争实现质量和效益的双赢。最后，要将传统海洋产业深度融入国内国际双循环，鼓励开拓国外新市场，增强传统海洋产业的抗风险能力。例如，促进海洋油气业大力拓展海外市场，与南美、欧洲、西亚、北非、中亚等地区的能源输出国开展深度的海洋油气资源开发合作，积极主动参与国际能源政策和能源协调等多边交流机制，推动全球能源发展实现合作共赢。

（二）扩大新兴海洋产业规模，打造海洋经济新增长极

一方面，要加大对新兴海洋产业的政策支持力度。鼓励地方政府基于本地区海洋经济发展的基础和方向，出台鼓励新兴海洋产业发展的指导目录，集聚新兴海洋产业主体，提升海洋船舶工业、海水淡化与综合利用业、海洋药物和生物制品业、海洋电力业等新兴海洋产业在海洋经济中的占比，通过延链、补链、强链，打造新兴海洋产业创新发展高地。为新兴海洋产业企业提供财政补贴、税收减免或返还，降低企业负担，激励产业创新和投资。另一方面，要大力发展现代海洋服务产业，为新兴海洋产业发展提供支撑。发展海洋金融产业，协调金融机构加大对新兴海洋产业的支持力度，鼓励市场主体及社会资本设立海洋类产业基金，融通新兴海洋产业发展资本。要提升船舶经济、海洋科研教育、海洋国际法律服务、海洋公共管理服务水平，发挥海洋服务作为连接新兴海洋产业与全球市场的桥梁作用，为我国海洋经济的全球化发展增添新的活力。

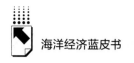

（三）构建陆海联动、双向互济的区域协调发展新格局

一方面，依托重点城市，打造辐射沿海地区的海洋产业发展高地，进一步促进三大海洋经济圈内部的均衡发展。在北部海洋经济圈和南部海洋经济圈，巩固山东、广东海洋经济先发优势的同时，依托青岛、广州、深圳等海洋经济发达城市，协同促进经济圈内其他地区海洋经济提质增效，形成一个重点城市带动一个沿海区域发展的格局。在东部海洋经济圈，以上海为核心，可以尝试建立长三角海洋经济协调发展机制，协调融通技术、资金和人才要素，改变江苏地区生产总值高、海洋经济弱的现状，促进经济圈内各地区海洋产业融合协同发展。另一方面，海洋经济发展不仅是带动沿海地区经济发展的重要抓手，也是推动沿海地区与内陆地区协同发展的重要支撑。可以以城市群和都市圈为单位，将海洋经济发展战略与内陆地区的发展规划相对接，制定协调一致的政策，消除行政障碍，为沿海和内陆地区的协同发展创造良好的政策环境。在此基础上，合理规划沿海与内陆地区的产业布局，形成上下游产业链的有机衔接；沿海地区与内陆地区可以共同投资建立研发平台，针对共有的产业需求开展技术研发，共享成果，推动区域产业的整体升级；完善沿海与内陆相连的交通运输网络，形成高速铁路网、高速公路网、机场航空网、内河高等级航道有序衔接的交通格局，降低物流成本，提高运输效率。促进海洋经济发展成果由沿海地区和内陆地区共享，为构建形成陆海内外联动、东西双向互济的开放格局做出更大贡献。

（四）聚力海洋科学技术创新，加强海洋专业人才建设

一方面，要把海洋科技创新摆在更重要的位置，打造海洋新质生产力。首先，在海洋科技创新基础较好的地区，推动建设一批海洋科技创新载体，包括但不限于海洋领域重点实验室、海洋科考中心、海洋技术创新中心、海洋工程研究中心等，夯实海洋科技创新基础。其次，依托海洋科技创新载体，加快形成海洋大学、海洋科研院所、涉海企业间的深度创新联盟，锚定海洋基础研究、科技前沿、关键核心技术等领域。力争实现原创性技术的重

大突破。最后，大力鼓励海洋科技成果转化，理顺在成果转化过程中的体制机制、创新利益分配机制，建立海洋科技成果转化平台，鼓励通过专利许可、联合开发、技术入股等方式促进科技成果应用落地。另一方面，要弥补海洋产业人才短板，培养和引进涉海各层次和领域人才。首先在引才方面，对于海洋产业急需的高层次人才，地方政府可以采用全职引进、短期聘用、合作交流等方式加快集聚一批海洋科技创新战略人才、领军人才、青年人才，在子女教育、住房配套、医疗服务等方面给予多层次的全面配套。其次在育才方面，鼓励设立海洋相关专业的大学与用人企业更紧密合作，开展"订单式"人才培养，向市场输送紧缺专业人才。最后在用才方面，需要采用更为灵活的人才评选和职称评审机制，增强人才获得感和归属感。

（五）深耕海洋生态文明建设，促进人与自然和谐共生

首先，要增强海洋资源集约利用效率。要改变部分产业对海洋资源利用较为粗放的现状，倡导综合开发、可持续利用，推动海洋产业健康发展。例如在海洋矿产开发中，使用远程操作潜水器提取海底矿床的物理样本，对于存在共生情况的矿产制定多种资源联合开发方案，采用先进的勘探和开采技术提高资源提取的效率和准确性，开发和实施海洋废弃物资源化利用技术，将开采过程中产生的废物转化为可再用的资源等。其次，要在实现经济效益的同时增进海洋环境效益。一方面，实施严格的海洋污染排放标准，加强对海洋污染物排放的监控和管理，减少海洋产业活动的各类排放对海洋的影响，特别要注重对于海洋微塑料和新型持久性有机污染物的污染防控和系统治理。另一方面，发展和运用海洋生态修复技术，如人工增殖放流、生态护岸建设、海底生态修复等，恢复受损的海洋生态环境。最后，要加强保护海洋生物多样性。基于科学研究制定海洋生物资源的管理策略，如设定合理的捕捞配额、保护濒危物种和关键栖息地等；同时对非法、未报告和无管制的捕捞活动要坚决打击，促进海洋物种的生态平衡。此外，针对气候变化风险、核污染风险、海洋地质灾害风险要出台专项防控和应对措施，促进海洋经济的可持续发展。

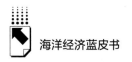
参考文献

代金辉、王梦恩：《中国海洋经济绿色发展水平测度及收敛性分析》，《统计与信息论坛》2024 年第 4 期。

王泽宇、丛琳惠、王焱熙等：《现代海洋产业体系发展水平测度及动态演进——基于四位协同视角》，《经济地理》2023 年第 7 期。

谢宝剑、李庆雯：《新质生产力驱动海洋经济高质量发展的逻辑与路径》，《东南学术》2024 年第 3 期。

殷克东、金雪、李雪梅等：《基于混频 MF-VAR 模型的中国海洋经济增长研究》，《资源科学》2016 年第 10 期。

张卓群：《新中国成立以来城市流动空间建设成就、作用与展望》，《观察与思考》2024 年第 5 期。

B.5
中国海洋产业集群竞争力发展分析[*]

黄　冲　张宏硕　张世龙[**]

摘　要： 海洋是国家发展的重要战略领域，培育和壮大现代海洋产业集群能够引导相关企业在特定区域集聚，形成规模和范围经济优势，对优化海洋经济空间布局、构建现代化产业体系、提升科技自主创新能力、推动高质量发展具有重要意义。目前，打造海洋产业集群是我国沿海省份发挥区域优势的重要抓手。本报告首先详细梳理我国海洋产业集群的发展现状与存在的问题；其次，构建中国海洋产业集群竞争力发展评价指标体系，对中国典型海洋产业集群进行竞争力分析与评价；再次，分别探讨了我国典型海洋产业集群的发展趋势与展望；最后，从海洋产业集群资源优化配置、产业集群结构及产业集群效率等方面提出了我国未来海洋产业集群竞争力提升的对策建议。

关键词： 海洋经济　海洋产业集群　竞争力

一　中国海洋产业集群发展现状分析

（一）中国海洋产业集群分类与组成

本报告将海洋产业集群定义为：以集聚海洋经济发展动能为引领，由从

---

* 本报告受国家社科基金一般项目（23BGL031）、山东省自然基金青年项目（ZR2023QG040）、中国博士后基金面上项目（2023M742051）资助。

** 黄冲，山东财经大学海洋经济与管理研究院副教授，硕士生导师，山东省泰山产业领军人才，主要研究方向为海洋经济分析与建模、可持续发展与政策效果评估等；张宏硕，山东财经大学管理科学与工程学院；张世龙，山东财经大学管理科学与工程学院。

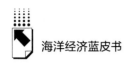

事海洋经济核心产业的企业主体、与其具有分工合作关系的不同规模企业，以及相关支持机构和组织，通过纵横交错的网络关系紧密联系在一起的集聚体，是工业化进程中出现的典型产业组织形态。

根据《战略性新兴产业标准 2018》《工业战略性新兴产业分类目录 (2023)》，结合《中国海洋经济发展报告（2021~2022）》对传统海洋产业、新兴海洋产业和战略性新兴海洋产业的分类，中国海洋产业集群又可以分为传统海洋产业集群、新兴海洋产业集群和战略性新兴海洋产业集群。传统海洋产业集群又可以分为海洋渔业、海洋油气业、海洋交通运输业等主要海洋产业集群；新兴海洋产业集群又可以分为海洋船舶与海洋工程装备业、海洋工程建筑业等主要海洋产业集群。

自 2000 年以来，中国海洋产业集群呈现区域性集聚和带状发展特征。海洋渔业集群主要分布在山东半岛、浙江和广东沿海，涵盖捕捞、养殖、加工等完整产业链。海洋船舶与海洋工程装备业集群集中在长三角、环渤海和珠三角，上海和江苏是船舶制造与研发中心，天津和大连专注于高技术装备，广州和深圳则为创新基地。海水淡化与综合利用业集群主要集中在环渤海、长三角和华南，天津、河北和上海以反渗透和多效蒸馏技术为核心，广东和海南在深海水综合利用方面进展显著。海洋能源与海上风电产业集群分布在江苏、浙江、福建、广东和海南。

（二）典型代表性海洋产业集群发展分析

江苏发布了《江苏省"十四五"船舶与海洋工程装备产业发展规划》，泰州、扬州和南通等地形成了完整的产业链和集群，聚集了亚星锚链、润邦股份等知名企业，重点打造南通海洋工程装备制造基地、连云港海洋装备产业园和无锡海洋探测集聚区等，推动超大型、智能化和绿色化的散货船、集装箱船和油轮等主力船型的研发能力提升。

广东省的海洋船舶工业拥有完整产业链及优惠政策，珠三角地区集聚了大量配套企业，形成强大产业集群效应。广东国际风电城、东莞海上风电装备产业园等聚集形成了海洋能电力产业集群。

（三）其他地区海洋产业集群发展分析

浙江借助优良的港口条件和政策支持，海洋港口与交通运输业集群、海洋渔业集群等发展迅猛。天津发布了《天津市海洋装备产业发展五年行动计划（2020－2024年）》，聚集了中船重工、博迈科、海油工程等龙头企业，2024年海洋装备产业集群增速估计达15%以上。山东聚集了全国80%以上的海洋药物研究资源和力量，海洋生物医药产业的产值居全国首位，青岛、烟台、威海和日照等已形成了海洋创新药物、海洋生物医用材料等海洋生物医药产业集群。

（四）国外海洋产业集群发展特征分析

1.国外海洋产业集群发展现状分析

英国在海洋技术创新领域，特别是海上风电、深海油气开采和海洋生物技术方面具有领先优势。其高等教育和研发机构为技术创新提供强大支持，政府通过研发资金、优惠政策和国际合作促进海洋产业集群发展，涵盖海洋工程、可再生能源和海洋旅游等领域。

美国凭借全球海洋战略基地和先进捕捞技术，在海洋渔业、油气、交通运输、生物医药等领域形成完整的产业链。加拿大因丰富的海洋资源，发展了多种强大的海洋产业集群。

欧盟拥有多样化的海洋产业集群，北海地区如荷兰、比利时和丹麦专注于海上风能和海洋工程；地中海地区如西班牙和意大利发展海洋旅游和海洋食品产业；波罗的海地区重点发展海洋运输和环境保护技术。欧盟各国在海洋科学和技术开发上投入巨大，特别是在可再生能源和海洋监测方面。

2.国外海洋产业集群结构特征分析

美国海洋产业集群高度专业化，企业专注核心业务，形成紧密的技术协同和上下游合作，提高生产效率并促进技术创新。美国还通过国际贸易拓展市场，增强国际竞争力。加拿大依靠丰富的海洋资源和产业多样性发展集群。

英国海洋产业集群以技术密集型为主，企业分工明确，大小企业各自发

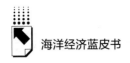
挥专长。欧盟海洋产业集群形成从原材料到市场化的完整产业链,提升效率、降低成本,并通过国际合作共享资源和技术,推动协同发展。

3.国外海洋产业集群发展经验与启示

重视海洋资源保护与高效开发,推动资源可持续利用和产业链整合,促进产业多元化发展,增强抗风险能力。积极参与国际市场合作和全球海洋治理,加强科技研发投入和成果商业化,推动海洋产业可持续发展。注重政府、高校、科研机构与产业的合作,落实税收优惠、研发补贴等政策,优化营商环境,完善政策法规,提升海洋产业集群的创新与全球竞争力。

二　中国海洋产业集群发展存在的问题

(一)中国海洋产业集群发展面临的机遇与挑战

全球海洋拥有广阔的捕捞区域和丰富的海洋资源,我国拥有经验丰富的海洋捕捞船队、捕捞技术、深海矿物勘探技术、海洋油气钻探和开采能力,以及发达的沿海港口、多样的海洋贸易航线。国家加强了对战略性新兴海洋产业集群的政策支持,通过国际合作与自主创新,提高捕捞养殖技术、海洋矿业和油气业技术、港口航运技术的智能化和自动化水平。

但是,全球气候变化与地缘冲突、国际市场竞争加剧、高技术人才短缺、高端技术依赖进口、技术创新压力增大,对我国海洋产业集群发展带来了许多威胁、风险和不确定性。

(二)中国海洋产业集群发展环境分析

海洋强国战略、"一带一路"倡议、全球命运共同体,都给我国海洋产业集群发展提供了重要契机。随着中国经济的持续增长和消费升级、环保意识和生活水平提升,健康安全食品、海洋生态旅游的需求增加,推动了海洋渔业和滨海旅游业的发展。国际国内宏观经济政策的调整,也直接影响海洋产业的投融资成本和环境。

政府的财政补贴、税收优惠、科技投入、基础设施投资等政策支持,丰富的劳动力资源，大众对健康需求的增长，先进的生物技术、遥感技术、深海开采技术，自动化、智能化的港口船舶管理技术，提高了运营效率和安全性，进一步提升了海洋产业的集聚效应和全球竞争力。

（三）中国海洋产业集群发展存在的问题分析

中国海洋产业发展面临多重问题。海洋渔业的过度开发威胁生态平衡和生物多样性，导致渔业资源减少；海洋矿业和油气业面临高昂的开发成本、环境风险和技术挑战；海洋运输业受全球经济波动和环境法规限制；北部沿海地区的环境污染和经济结构单一问题严重——过度依赖重工业，缺乏新兴产业。此外，海洋产业发展不均衡，部分地区依赖传统行业，缺乏高附加值产业，自然灾害对基础设施和运营安全也构成威胁。

三 中国海洋产业集群竞争力分析与评价

（一）中国海洋产业集群竞争力发展评价指标体系设计

1. 指标体系设计

中国海洋产业集群竞争力评价指标体系的设计遵循"相关因素分析—指标全集辨识—指标分类分层—指标体系范式"的思路，结合相关文献，明确产业集群发展能力、创新能力和宏观经济支撑能力的内涵及影响因素。在数据可得性基础上，构建中国海洋产业集群竞争力发展评价指标体系，具体包括产业集群发展能力、产业集群创新能力、宏观经济支撑能力3个二级指标，集群规模水平、集群成长能力、创新环境水平、创新发展能力、宏观经济环境水平、宏观经济发展能力6个三级指标和50个四级指标，具体如表1所示。

2. 指标数据处理

为保证指标数据的可比性，应消除不同指标之间的量纲。本报告主要采用Min-Max标准化方法消除量纲。

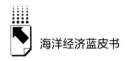

表1 我国海洋产业集群竞争力发展评价指标体系及典型海洋产业集群竞争力评价指标权重值

一级指标	二级指标	权重	三级指标	权重	四级指标	权重1	权重2	权重3
中国海洋产业集群竞争力发展评价指标体系	产业集群发展能力	权重1:0.3197 权重2:0.3287 权重3:0.1465	集群规模水平	权重1:0.6572 权重2:0.5541 权重3:0.4552	产业集群规模以上企业数量/个	0.0775	0.2248	0.3013
					产业集群国际500强企业数量/个	0.0840	0.2248	0.0907
					产业集群国内500强企业数量/个	0.0845	0.1216	0.0907
					产业集群上市公司数量/个	0.0900	0.2248	0.3013
					产业集群从业人员数/人	0.1390	0.0496	0.0656
					产业集群年末资产总计/万元	0.0739	0.0814	0.0255
					产业集群利税总额/万元	0.0689	0.0111	0.0155
					产业集群主营业务收入总额/万元	0.0702	0.0804	0.0187
					区域海域面积/万平方公里	0.1024	0.1225	0.0907
					区域海岸线长度/公里	0.0607	0.0840	0.0907
			集群成长能力	权重1:0.3428 权重2:0.4459 权重3:0.5448	从业人员增长率%	0.1487	0.0840	0.0982
					企业数量增长率%	0.0210	0.1495	0.0936
					利税收入增长率%	0.0466	0.0586	
					产业集群海洋生产总值占全国比重/%	0.0398		
					单位海域面积产出能力/(亿元/公里²)	0.0721		0.4613
					单位海岸线产出能力/(亿元/公里)	0.0477	0.4567	0.3470
	产业集群创新能力	权重1:0.4930 权重2:0.3769 权重3:0.2003	创新环境水平	权重1:0.4681 权重2:0.4756 权重3:0.4266	科研人员数量/人	0.4599	0.3352	0.1229
					涉海高层次人才数量/人	0.0729	0.1048	0.1711
					高校科研院所数量/个	0.2400	0.1492	0.1854
					R&D项目数/个	0.0693	0.1687	0.0936
					人均R&D研发经费/万元	0.2341	0.1189	0.0780
					海洋科研教育管理服务业生产总值/亿元	0.0693	0.0694	0.0882
					专利发明授权数/个	0.0352	0.1173	0.1565
					科技著作数/个	0.0880	0.1595	0.1042

续表

一级指标	二级指标	权重	三级指标	权重	四级指标	权重1	权重2	权重3
中国海洋产业集群竞争力发展评价指标体系	产业集群创新能力	权重1: 0.4930 权重2: 0.3769 权重3: 0.2003	创新发展能力	权重1: 0.5319 权重2: 0.5244 权重3: 0.5734	科研人员数量增长率/%	0.1021	0.0771	0.0941
					R&D研发经费增长率/%	0.0973	0.1433	0.1333
					人均R&D研发经费增长率/%	0.1077	0.1489	0.1562
					涉海高层次人才数增长率/%	0.1091	0.1047	0.1523
					专利发明数增长率/%	0.0880	0.1544	0.1072
					科技著作数增长率/%	0.1084	0.0912	0.1452
					R&D经费投入强度/%	0.2643	0.1368	0.2143
	宏观经济支撑能力	权重1: 0.1873 权重2: 0.2944 权重3: 0.6532	宏观经济环境水平	权重1: 0.4440 权重2: 0.3605 权重3: 0.4149	陆域面积/公里²	0.0368	0.2197	0.1366
					港口吞吐能力/万吨	0.1369	0.1299	0.1276
					港口货物吞吐能力/万吨	0.2502	0.1118	0.1336
					区域人均GDP/元	0.2035	0.0784	0.0553
					人均财政收入/元	0.1227	0.0595	0.1054
					海洋相关产业产值/亿元	0.1617	0.0914	0.0344
					高校科研机构总数/个	0.1321	0.0554	0.1171
					区域高层次人才数/人	0.0821	0.0706	0.0795
					大学本科及以上在校生规模/人	0.0836	0.0744	0.0890
					政府工作效率	0.1446	0.0724	0.0511
					营商环境	0.1917	0.0647	0.0703

续表

二级指标	权重	三级指标	权重	四级指标	权重 1	权重 2	权重 3
中国海洋产业集群竞争力发展评价指标体系	宏观经济支撑能力 权重 1: 0.1873 权重 2: 0.2944 权重 3: 0.6532	宏观经济发展能力	权重 1: 0.5560 权重 2: 0.6395 权重 3: 0.5851	区域 GDP 增长率/%	0.0814	0.1915	0.0430
				区域财政收入增长率/%	0.1313	0.0176	0.0516
				海洋相关产业产值增长率/%	0.1203	0.0270	/
				港口吞吐能力增长率/%	0.1056	0.0963	0.1444
				营商环境改善率/%	0.1469	0.4194	0.4481
				高层次人才增长率/%	0.1174	0.0699	0.0652
				公路、铁路、内河里程数/公里	0.1377	0.1780	0.1317
				单位面积产出能力/（亿元/公里²）	0.2409	0.1918	0.1159

注：权重 1：海洋船舶与海洋工程装备产业集群；权重 2：海洋能源与海上风电产业集群；权重 3：海水淡化与综合利用产业集群。

对于正向指标，有：

$$\bar{y_i} = \frac{y_i - y_{\min}}{y_{\max} - y_{\min}}(i = 1,2,\cdots,n) \qquad \text{式（1）}$$

对于负向指标，有：

$$\bar{y_i} = \frac{y_{\max} - y_i}{y_{\max} - y_{\min}}(i = 1,2,\cdots,n) \qquad \text{式（2）}$$

式中，y_i 表示原始数据，$\bar{y_i}$ 表示标准化后的数据。

3. 中国海洋产业集群竞争力评价方法

熵值法（Entropy Method）是一种客观赋权方法，广泛应用于多指标综合评价中。熵值法基于信息熵理论，通过衡量各指标的信息熵值，来反映指标的变异性和信息含量，从而确定各指标的权重。熵值法的运用包括以下几步。

（1）数据标准化。z_{ij} 是标准化后的值，x_{ij} 是原始数据值，$\max(x_j)$ 和 $\min(x_j)$ 分别表示第 j 个指标的最大值和最小值。

正向指标：$z_{ij} = \dfrac{x_{ij} - \min(x_j)}{\max(x_j) - \min(x_j)}$

负向指标：$z_{ij} = \dfrac{\max(x_j) - x_{ij}}{\max(x_j) - \min(x_j)}$

（2）计算每个指标的比重 p_{ij}。$p_{ij} = \dfrac{z_{ij}}{\sum_{i=1}^{m} z_{ij}}$

（3）计算第 j 项指标的信息熵 e_j。$e_j = -k\sum_{i=1}^{m} p_{ij}\ln(p_{ij})$

其中：常数 k 与样本数 m 有关，通常令 k = 1/ln（m）且 k>0。当 $p_{ij}=0$ 时，约定 $p_{ij}\ln(p_{ij}) = 0$。

（4）计算权重 w_i。$w_i = \dfrac{1-e_i}{\sum_{j=1}^{n}(1-e_i)}$

（5）计算综合得分。$S_i = \sum_{j=1}^{n} w_i \cdot z_{ij}$

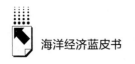

（二）中国典型海洋产业集群竞争力评价分析

1. 中国海洋船舶与海洋工程装备产业集群竞争力评价分析

根据熵值法计算结果（见表1权重1），我国海洋船舶与海洋工程装备产业集群竞争力的评价指标中，产业集群创新能力最为重要，特别是创新发展能力，R&D经费投入强度对整体创新能力的提升起到关键作用。之后是集群发展能力，集群规模水平显著影响竞争力。相较之下，宏观经济支撑能力对集群竞争力的影响较弱，其中的宏观经济发展能力仍具一定影响，尤其是单位面积产出能力较为突出。

根据前文确定的各指标权重，加权求出2017~2021年山东、江苏、上海、广东沿海四省市海洋船舶与海洋工程装备产业集群竞争力综合指数以及相关3个二级指标指数。测算结果（见表2）显示，从省级层面来看，上海在我国海洋船舶与海洋工程装备产业集群中保持着领先地位，并且其优势在不断扩大。山东和广东表现出一定的波动性，但总体趋势向好，特别是山东在经历了低谷后逐渐回升，广东则保持了较为稳定的提升态势。江苏虽然在近年来显著进步，但其产业集群的整体竞争力仍需进一步增强，以缩小与其他领先省市之间的差距。

表2　2017~2021年我国四省市海洋船舶与海洋工程装备产业集群竞争力综合指数

省市	2017年	2018年	2019年	2020年	2021年
上海	0.5094	0.585	0.648	0.8221	0.8982
山东	0.4352	0.2382	0.0979	0.2669	0.3365
广东	0.3207	0.6017	0.4177	0.5087	0.5533
江苏	0.1507	0.0893	0.0699	0.4736	0.3629

对山东、江苏、上海、广东四省市的海洋船舶与海洋工程装备产业集群竞争力进行分析（见图1），结果显示，2017~2021年，这些地区的产业集群竞争力显著提升。特别是在产业集群创新能力和宏观经济支撑能力

持续增强的推动下，整体竞争力稳步提升。尽管 2017 年至 2019 年间分项能力有所波动，但产业集群创新能力的强势提升仍驱动了整体竞争力提升。到 2020 年和 2021 年，随着经济环境改善和创新飞跃，产业集群竞争力达到新高。

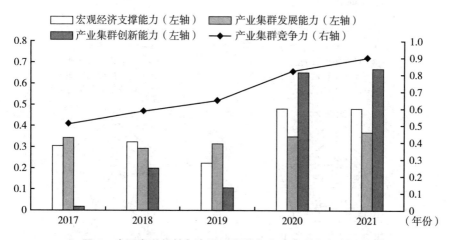

**图 1 我国海洋船舶与海洋工程装备产业集群竞争力及其
核心二级指标的时间演变趋势**

图 2 显示了山东、江苏、上海、广东四省市的海洋船舶与海洋工程装备产业集群竞争力及核心指标的发展趋势。上海在五年间始终领先，特别是在集群发展能力上表现突出。广东和山东在集群创新能力上占优。江苏在集群发展能力上需加强。从趋势看，上海持续增长，广东创新能力强劲，山东在集群规模上具有优势，江苏需突破宏观经济和创新能力瓶颈。

2. 中国海洋能源与海上风电产业集群竞争力评价分析

根据熵值法最终得到海洋能源与海上风电产业集群竞争力评价指标的权重，具体结果如表 1（权重 2）所示。结果显示，产业集群创新能力与产业集群发展能力对我国海洋能源与海上风电产业集群竞争力影响最大，而宏观经济支撑能力的影响相对较弱。在产业集群发展能力与创新能力下，集群规模水平及集群发展能力尤为重要，其中规上企业数量贡献突出。测算结果（见表 3）显示，2017~2021 年，江苏在海洋能源与海上风电产业集群竞争

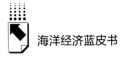

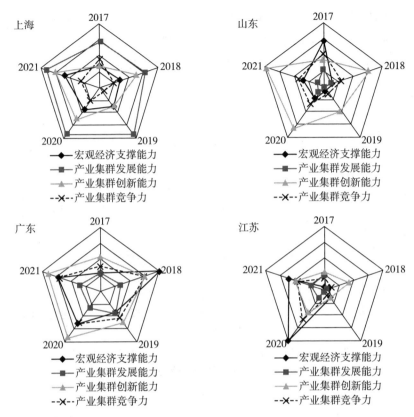

**图 2 四省市海洋船舶与海洋工程装备产业集群竞争力
及其核心二级指标发展水平的时间特征**

力中表现优异，山东和天津呈波动上升趋势，整体向好。上海从较低水平稳步提升，展现出强大发展潜力。

表 3 2017~2021 年我国四省市海洋能源与海上风电产业集群竞争力综合指数

地区	2017 年	2018 年	2019 年	2020 年	2021 年
山东	0.4559	0.4573	0.3625	0.4828	0.5572
江苏	0.4836	0.5309	0.4971	0.8192	0.6862
上海	0.2718	0.3727	0.4037	0.6968	0.6598
天津	0.4051	0.2197	0.2685	0.2463	0.4754

计算山东、江苏、上海、天津沿海四省市的海洋能源与海上风电产业集群竞争力以及核心二级指标的年度均值来进行整体水平分析（见图3），2017~2021年，我国海洋能源与海上风电产业集群竞争力呈现波动上升趋势，展示出整体向好态势。从各核心二级指标的发展水平可以看出，宏观经济支撑能力虽然中间经历了一定的波动，但后续呈现稳步上升态势，在2021年占据最主要地位。加之2020年该产业集群创新能力的飞速提升，我国海洋能源与海上风电产业集群的综合竞争力提高较为明显，后续呈现稳步增长的态势。

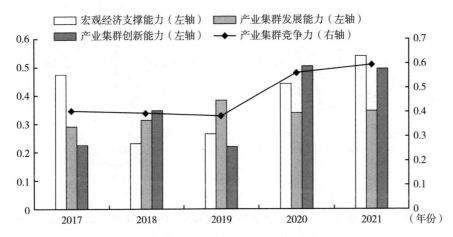

图3 我国海洋能源与海上风电产业集群竞争力及其核心二级指标的时间演变趋势

图4展现了山东、江苏、上海、天津沿海四省市的海洋能源与海上风电产业集群竞争力及其核心二级指标发展水平的变化趋势。2017~2021年，江苏和上海在产业集群竞争力上表现出明显优势，其中江苏的产业集群发展能力占据领先地位，上海则在宏观经济支撑能力上表现出明显优势。山东在产业集群发展能力上相对滞后，但在产业集群创新能力及宏观经济支撑能力上具有显著优势。天津在各项指标上表现都相对落后，其中宏观经济支撑能力尤其限制其竞争力的提升。

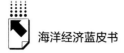

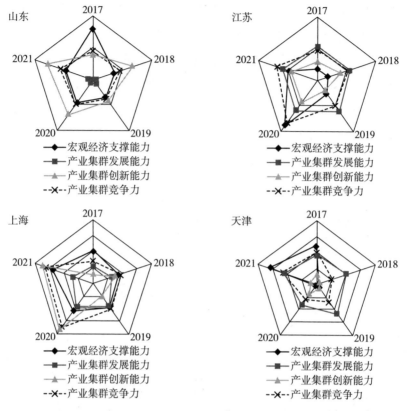

图4　四省市海洋能源与海上风电产业集群竞争力及其核心二级指标发展水平的时间特征

3.中国海水淡化与综合利用产业集群竞争力评价分析

根据熵值法最终得到中国海水淡化与综合利用产业集群竞争力评价指标的权重,具体结果如表1(权重3)所示。结果显示,我国海水淡化与综合利用产业集群竞争力主要受宏观经济支撑能力影响,其贡献尤为突出,尤其是宏观经济发展能力。相比之下,产业集群创新能力与产业集群发展能力影响较弱。在关键四级指标中,单位海域面积产出能力、营商环境改善率及单位海岸线产出能力贡献较大。测算结果(见表4)显示,2017~2021年,江苏的产业集群竞争力稳步提升,在2020年达到峰值。上海自2020年起增长显著加速,显示出后期强劲增长的势头。

表4 2017~2021年我国两省市海水淡化与综合利用产业集群竞争力综合指数

省市	2017 年	2018 年	2019 年	2020 年	2021 年
江苏	0.1306	0.2042	0.315	0.8635	0.5022
上海	0.1261	0.0991	0.1027	0.263	0.5501

计算江苏、上海沿海两省市的海水淡化与综合利用产业集群竞争力及其核心二级指标的年度均值来进行整体水平分析（见图5），海水淡化与综合利用产业集群在2017~2021年表现出稳健的竞争力提升，尤其是在宏观经济支撑能力和产业集群创新能力的推动下。然而，在经过2020年的高速增长后，部分核心指标如宏观经济支撑能力和产业集群发展能力出现了小幅回调，这可能预示着海水淡化与综合利用产业集群将进入一个相对平稳的发展阶段。未来应持续优化宏观经济政策，提升集群创新能力，突破集群发展能力瓶颈，确保我国海水淡化与综合利用产业集群发展的稳定性和持续性。

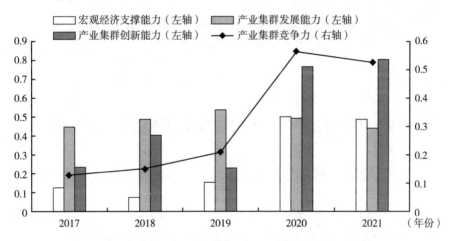

图5 我国海水淡化与综合利用产业集群竞争力及其核心二级指标发展水平的时间演变趋势

图6展现了江苏、上海沿海两省市的海水淡化与综合利用产业集群竞争力及其核心二级指标发展水平的变化趋势。结果表明，江苏在2020年宏观经济支撑能力和产业集群创新能力上的突破使得其产业集群竞争力大

幅提升,展现出强大的创新驱动;上海则表现出稳健的产业集群发展能力和逐步提升的产业集群创新能力,产业集群整体竞争力较为稳定但增长相对缓慢。未来,两省市若要进一步提升竞争力,江苏需保持创新驱动的同时解决产业集群发展能力的下滑问题,上海则需在宏观经济支撑和产业集群发展能力上寻求更大的突破。

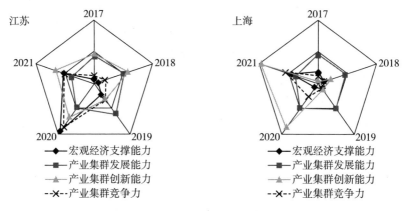

图6 两省市海水淡化与综合利用产业集群竞争力及其核心二级指标发展水平的时间特征

四 中国海洋产业集群竞争力发展趋势与展望

(一)中国海洋船舶与海洋工程装备产业集群竞争力发展趋势分析

近几年,中国海洋船舶与海洋工程装备产业集群显著发展,竞争力持续增强。科技创新驱动是核心动力,国家对研发投入的增加提升了科技成果转化率,提供了强有力的技术支持。产业规模扩张和集群优化进一步巩固了竞争力。国家政策的支持使企业充分利用资源优势,增强全球市场竞争力。然而,宏观经济环境波动仍对集群发展有一定影响,需通过政策调控和环境优化应对。总体而言,该产业集群已进入高质量发展阶段,展现全球竞争潜力。

（二）中国海洋能源与海上风电产业集群竞争力发展趋势分析

2017~2021年，中国海洋能源与海上风电产业集群整体竞争力上升但存在波动。宏观经济支撑水平回升，政府支持政策有效推动了集群稳定发展，集群发展与创新能力有所改善。然而，资源配置与市场挑战仍需优化，创新能力在2021年略有回落，表明创新的稳定性和持续性仍需关注。未来，经济支撑和技术研发将进一步增强，通过加强产业链合作和资源高效利用，集群发展与创新能力有望继续提升。

（三）中国海水淡化与综合利用产业集群竞争力发展趋势分析

近几年，中国海水淡化与综合利用产业集群快速发展，受益于宏观经济支撑和技术创新水平提升，增强了全球竞争力。区域协同发展成为集群发展的关键，不同地区需通过紧密合作弥合资源和政策差异，推动集群效应。未来，政策支持将加强，尤其在资金、税收优惠和技术研发方面，为集群提供良好环境。同时，产业发展将更加注重环保节能技术的应用，平衡经济与生态效益，助力全球可持续发展。

五 中国海洋产业集群竞争力提升的对策建议

（一）建立基于大数据的动态资源优化配置机制，实现区域资源均衡利用

为提升海洋经济效益，应建立基于大数据的动态资源优化配置机制，实现区域资源均衡利用。首先，利用大数据和人工智能技术构建实时监测平台，优化海洋资源调配，提升资源利用效率。其次，推动区域资源共享与合作，建立共享平台，促进资源流动与合作，避免浪费与重复开发，增强区域互补与共同发展。最后，优化政策支持体系，政府应通过财政激励和税收优惠等手段引导资源高效流动，推动海洋经济可持续发展。

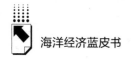

（二）构建龙头企业主导的产业集群网络，增强中小企业协同创新能力

为提升海洋经济竞争力，应构建龙头企业主导的产业集群网络，增强中小企业协同创新能力。首先，鼓励龙头企业通过技术转移和市场拓展带动中小企业发展，形成强大的产业链，提升集群竞争力。其次，支持中小企业创新，通过政策和资金支持，推动其在产业链上下游形成协同创新网络。最后，政府应引导产业集群根据市场需求优化结构，调整企业布局，构建互补共赢的产业生态，增强市场适应性和竞争力。

（三）推动智能化技术应用，提升海洋产业集群生产管理效率与市场响应速度

为提升海洋产业集群的运营效率与市场竞争力，应推动智能化技术应用。首先，通过智能制造、物联网和大数据技术提升生产管理效率，政府应提供技术支持和补贴，帮助企业智能化转型，降低成本并提高产品质量。其次，优化物流和供应链管理，推广智能物流系统，提高效率和市场响应速度。最后，简化行政审批流程，推进"放管服"改革，降低企业运营成本，提升集群整体竞争力。

参考文献

任鹏、袁军晓、方永恒：《产业集群竞争力评价综合模型研究》，《科技管理研究》2012 年第 23 期。

王春娟、辛庞晨雨、刘大海：《中国海洋工程装备国产化进程及其高质量发展趋势》，《中国软科学》2024 年第 S1 期。

李佳洺、张培媛、孙家慧等：《中国战略性新兴产业的空间集聚、产业网络及其相互作用》，《热带地理》2023 年第 4 期。

纪玉俊：《海洋产业集群与沿海区域经济的互动发展机理》，《华东经济管理》2013 年第 9 期。

区域篇

B.6
环渤海区域海洋经济发展形势分析

狄乾斌　梁晨露*

摘　要： 海洋经济是环渤海区域发展的引擎，促进海洋经济繁荣与转型，对区域可持续发展和国际竞争力提升具有战略意义。本报告在深入分析环渤海区域海洋经济现状的基础上，构建了一个以新发展理念为核心，用以评价区域海洋经济高质量发展的指标体系。该体系全面评估了环渤海区域海洋经济在创新、协调、绿色、开放、共享五大维度上的发展水平。通过运用系统动力学模型，进一步从海洋经济增长、海洋科技创新、海洋社会保障、海洋资源环境发展五大维度出发，构建了基准情景、经济优先情景、创新驱动情景、综合治理攻坚情景等四种情景进行预测，分析环渤海区域海洋经济的可持续发展趋势。此外，本报告还提出了促进环渤海区域海洋经济可持续发展的相关建议。

---

* 狄乾斌，辽宁师范大学海洋可持续发展研究院教授，主要研究领域为海洋经济地理；梁晨露，辽宁师范大学海洋可持续发展研究院。

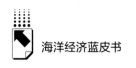
关键词： 海洋经济　高质量发展　系统动力学　环渤海区域

一　环渤海区域海洋经济发展现状

近年来，环渤海区域积极响应国家海洋强国战略的号召，不断推动海洋经济结构的优化升级。一方面，区域内各省市纷纷加大对海洋高新技术产业的投入力度，致力于发展海洋装备制造、海洋生物医药、海洋信息技术等新兴产业。这些产业以其高附加值、高技术含量和强带动性，成为推动区域海洋经济发展的新引擎。另一方面，海洋服务业也迎来了快速发展期，其中海洋旅游业更是异军突起。环渤海区域凭借其独特的自然景观、丰富的历史文化和便捷的交通条件，吸引大量国内外游客前来观光旅游、休闲度假，为区域经济发展注入了新的活力。

环渤海区域作为中国北方重要的经济圈，其海洋经济的发展具有独特的优势和显著的特点。该区域涵盖了辽宁、河北、天津、山东等省市，拥有丰富的海洋资源和优越的地理位置。随着国家海洋强国战略的推进，环渤海区域的海洋经济正迎来新的发展机遇。然而，在海洋经济发展的过程中，环渤海区域也面临着一些不容忽视的挑战。其中，海洋生态环境保护压力较大是亟待解决的问题之一。随着海洋经济的快速发展，海洋污染和生态破坏问题日益凸显，给区域海洋经济的可持续发展带来了严峻考验。

（一）基本形势

1. 环渤海区域海洋生产总值

如图 1 所示，环渤海区域的海洋经济规模呈现出稳定增长趋势。海洋生产总值（GOP）从 2010 年的 13878 亿元显著增长至 2023 年的 30478 亿元，年均增长率为 6.5%。环渤海区域海洋生产总值占该区域 GDP 比重保持相对稳定，年均占比为 18.40%。2023 年，该区域海洋生产总值占全国 GOP 的平均比重为 30.76%。2010~2015 年，该比重在 35.03% 至 36.72% 的区间内轻微波动，且始终高于全国平均水平；然而，自2016年起至2023年，该比重显著下降，并持续低于全国平均水平。环渤海区域海洋经济2010~2015年在全国保持高占比，得益于资源丰富和海洋产业快速发展，如海洋渔业、油气资源开发、交通运输业。但随着资源耗竭和环保要求提升，部分产业增速放缓，海洋经济占比下降。同时，长三角、珠三角等海洋经济快速发展，也削弱了环渤海区域的相对优势。

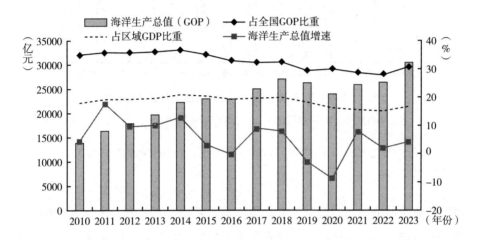

图1 2010~2023年环渤海区域海洋生产总值发展趋势

资料来源：《中国海洋统计年鉴》（2010~2017）、《中国海洋经济统计年鉴》（2018~2022）、《中国海洋统计公报》（2022~2023）。

2. 环渤海区域涉海就业人员

如图2所示，环渤海区域涉海就业人员稳定增加，从2010年的1056万人增至2023年的1272万人，年均增长率为1.45%，但增势逐渐减缓。涉海就业人数在全国占比约32%，略有波动；在区域就业总人数中占比8.0%至11.0%。总体而言，环渤海区域涉海就业人数发展平稳，变化幅度有限。

3. 环渤海区域海洋经济结构分析

如图3所示，环渤海区域的海洋第一产业增加值保持相对平稳，而海洋

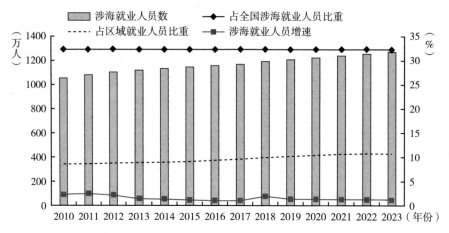

图 2 2010~2023 年环渤海区域涉海就业人员发展趋势

注：近五年数据通过 Eviews 软件指数平滑预测功能推测得出，图 2 至图 3（2019~2023年）均采用此方法。

资料来源：《中国海洋统计年鉴》（2010~2017）、《中国海洋经济统计年鉴》（2018~2022）。

第二产业增加值则呈现波动上升趋势。与此同时，海洋第三产业增加值稳定增长，表明海洋产业结构正在逐步优化。2020~2022 年，海洋第二产业和海洋第三产业增加值均经历了短暂的下降。从三次产业占比来看，第一产业和第二产业均显示出下降趋势，而第三产业则展现出强劲的增长动力，成为推动该区域海洋经济发展的新引擎。

（二）存在的主要问题

1. 资源开发与环境保护的矛盾加剧

环渤海区域拥有丰富的海洋资源，包括渔业资源、油气资源及港口资源等，这些资源为区域经济发展提供了强大的动力。然而，长期以来的高强度开发导致资源过度消耗，生态环境压力日益增大。海洋渔业资源衰退、近海海域污染严重、生态系统退化等问题频发，不仅影响了海洋生物的多样性和生态平衡，也制约了海洋经济的可持续发展。如何在保护生态环境的前提下，科学合理地开发利用海洋资源，成为环渤海区

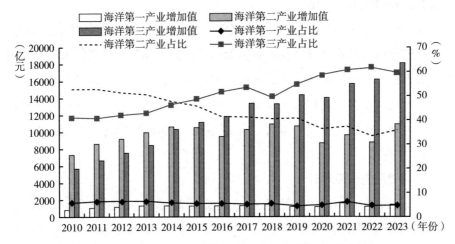

图3　2010~2023年环渤海区域三次产业增加值发展趋势

资料来源:《中国海洋统计年鉴》(2010~2017)、《中国海洋经济统计年鉴》(2018~2022)、《中国海洋统计公报》(2022~2023)。

域亟待解决的首要问题。

2.产业结构升级面临挑战

尽管环渤海区域的海洋第三产业占比逐年上升,但整体上产业结构仍不够优化。传统海洋产业如渔业、油气开采等仍占据较大比重,而高技术、高附加值的现代服务业和新兴产业如海洋生物医药、海洋新能源等发展相对滞后。这种产业结构不仅限制了区域经济的增长潜力,也难以适应全球经济一体化和科技进步的新趋势。加快产业结构升级,推动传统产业转型升级,培育新的经济增长点,成为环渤海区域海洋经济发展的关键任务。

3.区域协同发展机制不健全

受行政区划、利益分配等因素影响,环渤海区域在海洋经济规划、产业布局、资源配置等方面缺乏协调与合作,导致重复建设、无序竞争。这不仅浪费了宝贵的海洋资源,也削弱了区域整体竞争力。因此,建立健全区域协同发展机制,加强政策沟通、信息共享和联合行动,是实现环渤海区域海洋经济一体化发展的重要保障。

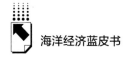

4. 创新驱动能力不足

在全球化竞争日益激烈的今天，创新已成为推动经济发展的核心动力。然而，环渤海区域在海洋科技创新方面仍存在诸多不足。科研投入不足、创新能力不强、科技成果转化率低等问题制约了海洋经济的创新发展。加大科研投入力度，培育创新型人才和团队，推动产学研深度融合，提升海洋科技创新能力和成果转化效率，是环渤海区域海洋经济实现跨越式发展的必由之路。

5. 基础设施建设滞后

基础设施是支撑海洋经济发展的重要基础。然而，环渤海区域在海洋基础设施建设方面仍存在不少短板。港口设施老化、航道通行能力不足、海洋监测和信息服务体系不完善等问题制约了海洋经济的高效运行和可持续发展。加快港口、航道、海洋监测等基础设施建设步伐，提升综合保障能力和服务水平，是环渤海区域海洋经济发展的当务之急。

二 环渤海区域海洋经济影响因素分析

（一）环渤海区域海洋经济发展面临的机遇与挑战

随着全球海洋经济的迅猛发展，环渤海区域作为我国北方重要的经济圈，其海洋经济的发展备受关注。该区域拥有得天独厚的地理优势和丰富的海洋资源，也面临着一系列挑战。

首先，环渤海区域海洋经济发展的机遇主要体现在以下几个方面。①政策支持。近年来，国家相继出台了一系列海洋经济发展规划和政策，如《全国海洋经济发展"十三五"规划》等，为环渤海区域海洋经济的发展提供了有力的政策支持。地方政府也积极响应，出台了一系列配套措施，为海洋经济的发展创造了良好的政策环境。②区位优势。环渤海区域地理位置优越，拥有辽阔的海域和丰富的港口资源，是连接东北亚和环太平洋的重要通道。天津、大连、青岛等重要港口城市，为区域内外的贸易往来提供了便利条件。③产业基础。环渤海区域海洋产业基础雄厚，海洋渔业、海洋生物医药、海洋装备制造等产业已初具规模。特别是海洋高新技术产业，如海洋信息技术、海洋新能源等，正在成为推动区域海洋经济发展的新引擎。

然而，环渤海区域海洋经济发展也面临着诸多挑战。①资源环境压力。随着海洋经济的快速发展，资源过度开发和环境污染问题日益突出。渤海湾的水质污染、赤潮频发等问题，对海洋生态环境造成了严重影响，亟须采取有效措施加以解决。②产业结构不合理。环渤海区域海洋产业虽然种类繁多，但产业结构相对单一，高端海洋产业占比较低。海洋渔业等传统产业仍占主导地位，而海洋高新技术产业和现代服务业发展相对滞后。③区域发展不平衡。环渤海区域内部各省市海洋经济发展水平参差不齐，资源和产业分布不均。一些沿海城市海洋经济发展迅速，而内陆城市则相对滞后，区域内部发展不平衡问题亟须解决。④国际竞争压力。在全球化背景下，环渤海区域海洋经济面临着激烈的国际竞争。周边国家和地区如日本、韩国等在海洋经济领域具有较强竞争力，这对环渤海区域海洋经济的发展提出了更高的要求。

（二）环渤海区域海洋经济政策环境

为推动海洋经济的繁荣发展，国家及地方政府制定并实施了一系列具有针对性的政策举措。这些举措涵盖了财政补贴、税收减免以及科技创新支持等多个方面，旨在为环渤海区域的海洋经济发展构建一个有利的政策环境。

"十四五"规划期间，国家制定了海洋经济发展规划，确立了海洋经济发展的目标与方向。这一规划为环渤海区域的海洋经济提供了长期的发展蓝图，确保了海洋经济的可持续发展。同时，原国家海洋局发布的《关于进一步加强渤海生态环境保护工作的意见》进一步强化了渤海生态环境保护工作，提出了明确的保护措施和目标。这确保了在追求经济发展的同时，生态环境得到妥善保护，实现了经济发展与环境保护的双赢局面。

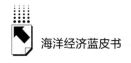

此外，国家与地方政府推出的政策还包括对海洋产业的财政补贴，以减轻企业经济压力，激发创新活力。这些财政补贴措施有助于企业更好地进行技术研发与创新，推动海洋产业向高端化、智能化发展。此外，税收优惠政策的实施降低了企业运营成本，增强了企业竞争力。这些政策的推行，为环渤海区域的海洋经济发展注入了强劲动力。

环渤海区域经济一体化发展模式的推进，使得区域内各省市之间的合作更加紧密，资源共享更加高效。这种一体化发展模式进一步促进了区域经济的整体发展，提升了环渤海区域在全球海洋经济中的竞争力。通过加强区域内的基础设施建设、优化产业布局、推动科技创新等措施，环渤海区域的海洋经济正在迎来新的发展机遇，为国家的海洋经济发展做出了重要贡献。

（三）环渤海区域海洋经济影响因素

环渤海区域作为中国北方重要的经济圈，其海洋经济的发展不仅关系到区域经济的繁荣，也对全国经济发展具有重要影响。然而，海洋经济的发展受到多种因素的制约和影响，以下对这些因素进行详细分析。

首先，海洋资源的开发与利用是影响环渤海区域海洋经济发展的核心因素。环渤海区域拥有丰富的海洋资源，包括渔业资源、矿产资源、能源资源以及旅游资源等。然而，资源的过度开发和不合理利用会导致资源枯竭和生态破坏，从而影响海洋经济的可持续发展。因此，如何在保护海洋生态环境的前提下，合理开发和利用海洋资源，是环渤海区域海洋经济发展面临的重要课题。

其次，海洋科技水平的提升对海洋经济的发展具有重要推动作用。海洋科技的进步可以提高海洋资源的开发效率，降低开发成本，同时还能促进海洋新兴产业的发展。例如，海洋生物技术、海洋工程技术、海洋信息技术等的突破，可以带动海洋生物医药、海洋装备制造、海洋信息服务等产业的快速发展。然而，目前环渤海区域在海洋科技创新方面仍存在不足，需要进一步加大投入，加强海洋科技研发和应用。

　　然后，海洋环境保护与治理是影响海洋经济发展的关键因素。随着工业化和城市化的加速，环渤海区域面临着日益凸显的海洋污染问题，如赤潮频发、水质恶化、生物多样性下降等。这些问题不仅威胁到海洋生态系统的健康，也对海洋经济的可持续发展带来了巨大挑战。因此，加强海洋环境保护与治理，实现经济发展与环境保护的协调发展，是环渤海区域海洋经济发展的必然选择。

　　再次，海洋基础设施是海洋经济发展的基础保障。完善的港口设施、高效的物流体系、先进的海洋监测系统等，都是海洋经济发展的必要条件。环渤海区域虽然在港口建设方面取得了一定成就，但海洋基础设施整体仍存在诸多不足，如部分港口设施老化、物流体系不完善、海洋监测能力有限等。因此，加大海洋基础设施建设投入，提升海洋基础设施水平，是推动环渤海区域海洋经济发展的当务之急。

　　最后，海洋经济政策与法规对海洋经济的发展具有重要指导作用。合理的海洋经济政策可以引导资源的合理配置，促进海洋产业的健康发展。然而，目前环渤海区域在海洋经济政策与法规方面仍存在一些不足，如政策支持力度不够、法规体系不完善等。因此，科学合理的海洋经济政策、完善海洋经济法规体系，是推动环渤海区域海洋经济发展的必要条件。

三　环渤海区域海洋经济高质量发展评价

（一）指标设计

　　在兼顾科学性和可操作性的基础上，综合考量环渤海区域发展现状，选取了涵盖时间序列和空间分布的多维度评价指标，基于创新、协调、绿色、开放与合作五大维度，构建了一个涵盖 25 个具体指标的海洋经济高质量发展评价体系，具体如表 1 所示。运用熵值法为各指标分配权重，并对指标水平进行测度。

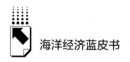

表1　海洋经济高质量发展综合评价指标体系

目标层	准则层	指标层	指标属性
海洋经济 高质量发展	创新	海洋R&D经费投入强度	+
		海洋科研论文发表数量	+
		海洋科研课题数量	+
		海洋科研人员硕博占比	+
		单位海岸线海洋生产率	+
	协调	海洋第三产业所占比重	+
		海洋科研教育管理服务业增加值所占比重	+
		沿海地区城镇化率	+
		沿海地区城乡居民可支配收入差异系数	－
		海洋产业就业偏离度	－
	绿色	单位海洋产业生产总值工业废水直排入海量	－
		单位海洋产业生产总值废气排放量	－
		近岸海域水质优良点位比例	+
		沿海地区人均电力消费量	－
		单位海洋产业生产总值能耗	－
	开放	沿海地区经济外向度	+
		沿海港口国际集装箱吞吐量	+
		沿海地区实际直接利用外资数额	+
		沿海地区境外旅游游客数量占比	+
		沿海地区入境旅游接待能力	+
	共享	海洋专业在校学生所占比重	+
		沿海地区人均医疗机构床位数	+
		沿海城镇居民可支配收入	+
		沿海地区人均公园绿地面积	+
		涉海从业人员所占比重	+

　　注：①采用海洋研发经费内部支出占海洋GDP的比例来衡量海洋研发投入强度；②以城镇居民可支配收入占农村居民可支配收入之比作为衡量城乡居民可支配收入差距系数；③海洋产业就业偏差度通过计算海洋产业生产总值占国内生产总值的比重与涉海产业就业人数占总就业人数的比重得出；④沿海地区的经济开放度通过货物进出口总额与GDP的比值体现；⑤沿海地区入境旅游接待能力以境外旅游人数与常住人口人数的比值来衡量。

（二）模型构建

采用熵值法对 2010～2023 年环渤海区域海洋经济高质量发展水平进行综合评价，探索其海洋经济的发展规律，具体步骤如下。

（1）数据标准化处理如下：

$$正向指标：X_{ij} = \frac{X_{ij} - \min\{X_j\}}{\max\{X_j\} - \min\{X_j\}} \tag{1}$$

$$负向指标：X_{ij} = \frac{\max\{X_j\} - X_{ij}}{\max\{X_j\} - \min\{X_j\}} \tag{2}$$

（2）计算第 i 个地区第 j 项指标的比重：

$$Y_{ij} = \frac{X_{ij}}{\sum_{i=1}^{m} X_{ij}} \tag{3}$$

（3）计算指标的信息熵：

$$e_j = -\frac{\sum_{i=1}^{m} (Y_{ij} \times \ln Y_{ij})}{\ln m} \tag{4}$$

（4）计算信息熵冗余度：

$$d_j = 1 - e_j \tag{5}$$

（5）确定指标权重：

$$W_i = \frac{d_j}{\sum_{j=1}^{n} d_j} \tag{6}$$

（6）计算指标综合得分：

$$S_{ij} = \sum_{j=1}^{n} W_i \times X_{ij} \tag{7}$$

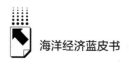

在上述的公式中，X_{ij} 的 i 和 j 分别表示第 i 个地区第 j 项指标的数值，$\min \{X_j\}$ 和 $\max \{X_j\}$ 分别表示第 j 项指标的最小值和最大值，m 为地区总数，n 为指标总个数。

（三）测算结果

环渤海区域海洋经济的高质量发展呈现稳定的上升趋势，发展水平自2010年的0.21增长至2023年的0.37。这一积极趋势反映出环渤海区域在海洋经济领域取得了显著成就。尽管如此，整体发展水平的提升仍需进一步加强。2010~2023年环渤海区域各省市间的差距有所扩大。山东省的海洋经济高质量发展水平从2010年的0.26提升至2023年的0.62，显示出强劲的发展势头。河北省从0.06增长至0.23，天津市从0.19增至0.34。然而，2010年以来，辽宁省的发展水平有所下降，从0.34降至0.30（见表2）。这可能是由于重工业领域面临转型压力以及海洋经济缺乏创新动力，资源利用效率低下。

表2　2010~2023年环渤海区域海洋经济高质量发展水平评价结果

省份	2010年	2011年	2012年	2013年	2014年	2015年	2016年	2017年	2018年	2019年	2020年	2021年	2022年	2023年
天津	0.19	0.20	0.21	0.23	0.24	0.25	0.24	0.27	0.28	0.28	0.29	0.33	0.32	0.34
河北	0.06	0.13	0.10	0.11	0.12	0.13	0.13	0.15	0.16	0.17	0.19	0.20	0.21	0.23
辽宁	0.34	0.15	0.17	0.19	0.20	0.20	0.22	0.23	0.23	0.24	0.27	0.29	0.30
山东	0.26	0.33	0.36	0.40	0.42	0.43	0.45	0.48	0.47	0.49	0.54	0.58	0.63	0.62
均值	0.21	0.20	0.21	0.23	0.25	0.25	0.26	0.29	0.29	0.29	0.32	0.34	0.36	0.37

（四）结论分析

从创新发展指数来看，环渤海区域各省市海洋科技创新水平普遍波动上升（见图4）。山东省的增长表现突出，天津市和辽宁省也实现了显著的发展进步。相比之下，河北省在2011年至2012年间的创新发展指数经历大幅下降，尽管 2013~2023 年有所回升，但整体水平仍然偏低，迫切需要缩小与其他地区的差距。

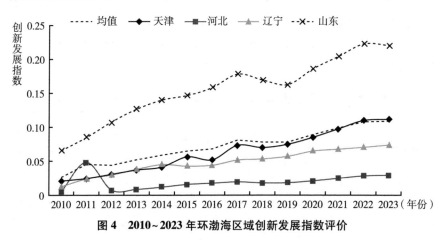

图 4　2010~2023 年环渤海区域创新发展指数评价

环渤海区域的海洋经济协调发展总体保持稳定，但存在一定波动性（见图 5）。其中，天津市的表现尤为显著，但近年来波动性有所增加；山东省则基本保持在平均水平，而辽宁省 2019~2023 年的发展趋势呈现明显的上升态势；相比之下，河北省的发展水平较低，亟须加强。

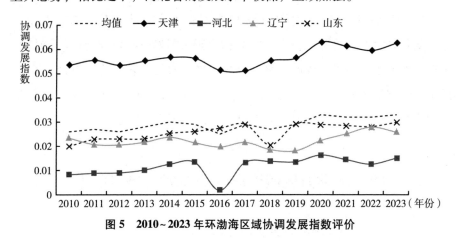

图 5　2010~2023 年环渤海区域协调发展指数评价

从绿色发展指数看，环渤海区域各省市海洋经济绿色发展呈现不同趋势（见图 6）。山东省在 2010~2011 年绿色发展指数快速上升，之后保持较高

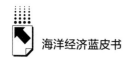

水平并稳定。天津市则"高开低走",2010 年后持续下降,面临挑战。辽宁和河北绿色发展水平逐步上升,但增速缓慢,提升空间大。

图6　2010~2023 年环渤海区域绿色发展指数评价

从开放发展指数来看,山东省和河北省的开放发展水平呈现持续增长的态势(见图7)。自 2019 年起,这一上升趋势变得尤为显著,进步明显。相比之下,辽宁省在 2010~2018 年开放发展水平较高,但自 2018 年以来有下降趋势,直至 2023 年已回升。天津在 2020~2023 年开放发展水平波动较大,2021 年达到峰值后有所下降,这反映出该地区面临一定的挑战和不确定性。

从共享发展指数看,2010~2023 年环渤海区域普遍持续改善(见图8)。山东省发展水平领先,成就显著。河北次之,增长显著,动力强劲。天津、辽宁增长温和而稳定。然而,2020 年山东、天津、河北均遭遇发展停滞,可能受全球经济波动、国内经济结构调整及突发事件影响。

四　环渤海区域海洋经济发展趋势与展望

(一)环渤海区域海洋经济模拟预测方法

1.系统动力学研究边界

海洋经济可持续发展系统的复杂性要求明确界定系统边界,识别关

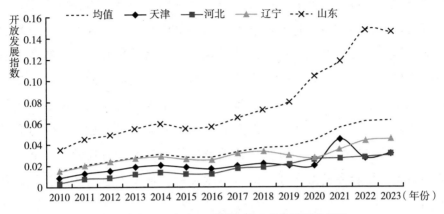

图7　2010～2023年环渤海区域开放发展指数评价

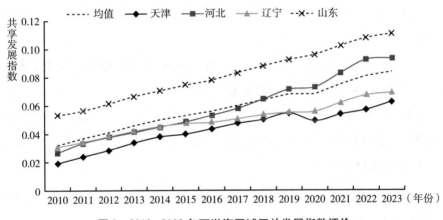

图8　2010～2023年环渤海区域开放发展指数评价

键因素和流程，并确立模型假设条件。在设定系统边界时，需考虑与海洋经济相关的各种因素，空间边界为环渤海地区，时间边界为2010～2060年，模拟步长设定为1年。其中，2010～2022年为模型实际值与预测值检验的时间边界，2023～2060年为不同情境下系统预测时间边界。

2.模型结构与因果回路

为厘清模型的基础逻辑框架，根据系统要素及要素间的因果作用链，

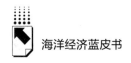

构架海洋经济可持续发展的闭合反馈循环回路。为寻求可持续发展，经济快速发展的同时需转化发展动能、上移价值链，并结合区域生育理念转变，提高人均 GDP、高级化产业结构。自然增长率对人口基数产生影响，人口的增加会带来对基础设施、生态环境和生活空间的压力，这可能会阻碍社会保障和生态保护的进程。城镇化水平的提高有助于创新要素的集聚，有利于科技和教育的发展，增强海洋经济的更新、学习和适应能力。政府通过法律、财政和基础设施等提升要素流通效率，通过产业与技术的结合促进海洋经济的可持续发展。基于模型归纳出以下循环回路：

（1）海洋经济可持续发展→+GDP→+人均 GDP→+产业结构高级化→+经济增长→+海洋经济可持续发展；

（2）海洋经济可持续发展→-自然增长率→+总人口数量→+人口压力→-社会保障能力→+海洋经济可持续发展；

（3）海洋经济可持续发展→-人口压力→+资源开发与利用→-资源禀赋→-海岸带污染→-环境质量→+海洋经济可持续发展；

（4）海洋经济可持续发展→+政府财政支持→+要素流通水平→+产业联结效率→+技术联结效率→+科技创新→+海洋经济可持续发展。

3.存量流量图构建

运用系统动力学理论方法中存量流量图的基本符号，绘制出海洋经济可持续发展系统流量图（见图9）。

（二）环渤海区域海洋经济多情景模拟预测

1.场景仿真方案设置

在综合考虑环渤海区域综合治理目标、区域海洋经济发展规划、区域基础与现状的基础上，确定了4种发展情景下的未来环渤海区域海洋经济可持续发展变化趋势，主要包括基准情景、经济优先情景、创新驱动情景和综合治理攻坚情景（见表3）。

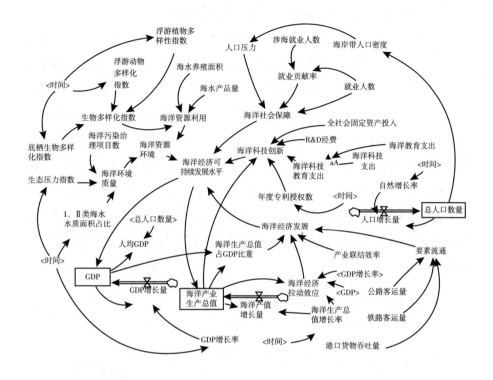

图9 海洋经济可持续发展系统流量图

表3 海洋经济可持续发展路径模拟情景及方案设定

情景	基准情景(S1)	经济优先情景(S2)	创新驱动情景(S3)	综合治理攻坚情景(S4)
原则	保持各指标现有水平	现有技术水平下经济优先发展	发挥科技创新的核心驱动效应	着重解决环渤海区域存在的生态环境治理问题
参数设置	保持各变量原始指标值	GDP增长率为10%，三产增长率为12%，社会研发经费投入增加10%，生态压力指数上升5%，海洋生产总值增长率提升10%，海洋就业人数提升5%	年度专业授权数提升5%，科技教育支出提升5%，产业联结效率提升5%，政府财政支持提升5%，要素流通水平提升10%	海陆污染物削减10%，海洋污染治理项目数增加10%，生物多样化指数提升10%，I、II类海水水质面积占比为95%，生态压力指数降低5%，人口增长率降低2%

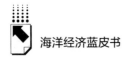
2. 不同情境下海洋经济可持续发展动态仿真结果

2060 年是中国达成"碳中和"目标的重要时间点。运用系统动力学模型，评估了 2010~2060 年环渤海区域海洋经济的可持续发展态势。结果表明（见图 10），该区域的发展水平正稳步提升。在 S1、S2、S3、S4 这四种设定的情景中，海洋经济的可持续发展均呈现上升趋势，其中"S4>S3>S1>S2"的总体排序显著。在 S4 情景下，2041 年海洋经济的可持续发展指数首次突破 1.0，这表明环境规制和产业结构的升级等措施对于推动可持续发展具有显著成效。尽管 S3 情景的表现略逊于 S4，但其结果优于 S1，这反映出海洋科技创新的投入对可持续发展产生了正面效应。相对而言，S2 情景表明，过分追求经济的高速增长和城市化进程可能会对海洋经济的可持续发展构成阻碍。

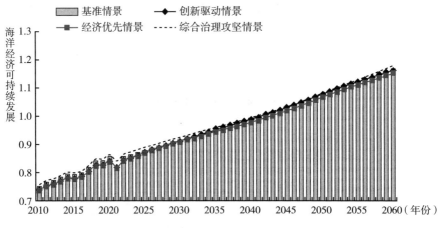

图 10　不同情境下海洋经济可持续发展水平仿真模拟结果

3. 不同情境下各子系统动态仿真结果

关于海洋经济增长的预测表明，环渤海区域的海洋经济将保持增长态势。经济优先情景中，该区域的发展水平将达到最高，且增长速度最快，成为推动经济增长的主要力量。在创新驱动情景下，发展同样显著，科技创新的重要性将得到凸显。而在综合治理攻坚与基准情景中，发展水平相近，增长将依赖于综合管理和基础设施建设的加强。关于海洋科技创新的预测表明，

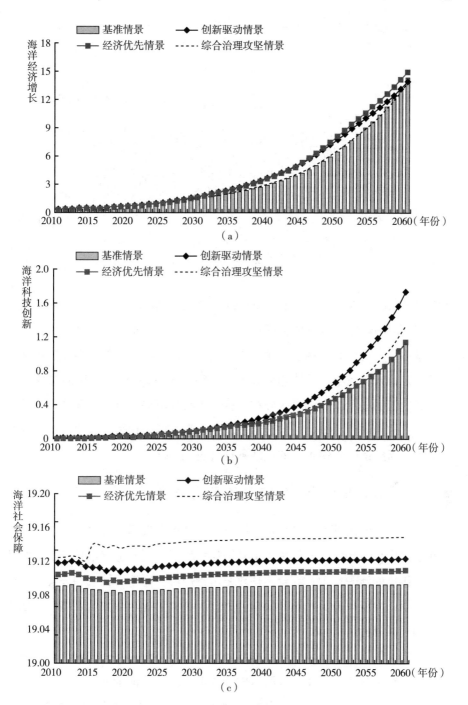

（a）

（b）

（c）

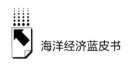

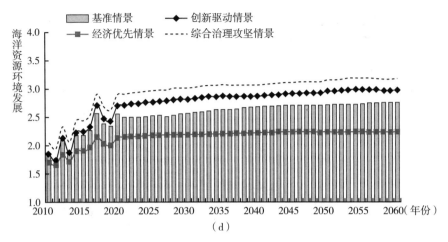

图11　不同情境下各子系统仿真模拟结果

环渤海区域的创新水平将呈指数型增长，在创新驱动模式下将超越其他情景。综合治理攻坚情景下的创新水平也将超过基准情景，而在经济优先情景下略显不足。关于海洋社会保障的预测显示，环渤海区域的社会保障水平将缓慢上升，波动较小，总体趋势表现为"S4>S3>S2>S1"。关于海洋资源环境发展的预测显示，环渤海区域在资源利用与环境保护方面将面临较大的波动，但总体趋势是积极的。综合治理攻坚情景下的表现最佳，之后是创新驱动情景，而经济优先情景下的表现不佳（见图11）。

（三）环渤海区域海洋经济趋势展望分析

未来环渤海区域海洋经济可持续发展面临多样选择与挑战。基准情景需平衡经济增长与环保；经济优先情景需加强环保的同时追求增长；创新驱动情景以科技创新为关键；综合治理攻坚情景需协调经济、社会和环境。无论何种情景，均需政府、企业和公众合力，配合科学规划与政策支持，以达成可持续发展目标。

在基准情景下，环渤海区域海洋经济的发展将保持现有的增长速度和模式，注重经济总量的扩张，同时兼顾环境保护。在此情景下，海洋产业将主要依靠传统的渔业、港口物流和海洋化工等，而新兴产业如海洋生物医药、海洋新能源等发展相对缓慢。区域内的海洋资源开发将更加注重合理利用和保护，以确保海洋生态系统的健康和可持续性。然而，由于缺乏足够的创新和治理措施，该情景下的海洋经济发展将面临来自资源约束和环境压力的挑战。

经济优先情景则强调经济增长的最大化，海洋产业将通过扩大规模和提高效率来实现更快的发展。在此情景下，环渤海区域将重点发展高附加值的海洋产业，如海洋装备制造、海洋旅游和海洋服务业。同时，政府和企业将加大对海洋科技创新的投入，以推动产业升级和转型。然而，这种以经济增长为导向的发展模式可能会对海洋环境造成较大压力，需要在发展过程中不断加强环境保护措施，以避免生态破坏。

创新驱动情景下，环渤海区域海洋经济的发展将更加注重科技创新和产业升级。海洋高新技术产业将成为推动经济增长的主要动力，如海洋生物医药、海洋新能源、深海技术等。政府和企业将加大对海洋科技研发的投入，通过技术创新来提高资源利用效率和减少环境污染。在此情景下，虽海洋经济的可持续性将得到显著提升，但同时也需要解决创新过程中可能遇到的技术难题和市场风险。

综合治理攻坚情景强调在海洋经济发展中实现经济、社会和环境的协调发展。在此情景下，环渤海区域将采取更为严格的环境保护措施，加强海洋污染治理和生态修复工作。同时，政府将推动海洋产业的绿色转型，鼓励发展低碳、环保的海洋产业。在此情景下，海洋经济的可持续发展将得到全面保障，但需要政府、企业和公众的共同努力，以及相应的政策支持和资金投入。

五　政策建议

（一）发展绿色海洋经济，促进生态融合

构建绿色海洋经济体系对于环渤海区域海洋经济的发展至关重要，其能够促进海洋资源的可持续利用，维护海洋生态环境，同时推动经济结构的优

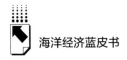

化与升级，实现经济发展与环境保护的双赢。首先，强化绿色发展理念，制定和实施海洋环境保护与修复政策，如海洋污染控制、生态修复工程和生物多样性保护政策，确保海洋经济活动与环境保护相协调。其次，发展绿色海洋产业，鼓励和支持海洋清洁能源、海洋生态旅游、海洋生物技术等绿色产业的发展，减少对海洋环境的负面影响。再次，建立和完善海洋经济与环境协调发展机制与制度，包括环境影响评价制度、生态补偿机制和资源有偿使用制度，确保经济增长与环境保护的平衡。最后，推动产业转型升级，引导传统海洋产业向高技术、高附加值方向发展，减少资源消耗和环境污染，提高产业竞争力。

（二）科技创新驱动经济高质量发展

环渤海区域的发展紧密依托于丰富的海洋资源，这不仅影响着资源的利用、经济结构以及产业布局，同时也带来了不容忽视的生态压力。因此，实现新旧动能的转换和产业结构的优化显得尤为关键。海洋科技创新在推动经济转型和新兴产业的发展中扮演着重要角色，它通过开发环保和高效的先进技术，助力实现经济发展与环保的双重目标。首先，加大海洋科技研发投入。政府应增加对海洋科技研发的财政投入，支持高校、科研机构和企业开展海洋科技创新活动，突破关键技术和核心技术的瓶颈。设立海洋科技专项基金，支持海洋科技研发和创新，特别是在海洋资源勘探、海洋环境保护、海洋生物技术等领域。其次，建立海洋科技成果转化平台，促进科研成果向产业应用转化，鼓励建立海洋科技创新园区、孵化器等创新平台，提高海洋科技对经济发展的贡献率。同时，加强国际交流与合作，引进和消化吸收国际先进技术和管理经验，强化海洋统计数据的规范化与精细化处理，以确保数据的准确性、全面性和科学性。

（三）坚持综合治理攻坚，提升生态功能

《渤海综合治理攻坚战行动计划》为环渤海区域的海洋经济提供了更加稳定和可持续的发展环境，该行动计划覆盖环境保护、生态修复、污染治理

等多个领域。一方面，构建环渤海区域的跨部门、跨区域海洋经济管理协调机制显得尤为关键。该机制应强化政策、规划及项目层面的协调与合作，以形成强大的协同效应，共同促进海洋经济的繁荣。具体而言，这涉及建立统一的协调机构、制定统一的政策和规划，以及促进各地区和各部门之间的项目协作。通过这样的措施，能够确保海洋经济的发展更加有序和高效。另一方面，积极推进海洋经济区划与规划工作同样不可或缺，以实现海洋产业的科学合理布局。这包括对海洋资源进行详尽的调查与评估，明确各地区的资源禀赋和优势，进而制定出切实可行的产业布局方案。

（四）鼓励社会公众参与，营造良好氛围

首先，增强公众海洋意识。通过宣传教育、科普活动等提升和增强公众对海洋的认识和保护意识，增强全社会参与海洋经济发展的积极性和责任感。其次，鼓励社会力量参与海洋经济发展。引导社会资本投入海洋经济发展领域，支持社会组织和个人参与海洋环境保护和生态修复等工作，形成政府主导、市场运作、社会参与的多元化发展格局。

参考文献

国家发展和改革委员会：《"十四五"规划〈纲要〉名词解释》，2021年12月。

狄乾斌：《海洋经济可持续发展的理论、方法与实证研究》，辽宁师范大学博士学位论文，2007。

国家海洋局：《中国海洋统计年鉴》（2010~2017），中国海洋出版社。

自然资源部：《中国海洋经济统计年鉴》（2018~2022），中国海洋出版社。

狄乾斌、高广悦、於哲：《中国海洋经济高质量发展评价与影响因素研究》，《地理科学》2022年第4期。

鲁亚运、姚琴：《中国海洋经济高质量发展的时空特征研究》，《资源开发与市场》2024年第5期。

B.7

珠三角区域海洋经济发展形势分析[*]

杨晓鋆 刘怡婷 谢素美[**]

摘　要：　海洋是珠三角区域经济社会发展的重要战略空间和高质量发展的战略要地。包括港澳在内的大珠三角地区，即粤港澳大湾区，具有独特的政治体制特征、海洋产业实力雄厚的经济基础、互联互通互补的软硬件基础设施、高水平国际化的科技支撑力量等海洋经济发展优势。本报告从政治环境、经济环境、社会环境、技术环境四个角度，系统论述了大珠三角地区海洋经济发展历程和现状，突出了不同区域的优势和特色。对广东海洋经济发展进行 SWOT 分析，突出其具有的区位、产业、创新优势，及其环境约束、协同不足、科技转化不高的劣势，应把握战略政策、科创提升、合作深化等机遇，直面可持续发展需求、产业结构待优化、合作机制需完善等挑战。并分析得出珠三角海洋经济发展趋势：高质量发展、区域合作深度融合、数智化转型、政策持续优化。最后从构建现代化海洋产业体系、增强海洋科技创新支撑作用、强化跨区域协同发展和合作方面提出对策建议，助力实现珠三角海洋经济高质量发展。

关键词：　海洋经济　珠三角区域　粤港澳大湾区

---

* 支持本研究的项目：2022 年度国家社会科学基金重大项目——新发展格局下拓展我国海洋经济发展空间的动力机制及实现路径研究（22&ZD126）。
** 杨晓鋆，博士，自然资源部南海发展研究院工程师，主要从事海洋政策与经济、海洋碳汇方面的研究和实践工作；刘怡婷、谢素美，通讯作者，自然资源部南海发展研究院正高级工程师，主要从事海洋政策与经济、海洋自然资源综合管理、海洋碳汇、海洋规划、港澳海洋发展等方面的研究和实践工作。

一 珠三角区域海洋经济发展环境分析

珠江三角洲是中国改革开放的先行地，包括三个新型都市区，分别是"广佛肇"（广州、佛山、肇庆）、"深莞惠"（深圳、东莞、惠州）和"珠中江"（珠海、中山、江门）。大珠江三角洲地区，即粤港澳大湾区，涵盖珠江三角洲九市及港、澳两个特别行政区，以占全国0.6%的土地，创造了约1/9的经济总量，凭借其独特的地理优势和制度优势，海洋经济发展迅速已成为推动区域经济增长的重要力量。本部分以粤港澳大湾区为背景，采用PEST分析法，从政治环境、经济环境、社会环境、科技环境四个角度对大珠三角区域的海洋经济发展情况进行回顾性分析，深入探讨了海洋经济在区域发展中的重要作用。

（一）政治环境分析

粤港澳大湾区，在"一国两制"的制度框架下，形成了一个国家、两种制度、三个独立关税区和三种货币体系并存格局。这种多元体制的长期实践，推动着区域内优势互补、资源共享，也滋养了大湾区多元化、复合型的经济文化发展生态。在"一国两制"的方针指引下，香港和澳门享有高度自治权，充分发挥着国际化、法治化营商环境优势，犹如两条连接世界的纽带，牵引着大湾区与国际社会深度交融，共谱世界一流湾区的发展篇章。

1.国家层面的战略擘画

2019年2月18日，中共中央、国务院发布了《粤港澳大湾区发展规划纲要》（以下简称《规划纲要》），为大湾区发展指明方向。《规划纲要》明确提出"大力发展海洋经济"，将优化提升传统海洋产业、培育壮大新兴海洋产业列为现代化产业建设的重要内容。

为推动《规划纲要》落地实施，2021～2023年，国家陆续出台了针

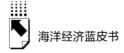

对四个合作区的建设方案，分别从深化前海创新跨境商事法律规则衔接机制对接、打造横琴琴澳跨境法律服务新模式、探索南沙与港澳教育衔接机制、推动河套数据跨境交易率先试点等方面，为大湾区建设注入强劲动力。

2.广东省的协同推进

广东省成立了广东省推进粤港澳大湾区建设领导小组，并制定了一系列配套文件，以贯彻落实《规划纲要》的各项部署。2019年7月，《广东省推进粤港澳大湾区建设三年行动计划（2018—2020年）》正式印发。2023年12月，广东省又陆续印发了《广州都市圈发展规划》《深圳都市圈发展规划》《珠江口西岸都市圈发展规划》《汕潮揭都市圈发展规划》《湛茂都市圈发展规划》，均对优化海洋经济空间布局、发展现代海洋产业、协同推动海洋科技创新等方面提出了具体要求，为大湾区建设描绘了更加清晰的发展路径。

3.香港和澳门的独特角色

香港发布《海运及港口发展策略行动纲领》，着力完善综合多式联运网络，并不断加强与大湾区其他城市的物流合作。粤港澳大湾区院士联盟的成立，为推动三地科技协同发展搭建了重要平台。《内地与香港联合资助计划》则为两地科研机构的深化合作提供了有力支撑。

澳门则发布了《澳门特别行政区城市总体规划（2020—2040）》，明确了澳门作为粤港澳大湾区建设三极之一、粤港澳大湾区科技创新走廊重要支撑点的战略定位，致力于将澳门打造成居民的美丽家园。《澳门特别行政区经济适度多元发展规划（2024—2028年）》强调深化与大湾区和深合区的合作与联动发展，为澳门经济适度多元发展保驾护航。《澳门特别行政区海域规划》则将发挥澳门海域在建设"宜居城市"和"世界旅游休闲中心"中的作用作为目标之一，促进经济适度多元发展，推动澳门深度融入粤港澳大湾区建设和国家发展大局。

（二）经济环境分析

1.广东省海洋经济发展分析

在全国布局的三大海洋经济圈中，广东是南部海洋经济圈的龙头，至2023年，海洋生产总值连续29年位列全国第一。除了2018年起采取新《海洋及相关产业分类》标准和2020年经济冲击导致的下调，总体来看，广东省海洋生产总值呈持续上升趋势。广东是海洋经济大省，2001年起占全国海洋经济的18%以上[①]（见表1和图1）。2023年，广东省海洋生产总值达到了18778亿元，同比名义增长为4.0%，占全省地区生产总值的13.8%。

表1 2001~2005年广东省及全国主要海洋产业总产值

单位：亿元，%

年份	2001	2002	2003	2004	2005
广东省主要海洋产业总产值	1542.69	1693.71	1936.09	2975.50	4288.39
全国主要海洋产业总产值	7233.80	9050.29	10523.40	13704.76	16755.13
广东省主要海洋产业总产值占全国的比重	21.33	18.71	18.40	21.71	25.59

资料来源：历年《中国海洋统计年鉴》。

广东省海洋第一产业增加值占海洋生产总值比重自2006年起逐年下降，2014年达到最小值，之后逐渐回升，2018年后变动幅度较小，总体保持稳定并呈略微上升趋势。海洋第二产业占比在2013年之前呈上升趋势，2013年及之后开始下降，至2020年达到最小值24.80%。海洋第三产业占比与第二产业比重呈相反的变化趋势，在2020年达到最大值72.00%，2020年后则有所回落（见图2）。

---

① 2001~2005年使用广东省主要海洋产业总产值占全国的比重，2006~2023年使用广东省海洋生产总值占全国的比重。

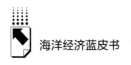

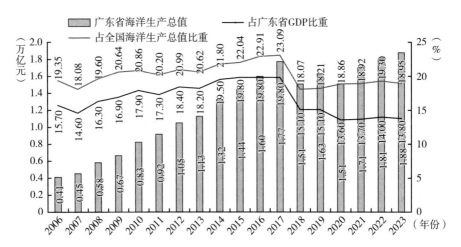

图1 2006~2023年广东省海洋生产总值及其占广东省GDP和全国海洋生产总值的比重

注：2018年及之后的数据为《海洋及相关产业分类》（GB/T 20794-2021）新标准下的修订数。

资料来源：历年《中国海洋统计年鉴》《广东海洋经济发展报告》。

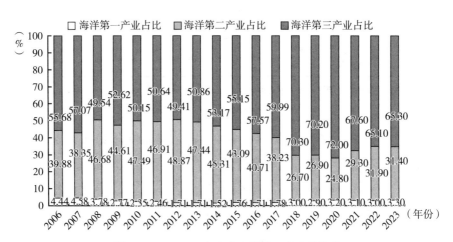

图2 2006~2023年广东省海洋三次产业结构

资料来源：历年《中国海洋统计年鉴》《广东海洋经济发展报告》。

广东海洋产业体系完整,海洋产业结构较为合理并持续优化,近年来海洋制造业①不断发展,对海洋经济的贡献持续增大,2023年增加值达到4675.1亿元,同比增长4.9%,呈现实体经济稳固回升的态势。包括海洋工程装备制造、海洋药物和生物制品、海洋电力、海水淡化等在内的海洋新兴产业发展迅速,2023年增加值达到257.70亿元,对比2018年的118.80亿元增加了117%,占海洋产业增加值比重也在逐年上升,由2018年的2.10%增长到2023年的3.80%(见图3)。海洋产业结构调整效果显现,海水养殖由近岸走向深远海,海洋牧场建设不断推进,多地探索开发海洋产业融合发展新业态、风电和养殖相结合等。

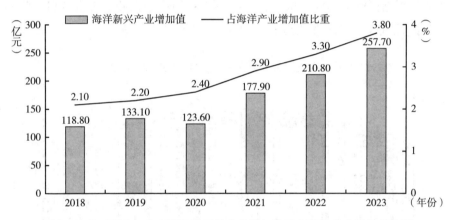

图3 2018~2023年广东省海洋新兴产业增加值及占海洋产业增加值比重

注:2023年海洋新兴产业增加值占海洋产业增加值比重是由2024年《海洋经济发展报告》中的数据估算得出。

资料来源:2023年、2024年《广东海洋经济发展报告》。

2. 香港海洋经济发展现状

香港海洋经济主要依赖于航运交通和现代化海洋服务业,以贸易和金融为核心,是国际航运中心,集中了全面专业的高增值航运服务,包括船舶管

---

① 海洋制造业包括海洋水产品加工业、海洋船舶工业、海洋工程装备制造业、海洋化工业、海洋药物和生物制品业、涉海设备制造、涉海材料制造、涉海产品再加工,数据来自2023年、2024年《广东海洋经济发展报告》。

理、船务经纪、船务融资、海事保险及海事法律等。香港是粤港澳大湾区发展海洋经济，特别是航运领域的重要据点，依托成熟的金融市场和透明的监管体系，其具有发展包括航运服务业、海洋金融保险业等高增值现代化海洋服务业的基础和优势。然而，日益复杂的国际形势和逆全球化趋势也给其带来挑战。

在《新华·波罗的海国际航运中心发展指数报告（2023）》中，香港全球排名第四，展现了其作为领先的全球航运中心的综合实力。根据香港特别行政区海事处公布的数据，2014年之前香港港口货柜和货物吞吐量基本呈上升趋势，2020年后则有明显的下降趋势，面临一定的挑战和压力（见图4）。根据国际航运业权威媒体 Lloyd's List 的算法估测，香港港口的货柜吞吐量在2023年排名全球第十[①]，对比2022年下跌1名。

图4　2001～2023年香港港口货柜和货物吞吐量

资料来源：香港特别行政区海事处：2001～2023年《香港港口统计年报》。

此外，香港的海洋服务业发展成熟。截至2023年底，香港是世界第四大船舶注册地，已注册的船舶总吨位为1.28亿吨[②]。凭借其发达的金融体

[①]　Lloyd's List 2023年全年排名尚未公布，该推测数据来自2024年3月30日政府新闻，详见 https://sc.news.gov.hk/TuniS/www.news.gov.hk/chi/2024/03/20240330/20240330_102857_937.html。

[②]　数据来源于香港海运港口局。

系和完善的监管制度，香港成为亚洲重要的国际船舶融资中心和海事仲裁中心。

3. 澳门海洋经济发展现状

澳门三面环海，土地面积仅有 33.3 公里^{2}①，人口密度达到 2.04 万人/公里^{2}②，整体经济发展受自然条件的约束，与海洋紧密相关。而高密度的人口和稀缺的土地资源，使得澳门的第一产业几乎完全依赖于进口。第三产业在澳门 GDP 中的占比一直在 90% 以上。第二产业在 GDP 中的占比在 2009 年之后大幅下降并维持在 10% 以下，2018 年后开始逐渐回升，主要原因是建筑业占比上升，由 2018 年的 2.99% 上升至 2022 年的 7.08%③。

在澳门的海洋经济发展中，海洋产业选择受限，海洋经济活动范围狭小，海洋经济发展规模较小。澳门以高度发达的博彩业为轴建设多种旅游、休闲、会展设施，极大地推动了滨海旅游业的发展。同时，澳门积极拓展旅游模式，引进和发展游艇俱乐部、国际游艇展会、海上运动以及远海特种旅游④，促进滨海旅游多元化、特色化发展。作为国际休闲娱乐中心，在 2019 年前澳门的旅游业一直保持着增长的态势。在 2022 年之后，也得到了迅速的恢复，2023 年澳门的入境旅客达到了 2821.3 万人次，恢复到了 2019 年的 71.60%，2023 年总旅客消费达到 712.45 亿澳门元，恢复到 2019 年的 111.19%（见图 5）。

除了滨海旅游业，澳门的另一项优势海洋产业是海洋运输仓储业，2008 年受到金融危机影响显著下滑，之后港口货柜货物运输逐步恢复，并保持在较为稳定的水平（见图 6）。在 2019 年之前运输业总额逐年上升，2018 年运输业整体收益增长了 9.81%，但受全球经济波动影响，2022 年运输及仓储

---

① 数据来源于澳门地图绘制暨地籍局，2024 年 8 月 12 日。
② 澳门特别行政区政府统计暨普查局：《澳门统计年鉴 2023》。
③ 数据来源于澳门特别行政区政府统计暨普查局。
④ 向晓梅、张超：《粤港澳大湾区海洋经济高质量协同发展路径研究》，《亚太经济》2020 年第 2 期。

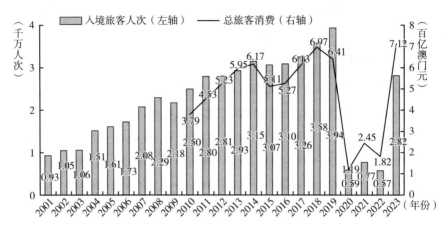

图 5 2001~2023 年澳门入境旅客人次和总旅客消费

资料来源：澳门特别行政区政府统计暨普查局：2001~2023 年《澳门统计年鉴》。

业增加值总额由 2019 年的 84.44 亿澳门元下降至 28.83 亿澳门元①，下降了 65.86%。

图 6 2001~2023 年澳门港口货柜总吞吐量和货柜货物毛重

资料来源：澳门特别行政区政府统计暨普查局：2001~2023 年《澳门统计年鉴》。

---

① 澳门特别行政区政府统计暨普查局：2020~2023 年《澳门统计年鉴》。

（三）社会环境分析

1. 大批高素质人才和劳动力集聚

过去十年，珠三角是我国吸引人口最多的区域。2021年中央人才工作会议要求加快建设世界重要人才中心和创新高地，提出要在粤港澳大湾区建设高水平人才高地。根据2023年广东统计年鉴，十年来广东省的户籍人口均为净迁入状态，净迁入率在2018年达到十年来最高值，为6.91%。

2. 高水平教育科研机构持续建设落成

珠三角区域内的高校积极建设海洋学科，构建人才培养体系。中山大学、深圳大学等开设海洋专业并组建海洋学院，深圳海洋大学预计2025年正式招生。港澳高校方面，香港科技大学成立海洋科学系，澳门大学成立区域海洋研究中心及海洋科学及技术系，并牵头组建中国与葡语国家海洋联盟，推动海洋科教合作。

3. 多项重大跨境交通基础设施不断建成

珠三角区域内港珠澳大桥、广深港线等重大项目建成通车，"一小时生活圈"基本形成。粤港澳大湾区已成为全球交通网络最密集的地区之一，并通过"组合港"、"一港通"、"一次申报、一次查验、一次放行"等创新模式，以及自助通关、"澳车北上"、"港车北上"等政策，提升通关效率和便利性，促进区域互联互通。

（四）科技环境分析

1. 积极建设创新平台

大湾区已形成以"广州—深圳—香港—澳门"科技创新走廊为依托，以粤港澳大湾区国际科技创新中心，前海、横琴、南沙三大平台为支撑的海洋科技创新格局。

2. 区域创新投入持续增加，科技创新能力不断提升

广东省持续加大海洋经济发展专项资金支持力度，截至2022年已累计支持36个项目，资金达2.95亿元，涵盖海洋电子信息、海上风电等多个领

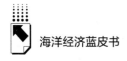

域。2023 年全省海洋科研教育增加值达 976.9 亿元，海洋领域专利公开数达 16141 项，国家级和省级海洋科研平台建设持续推进。

3. 企业创新能力不断增强

根据《推动粤港澳大湾区高质量协同发展——2022~2023 年粤港澳大湾区建设报告》①，粤港澳大湾区世界前 500 强企业数量由 2014 年的 10 家增加到 2023 年的 25 家，上榜数量自 2021 年起已超越纽约湾区，在世界四大湾区中排名第二。现有高新技术企业超过 6 万家，较 2017 年净增加 2 万多家。其中，广东省（不包含深圳）截至 2023 年涉海高新技术企业有 785 家，涉海专精特新企业有 465 家。

二 珠三角区域海洋经济发展形势研判

以下采用 SWOT 分析方法对广东省海洋经济发展的优势、劣势、机遇和挑战进行基于事实的分析，以评估广东省海洋经济在国内外的竞争地位，为制定相应规划和支持政策提供理论参考。

（一）发展优势分析

1. 区位优势独特，海洋资源丰富

广东省地处北回归线以南，北依南岭，南向南海，海岸线漫长、海域面广阔、海洋资源丰富，港口群规模大、密度高、辐射范围广，拥有成熟的对外贸易体系和丰富的国际合作经验，为海洋经济参与全球竞争提供了有利条件。广州作为海上丝绸之路的起点，经济发展活力极强，广州港作为中国南方历史最悠久的对外通商口岸一直保持繁荣，是世界上少数千年长盛不衰的大港之一。

2. 产业基础雄厚，经济发展高质

珠三角在海洋渔业、海洋交通运输、海洋旅游等传统海洋产业方面积累

---

① 广东省社会科学院课题组：《推动粤港澳大湾区高质量协同发展——2022~2023 年粤港澳大湾区建设报告》，载《粤港澳大湾区建设报告（2023）》，社会科学文献出版社，2023。

了丰富的经验，拥有一批实力雄厚的龙头企业，并积极培育海洋生物医药、海洋工程装备、海水淡化等新兴海洋产业，形成了新的经济增长点。珠三角制造业发达，产业链配套能力强，为海洋装备制造、海洋生物医药等产业发展提供了有力支撑。广东省在投资开放、贸易便捷、金融创新等领域取得突破性成果。自 2008 年，广东省积极通过产业结构转型和创新驱动增强经济活动的多样性以及自身经济复原力，2022 年粤港澳大湾区外商直接投资额达 1720 亿元[①]，相较于十年前增长 28%。

3. 科技创新活跃，经济赋能强劲

珠三角是国内创新创业最活跃的地区之一，拥有完善的创新创业服务体系，为海洋科技成果转化和产业化提供了有利环境。2022 年，广东省总计授权专利 83.7 万余件，其中发明专利 11.5 万余件，技术合同成交额高达 4525 亿元[②]。全省拥有海洋研究与开发机构 40 余所，相关从业人员近万人，位列全国第一[③]。其中，粤港澳大湾区全球创新指数总体得分 80.25，排名全球第六[④]。依托创新科技，广东省实现智能化与科技赋能，带动区域产业链协同发展，为海洋经济发展提供活力与支撑。

（二）发展劣势分析

1. 资源环境约束，产业融合不够

珠三角地区人口稠密、经济发达，对近岸海域空间资源需求旺盛，陆源污染物排放、低效粗放的用海活动对海洋资源高效开发利用和生态环境造成一定压力，多发频发的海洋灾害对临海产业的影响较大，海洋可持续发展面临挑战。各海洋产业之间缺乏有效的协同机制，产业链条衔接不紧密。湾区内部各城市之间、珠三角地区与周边省份之间海洋产业融合发展水平参差不齐，产业布局同质化，协同效应尚未充分发挥。

---

① 广东省统计局：《广东统计年鉴 2023》，中国统计出版社，2024。
② 广东省统计局：《广东统计年鉴 2023》，中国统计出版社，2024。
③ 自然资源部：《中国海洋经济统计年鉴 2022》，海洋出版社，2023。
④ 数据来自国际科技创新中心指数（Global Innovation Hubs Index，GIHI）2023。

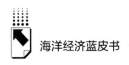

2.省内发展不均，湾区协同不够

广东省内政策的落地和执行力度需进一步加大，海洋经济发展速度与质量不平衡、城市经济发展不均、收入差距较大，广州、深圳及香港经济地位远高于区域内其他城市。虽由以港、澳为主的单核心模式逐渐向多核心模式发展，但城市间创新协同与协调不足，产业结构与形式趋同导致内部资源竞争趋恶①，无法形成良好互补，湾区现代化协同海洋产业体系尚未形成。

3.技术创新不足，成果转化率不高

广东省科技创新虽速度较快，但海洋相关基础研究与专利成果仍然不足，难以实现高质量科技与价值成果之间的转化。珠三角区域缺乏基础设施与信息数据资源共建共享，高端海洋科技发展仍然面临困难，海洋科研与经济交互可能性并未完全开发。同时，海洋工程、深海资源开发等海洋技术研发和创新能力尚需进一步提高，海洋核心自主研发技术和关键共性技术自给率低、对外依赖性较强，海洋信息工程、海洋药物与生物制品产业仍然受到国际供应链限制，增加了海洋新兴产业发展的风险与不确定性，减缓科技创新促进海洋经济发展的速度。

（三）发展机遇分析

1.国家战略叠加，政策红利持续释放

海洋强国战略为珠三角海洋经济发展指明方向。国家政策引导资金、技术、人才等要素向海洋领域集聚，为珠三角海洋经济发展提供强劲动力。《粤港澳大湾区发展规划纲要》提出打造国际科技创新中心和高质量发展的典范。珠三角作为大湾区的重要组成部分，将受益于区域协同发展和产业转型升级，为海洋经济发展提供更广阔的空间。近年来，广东省积极推动与周边省份在海洋领域的合作，为珠三角海洋经济发展注入新的活力。

---

① 赵雨、王兴棠:《粤港澳大湾区海洋经济高质量发展研究》，载《粤港澳大湾区协同发展报告（2023）》，社会科学文献出版社，2024。

2. 发展后劲充足，科技创新能力提升

传统海洋产业优势为发展现代海洋产业提供有力支撑，新兴海洋产业蓬勃发展为海洋经济转型升级注入新动能。《广东省海洋经济发展"十四五"规划》提出的"一核、两极、三带、四区"海洋经济发展空间布局，为广东省海洋经济发展带来新机遇。珠三角海洋科技创新能力不断提升，为海洋产业发展提供强有力的人才和技术支撑。面对传统产业向智能化、自动化发展的全球趋势，珠三角通过数据互通实现海洋数据民主化，引导海洋传统产业探索智能、绿色生产等新模式。

3. 区位优势突出，开放合作不断深化

珠三角是"21世纪海上丝绸之路"的重要节点，积极参与国际海洋治理，与东盟、欧盟等国家和地区在海洋科技、海洋环保、海洋文化等领域开展广泛合作，为海洋经济对外开放和合作提供便利。广东自贸区、深圳中国特色社会主义先行示范区等重大平台建设，为珠三角海洋经济发展带来新的机遇，推动形成更高水平的对外开放格局，吸引更多国际资源集聚。

（四）发展挑战分析

1. 资源环境约束趋紧，可持续发展压力加大

长期以来，高强度的开发利用导致部分海洋资源面临枯竭、退化等问题，例如近海渔业资源衰退、海洋生态环境恶化等，制约了海洋经济的可持续发展。同时，陆源污染、海上交通、海洋工程等因素导致海洋环境污染问题日益突出，海洋生态系统面临严峻挑战，迫切需要加强海洋环境保护和治理。此外，珠三角区域土地资源相对有限，开发强度高，难以满足海洋产业发展对土地的需求，在一定程度上制约了海洋经济发展。

2. 产业结构亟待优化，创新能力有待提升

新兴海洋产业发展不足，海洋科技创新能力相对薄弱，原创性、突破性科技成果较少，难以支撑海洋产业向高端化、智能化发展。海洋产业结构层次有待进一步优化升级。高精尖领域专业化人才较为缺乏，难以满足海洋经济高质量发展的需求。以科技创新为牵引推动企业发挥市场主体作用的海洋

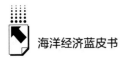

治理能力和创新能力有待提升。近期美元持续强势导致投资者目标市场货币贬值与汇率波动带来的利润空间缩减，对海洋高新技术与产品研发不断加高限制带来的挑战，可能直接或间接导致广东省乃至全国出口与外贸额骤减。

3.区域合作机制有待完善，发展协同性不足

珠三角内部各城市海洋经济发展水平差异较大，资源要素流动不畅，跨区域海洋合作机制、利益共享机制、矛盾协调机制有待完善，从区域协调发展角度拓展海洋经济合作深度和广度的体制机制有待优化。海洋管理职能分散在多个部门，存在职责交叉、多头管理等问题，影响海洋资源的统筹开发和利用效率。

三　珠三角区域海洋经济发展趋势分析

珠三角海洋经济正由规模扩张型向质量效益型转变，呈现以下发展趋势：海洋经济高质量发展成为主旋律、区域海洋合作逐渐深度融合、海洋数智化转型不断赋能增效、海洋经济发展的政策环境持续优化，正朝着更加可持续、高质量的方向发展。

（一）海洋经济高质量发展成为主旋律

传统海洋产业将加快转型升级，向规模化、集约化、智能化方向发展。海洋生物医药、海洋工程装备、海水淡化等新兴海洋产业将迎来快速发展机遇，成为海洋经济新的增长点。海洋科技创新将成为推动海洋经济高质量发展的核心动力。基础研究和应用基础研究将得到加强，关键核心技术将取得突破，科技成果转化效率将不断提高。绿色发展理念将贯穿于海洋经济发展全过程，将更加重视海洋生态环境保护，海洋资源开发方式将更加可持续，海洋产业将向绿色低碳方向转型升级。预计将在2025年建成约10个海洋经济高质量发展示范区，包括海洋高端产业集聚区、海洋科技创新引领区、粤港澳大湾区海洋经济合作区和海洋生态文明建设区。

（二）区域海洋合作逐渐深度融合

粤港澳大湾区建设将不断为珠三角海洋经济发展注入强劲动力。粤、港、澳三地将深化海洋科技合作、海洋产业协同、海洋生态共保，打造世界级海洋经济发展高地。珠三角将加强与周边省份在海洋领域的合作，共同推进海洋基础设施互联互通、海洋资源开发利用、海洋生态环境保护等方面合作，形成区域联动发展格局。预计珠三角将积极参与全球海洋治理，深化与共建"一带一路"国家和地区在海洋领域的合作，新增多个国际友好港口，提升海洋经济的国际竞争力和影响力。

（三）海洋数智化转型不断赋能增效

海洋大数据将得到广泛应用，为珠三角海洋资源开发、海洋环境监测、海洋灾害预警等提供数据支撑，提升海洋经济发展效率。智慧海洋建设将加速推进，推动海洋产业数字化、网络化、智能化发展，提升海洋产业的管理水平和服务能力。海洋电子商务、海洋文化创意等海洋新经济将蓬勃发展，为海洋经济注入新活力。借助珠三角在低空经济领域的领先地位和科技智造优势，预计将在2026年打造成以广州、深圳、珠海为核心的三核联动格局，建成低空经济产业高地。2023年全面启动的粤港澳"数字湾区"建设，将加速海洋产业数字化转型，有效提升粤港澳海洋领域的数字化协同共建水平。预计在2025年基本完成"数字湾区"建设任务，"数能"将为珠三角海洋经济高质量发展提供新动能。

（四）海洋经济发展的政策环境持续优化

海洋强国战略、区域协调发展战略、区域重大战略将为珠三角海洋经济营造广泛、深入、创新发展的良好环境。随着市场竞争的不断加剧，各地政府和市场的协调机制将不断完善，广东省以及珠三角其他各地将制定更加精准的海洋经济发展政策，加大对海洋经济发展的支持力度，引导和鼓励社会资本参与海洋经济发展。海洋金融服务将不断创新，为海洋经济发展提供更

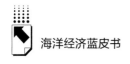

加多元化的金融支持，预计将在前海引进和培育全球现代化服务商300家以上，打造全球服务商集群，并形成深港金融合作"六通"新格局，助力海洋经济发展壮大。

四 珠三角区域海洋经济发展对策建议

（一）推动产业协同发展，打造现代化海洋产业体系

一是推动传统海洋产业转型升级，打造现代海洋产业集群。依托深圳、广州海洋科技创新中心，发挥珠三角地区制造业和科技优势，重点发展海洋高端装备制造、现代化海洋牧场、海洋油气化工、海洋船舶等产业集群，推动传统海洋产业向信息化、智能化、现代化转型升级。二是培育壮大海洋新兴产业，构建多元化产业发展格局。利用珠三角地区的创新优势和港澳合作交流平台，重点发展海洋电子信息、海洋新材料、海洋生物医药、海上风电、海洋工程装备等海洋新兴产业，培育海洋新质生产力。通过产业融合发展，延伸产业链条，提升海洋产业附加值。同时，聚焦前沿科技，提前布局未来产业，发挥珠三角科技创新和智能制造的优势，加快布局低空经济新赛道，多举措培育海洋领域的"低空经济+"产业新模式，打造海洋经济发展的新高地。三是促进区域内资源整合，构建错位发展产业新格局。引导各地立足自身优势进行资源整合和产业错位发展布局，提升海洋经济统计数据的整体质量与应用价值，推动形成各具特色、优势互补的海洋产业发展格局。例如，发挥广州基础创新优势、深圳应用创新优势以及其他地区海域资源优势，探索共建海洋工程装备、沿海重化工、海上风电、海洋电子信息、海洋生物医药、海洋新材料、滨海旅游等临港现代海洋产业集群，推动区域海洋产业协同发展。

（二）打造海洋科技创新引擎，激发海洋经济活力

一是建设高水平海洋科技创新平台，夯实科技支撑能力。依托"两廊"

"两点"框架体系，支持海洋相关的重大科技基础设施、科研机构和创新平台在大湾区布局，加大海洋基础科学研究投入，重点突破海洋关键核心技术。二是强化科技创新引领，培育海洋发展新动能。设立海洋科技重大专项，开展各领域关键核心技术攻关，加大产品、装备研发投入，培育壮大海洋新兴产业，打造具有国际竞争力的海洋产业集群。完善海洋科技成果转化机制，搭建转化平台，推动产学研合作，促进科技成果转化为现实生产力。三是统筹区域协同创新，构建产学研深度融合体系。统筹粤、港、澳三地海洋技术优势，搭建涉海管理部门、科研机构、高校、企业间的合作创新平台，加强对海洋六大产业的科研投入，推进形成产学研结合的海洋科技创新发展模式，促进海洋产业链和创新链精准对接。同时，发挥港澳国际化优势，引进海洋科技人才团队，引导三地科研院所与国内外高水平机构开展合作交流，打造大湾区高水平海洋人才汇聚新高地。

（三）强化跨区域协同发展，塑造开放型经济新优势

一是加快制度规则衔接，构建区域协同发展新机制。以深、港两地为样板，建立跨部门、跨区域的海洋经济数据共享平台，打破信息孤岛，推动大湾区三地涉海政策、规则、标准等方面的对接，探索跨行政区、跨部门协同联动，构建统一规划、联动开发、协同管理、产业互补的海洋经济合作机制，在"硬联通"基础上，进一步推动"软联通"。二是深化区域合作与开放，打造区域海洋经济增长极。依托深圳前海、珠海横琴和广州南沙三大平台，深化与港澳在海洋经济领域的合作，并带动江门、东莞、惠州等地特色合作平台发展，促进区域资源要素高效流动。加强与泛珠三角、北部湾等周边区域合作，共建区域海洋经济合作示范区。三是加快与国际接轨，构建蓝色经济伙伴关系。持续推进蓝色经济发展相关的国际交流合作，推动海洋治理、科研、经济、生态环保、防灾减灾、人文交流等多领域合作，共享全球海洋产业发展新成果。推动涉海企业"拼船出海"，探索建立 RCEP 框架下自贸区海洋领域合作机制，加强与东盟国家合作，构建"蓝色经济伙伴关系"。依托深圳中欧蓝色产业园，打造连接中欧的蓝色桥梁，服务大湾区产业转型升级。

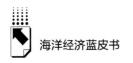
参考文献

杨黎静、谢健:《面向海洋强国建设的粤港澳大湾区海洋合作:演进与创新》,《经济纵横》2023 年第 5 期。

广东省社会科学院课题组:《推动粤港澳大湾区高质量协同发展——2022～2023 年粤港澳大湾区建设报告》,载《粤港澳大湾区建设报告(2023)》,社会科学文献出版社,2023。

向晓梅、张超:《粤港澳大湾区海洋经济高质量协同发展路径研究》,《亚太经济》2020 年第 2 期。

广东统计局:《广东统计年鉴 2023》,中国统计出版社,2024。

自然资源部:《中国海洋经济统计年鉴 2022》,海洋出版社,2023。

赵雨、王兴棠:《粤港澳大湾区海洋经济高质量发展研究》,载《粤港澳大湾区协同发展报告(2023)》,社会科学文献出版社,2024。

李宁、吴玲玲、谢凡:《海洋经济推动粤港澳大湾区高质量发展对策研究》,《海洋经济》2022 年第 2 期。

崔聪慧、杨伦庆、李宁、王琰:《新时代广东建设特色海洋强省路径研究》,《时代经贸》2023 年第 11 期。

谢素美、田海涛、徐敏:《基于海洋命运共同体理念的粤港澳大湾区海洋协同发展策略研究》,《海洋开发与管理》2020 年第 6 期。

徐晓霞:《广东念好"三海经"奋力推进海洋生态文明建设》,《世界环境》2023 年第 4 期。

B.8
中国南海区域海洋经济发展形势分析

杜军 鄢波 朱新月 苏小玲*

摘　要： 中国南海区域在三大海洋经济圈中占据首要地位，2001~2023 年其海洋生产总值占全国比重从 25.7%增至 36.2%。在海洋产业结构稳定优化，呈现"三、二、一"格局。随着我国综合实力和海洋创新能力不断增强，在海洋"十四五"规划、"一带一路"倡议等的扶持下，2023 年中国南海区域海洋生产总值达到了 3.6 万亿元左右。在国家"十五五"规划及"一带一路"政策支持和引导下，中国南海区域发展潜力巨大。根据中国南海区域的实证分析结果：海洋科技的投入能促进海洋经济的发展，但是海洋资本投入不合理。中国南海区域的海洋经济发展不均衡问题突出，广东、福建表现突出，海南、广西则相对落后。需加强海洋科技投入，优化产业结构与空间布局，提升创新能力以保障海洋经济稳定高质量发展。

关键词： 海洋经济　海洋产业　中国南海区域

一　中国南海区域海洋经济发展现状分析

中国南海区域主要由广东、福建、广西和海南四个省份构成，其以海域辽阔、资源丰富、战略地位突出为优势，对全国海洋经济的发展做出了重要的贡献。从发展规模看，虽然中国南海区域海洋经济生产总值在三大海洋经济圈

---

* 杜军，广东海洋大学管理学院院长、教授，广东沿海经济带发展研究院海洋经济发展战略研究所所长；鄢波，博士，广东海洋大学管理学院教授、硕士生导师，通讯作者；朱新月、苏小玲，广东海洋大学管理学院。

中位列第一，但其内部四个省份的海洋经济发展情况参差不齐；从海洋经济发展效率来看，四个省份海洋单位面积产出具有明显差异，有待进一步激发海洋经济的发展潜力。从海洋结构调整来看，持续保持着"三、二、一"的发展趋势，海洋第三产业的"稳定器"功能更加突出，海洋产业结构持续优化。

（一）发展规模分析

中国南海区域主要依托南海丰富的海洋资源和战略地位，海洋生产总值在三大海洋经济圈中一直保持着优势地位。2001~2023年中国南海区域及各省份海洋经济发展规模情况如图1所示。

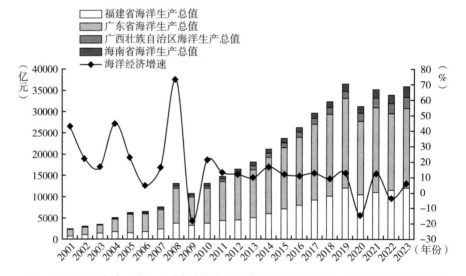

图1 2001~2023年中国南海区域各省份海洋生产总值及中国南海区域海洋经济增速变化

资料来源：《中国海洋统计年鉴》（2002~2021）、《中国海洋经济统计公报》（2022~2023），以及2022~2023年广西、广东、海南、福建海洋经济发展报告。

具体来看，中国南海区域海洋生产总值在2001~2019年的上升趋势较为明显，2020~2023年有小幅度的波动，且均低于2019年，主要的原因是受到外部环境的冲击。从中国南海区域的各个省份来看，一直以来广东省的海洋生产总值稳居第一，对中国南海区域海洋经济的发展做出了突出的贡献。《广东海洋经济发展报告（2024）》显示，2023 年广东省海洋经济总量达到了 18778.1 亿元，同比增长 4%，广东具有经济、科技、人才等发展要素，极大地激活了海洋新兴产业的发展潜力。海洋经济发展总量排第二的是福建省，2023 年福建省的海洋生产总值达到了 12000 亿元，海洋经济规模继续保持在全国前列。广西壮族自治区和海南省两个省份的海洋生产总值差别较小，2023 年广西壮族自治区和福建省的海洋生产总值分别为 2568.4 亿元和 2559 亿元。由此可见，中国南海区域四个省份的海洋经济发展极不协调。这是受各地区的资源禀赋、区位条件所限，加之海洋产业的发展又需天时、地利等诸多条件的影响，这才导致了海洋经济不平衡。从增速来看，2001~2023 年中国南海区域海洋经济增速波动幅度较大，其中增速最大是在2008 年，达到了 73%，受外部环境的影响，2008 年之后增速逐渐下降，在2020 年增速为-14%，这种负增长情况在 2023 年有所好转，2023 年中国南海区域海洋经济增速为 6%。

（二）发展效率分析

中国南海区域海域面积较大，据测算其海域面积共有 260 万平方公里。由于各省份的资源禀赋、人才、产业政策具有较大的差异，各个省份的海洋单位面积产出也千差万别。海洋经济发展效率可以用海洋单位面积产出（海洋生产总值/海域面积）来表示，代表平均每单位海域面积所贡献的海洋生产总值。此外，还可以用中国南海区域 GOP 占全国 GOP 的比重来衡量中国南海区域对全国海洋经济发展的贡献度，这也是衡量海洋经济发展效率的重要指标。

根据测算（见图 2），2001~2023 年中国南海区域海洋生产总值（GOP）占全国比重从 25.7% 增至 36.2%，尽管在 2019 年后因受到外部环境的冲击占比有所下降，但其海洋经济生产总值的规模仍居三大海洋经济圈之首。在单位面积产出方面，2001~2023 年从 9.44 万元/公里^2 增至 138.36 万元/公里^2，海洋单位面积产出显著提高。虽然 2020~2023 年海洋单位面积产出相比于 2019 年有所下降，但有回升的态势，显示其发展潜力巨大。随着 2023

年全国经济社会恢复常态化运行，国家宏观经济政策落地成效显著，中国南海区域海洋经济的发展也保持着较快的恢复态势，发展潜力持续聚集。

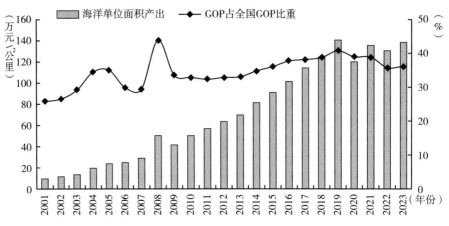

图 2 2001～2023 年中国南海区域海洋单位面积产出及其 GOP 占比变化

注：海洋单位面积产出＝海洋生产总值/海域面积，下同。

资料来源：根据《中国海洋统计年鉴》（2002～2021）和《中国海洋经济统计公报》（2022～2023）数据整理。

广东地处南岭以南，其依托海洋资源禀赋和区位优势不断开拓新航道，海洋经济蓬勃发展。《广东海洋经济发展报告（2023）》显示，广东海洋经济总量已经连续 29 年居于全国首位。据测算（见图 3）2001～2023 年，广东省的海洋单位面积产出由 37 万元/公里^2 增至 448 万元/公里^2，增长约 11 倍，虽然 2020～2023 年较 2019 年有所下降，但总体上单位面积产出均保持在 400 万元/公里^2 以上，发展势头较好。一直以来，广东省的海洋经济总量在中国南海区域占据了重要地位，2001～2020 年，广东省海洋 GOP 占中国南海区域的比重均超过了 50%，大多数年份均稳定在 60% 左右，可以看出广东省在海洋经济发展中发挥了重大作用。

福建省坐拥 13.6 万平方公里的海域，从"航海"跑世界到"用海"谋发展，福建省依托自身的海洋资源禀赋，港口巨轮来往穿梭、海岛旅游发展良好等优势，不断在海洋经济发展方面开拓"新航道"。据测算（见图 4），2001～2023 年，福建省的海洋单位面积产出几乎保持稳步增长的趋

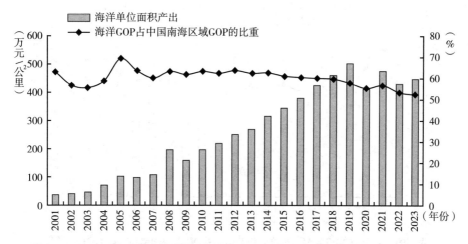

图3　2001~2023年广东省海洋单位面积产出及GOP占中国南海区域GOP比重变化

资料来源：根据《中国海洋统计年鉴》（2002~2021）、《中国海洋经济统计公报》（2022~2023）、《广东海洋经济发展报告（2022）》以及《广东海洋经济发展报告（2023）》的数据测算整理。

势，其海洋单位面积产出从2001年的50万元/公里^{2}增长到2023年的882.35万元/公里^2，增速惊人。2019年之后，虽然受外部环境冲击较大，但其单位面积产出一直保持在800万元/公里^{2}左右，说明其海洋经济的发展具有较强的稳定性。从占比上看，2001~2023年福建省的海洋GOP占中国南海区域GOP的比重从28%增长到33%，增长幅度较小，期间的波动幅度也较小。

广西约有4万平方公里的海域，1600多公里大陆海岸线，依托西部陆海新通道、广西—东盟海洋产业发展联盟向海发展。据测算（见图5），2001~2023年，广西壮族自治区海洋单位面积产出几乎呈现稳定增长的态势，从2001年的30.29万元/公里^{2}增加到了2023年的642.10万元/公里^2，增势足。从广西壮族自治区GOP占中国南海区域GOP比重来看，占比波动幅度较大，2001年其海洋GOP在中国南海区域的占比为5%，2023的占比约为7%，2003~2005年的占比仅为2%左右。总体来看，2001~2023年广西壮族自治区GOP

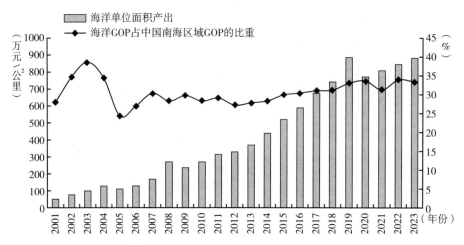

图 4 2001~2023 年福建省海洋单位面积产出及 GOP 占中国南海区域 GOP 比重变化

资料来源：根据《中国海洋统计年鉴》（2002~2021）、《中国海洋经济统计公报》（2022~2023）以及福建省政府新闻公布的数据测算。

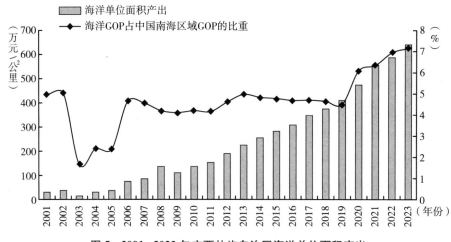

**图 5 2001~2023 年广西壮族自治区海洋单位面积产出
及 GOP 占中国南海区域 GOP 比重变化**

资料来源：根据《中国海洋统计年鉴》（2002~2021）、《中国海洋经济统计公报》（2022~2023）以及广西壮族自治区政府新闻公布的数据测算。

占中国南海区域 GOP 比重较低，仅为个位数，占比最高也仅约 7%。但从总量来看，广西海洋生产总值高达 2568.4 亿元，海洋经济整体回升较好，且呈现基础稳、活力强的良好态势。海洋经济成为拉动广西经济持续健康发展的"蓝色引擎"。

　　海南省管辖约200万平方公里的海域面积，是全国管辖海域面积最大的省份，发展海洋经济的重要性不言而喻。据测算（见图6），2001~2023年，海南省海洋单位面积产出从0.51万元/公里^{2}增至12.8万元/公里^2，增长24倍。对比中国南海区域的其他三个省份，海南省虽然拥有最大的海域面积，但其海洋单位面积产出是最低的，没能发挥出其深海资源的优势。2001~2023年，海南省GOP占中国南海区域GOP的比重均为个位数，2001~2020年的占比均在4%、5%左右，2023年的占比也仅为7%，占比较小。未来，随着海南自由贸易港政策体系的形成，立足于资源禀赋、区位和政策优势，海南省在海洋经济发展方面定能取得卓越成效。

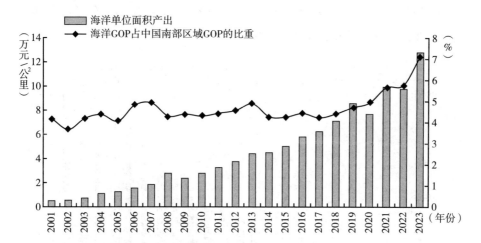

图6　2001~2023年海南省海洋单位面积产出及其GOP占中国南海区域GOP比重变化

资料来源：根据《中国海洋统计年鉴》（2002~2021）、《中国海洋经济统计公报》（2022~2023），以及海南省政府新闻公布的数据测算。

（三）发展结构分析

1.海洋三大产业结构变迁

近年来，中国南海区域海洋产业结构呈现不断优化的趋势，如图7所示，在海洋生产总值的构成中，中国南海区域海洋第三产业的增加值和占比最大，之后是海洋第二产业和海洋第一产业。从三次产业来看，2023年中国南海区域海洋第一产业的增加值为2090.89亿元，第二产业增加值为12406.12亿元，第三产业的增加值为21428.438亿元，分别占中国南海区域海洋生产总值的5.8%、34.6%、59.7%，形成了典型的"三、二、一"的海洋产业发展格局。2001~2023年，海洋第一产业的增加值较为平稳，其占比基本保持在5%、6%左右，2001年占比最高，仅为7.8%。海洋第二产业增加值的占比呈现下降的趋势，从2001年的36.9%下降到了2023年的34.6%，其中下降最明显的是2013~2019年。海洋第三产业增加值一直保持着较强的增长态势，其总量从2001年的1616.96亿元增长到了2023年的21428.438亿元，2001~2023年其在中国南海区域的占比基本都维持在60%左右，海洋产业结构得到了进一步的优化。

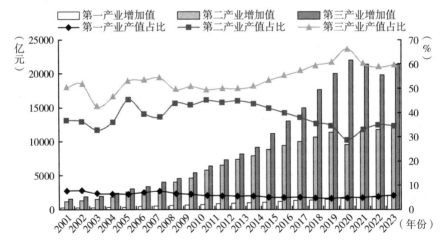

图7　2001~2023年中国南海区域海洋经济三次产业增加值及其占比变化

资料来源：根据《中国海洋统计年鉴》（2002~2021）、《中国海洋经济统计公报》（2022~2023）测算整理。

2. 海洋三大产业增长速度

2002~2023年，中国南海区域海洋三大产业增加值的增速均呈现不同程度的波动，其中海洋第二产业增加值的波动幅度较大，三大海洋产业增加值的年均增速分别为 11.9%、12.4%、12.8%，由此可以看出中国南海区域海洋第三产业发展势头强劲，其海洋经济内部结构呈不断优化趋势。分产业来看（见图8），2002~2023 年海洋第一产业增加值增速由 14.6% 降低到了 13%，降幅较小。海洋第二产业增加值增速波动幅度较大，2005 年、2021 年的增速均超过了 40%，2010~2020 年增速下降最为明显。海洋第三产业增加值增速波动幅度也较小，由 2001 年的 19.3% 变为了 2023 年的 12.8%，增速基本保持在 10% 波动。

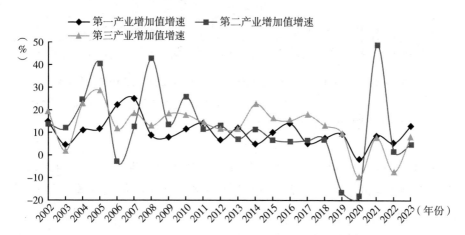

图8　2002~2023 年中国南海区域海洋经济三大产业增加值增速变化趋势

资料来源：根据《中国海洋统计年鉴》（2003~2021）、《中国海洋经济统计公报》（2022~2023）测算整理。

3. 分省份三大产业结构布局

近十几年来，福建省海洋产业结构持续优化，一直保持着"三、二、一"的发展态势，如图9所示，福建省海洋第三产业的产值远远高于海洋第一、第二产业。2017~2023 年，海洋第三产业的产值均超过了 50000 亿元。从增速上看，自 2013 年后，海洋第三产业的增速均高于第一、第二产业的增速。可见福建省一直加快推进海洋产业转型升级的步伐。

广东作为海洋经济"第一省"，近年来在保持海洋经济总量增长的同时，海洋产业结构也得到持续的优化，2023 年，广东海洋三次产业结构比为

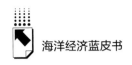

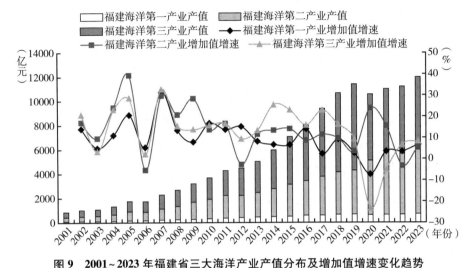

图9 2001~2023年福建省三大海洋产业产值分布及增加值增速变化趋势

资料来源：根据《中国海洋统计年鉴》（2002~2021）、《中国海洋经济统计公报》（2022~
2023）以及福建省政府新闻公布的数据测算整理。

3.3∶31.4∶65.3。如图10所示，广东省海洋第三产业的产值一直保持增
长，从2001年的1042亿元增长到了2023年的12262亿元，增长了10倍
多。广东省一直关注新制造、新服务两大着力点，加快培育海洋领域新质生
产力，积极抢占海洋经济发展的新赛道。

广西拥有4万平方公里的海域，一直坚持向海图强，发展海洋经济。如
图11所示，2001~2023年，在保持经济总量增加的同时，海洋产业结构也
更趋于合理化。2023年，海洋第三、第二、第一产业的产值分别为1610.5
亿元、707.9亿元、250.0亿元，与福建省和广东省的产值还有差距，海洋
三次产业结构比为9.7∶27.6∶62.7，第三产业成为海洋经济的新亮点。从
增速上看，2001~2013年，海洋三大产业的增速相互交错，发展稳定性较
差，2013年之后，海洋第三产业的增速基本保持在领先的地位。

海南拥有最广阔的海域面积，海洋是海南发展的后劲所在、潜力所在，
但其发展方式有待进一步优化。如图12所示，在海洋第三产业产值不断提
高的同时，海洋第一、第二产业的产值也在不断地增加，2001~2023年海洋
第一产业的产值由37.58亿元增长到了510.84亿元，规模在不断扩大，传

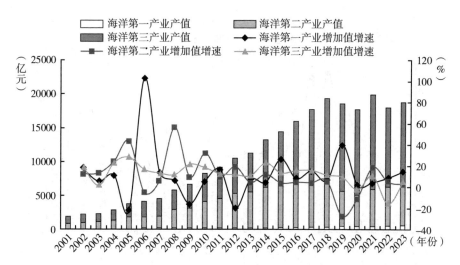

图 10　2001~2023 年广东省三大海洋产业产值分布及增加值增速变化趋势

资料来源：根据《中国海洋统计年鉴》（2002~2021）、《中国海洋经济统计公报》（2022~2023）、《广东海洋经济发展报告（2022）》以及《广东海洋经济发展报告（2023）》的数据测算整理。

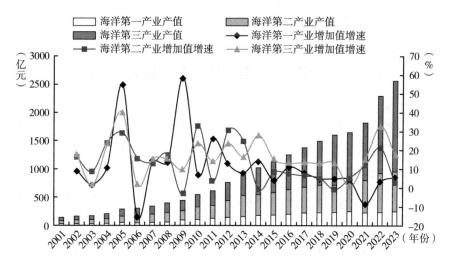

图 11　2001~2023 年广西壮族自治区三大海洋产业产值分布及增加值增速变化趋势

资料来源：根据《中国海洋统计年鉴》（2002~2021）、《中国海洋经济统计公报》（2022~2023）以及广西壮族自治区政府新闻公布的数据测算整理。

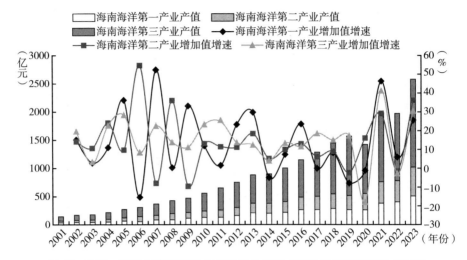

图 12　2001~2023 年海南省三大海洋产业产值分布及增加值增速变化趋势

资料来源：根据《中国海洋统计年鉴》（2002~2021）、《中国海洋经济统计公报》（2022~2023）以及海南省政府新闻公布的数据测算整理。

统海洋产业有待进一步提质升级。从增速上看，2012 年之后三大海洋产业的增长变动基本保持一致，海洋第三产业的优势并不明显。

二　中国南海区域海洋经济发展趋势分析

中国南海区域是我国三大海洋经济圈中海洋经济最活跃的地区，在我国海洋经济高质量发展进程中占据重要战略地位。依托丰富的海洋资源、国家的政策支持和突出的战略地位，中国南海区域四个省份不断强化与共建"21 世纪海上丝绸之路"国家的国际合作，已经成为"一带一路"倡议的重要支点，也是 RCEP（区域全面经济伙伴关系协定）正式全面生效实施以来，在此框架协议下我国沿海省份率先融入 RCEP 的重要示范区域，以及西部陆海大通道沿线的重要连接区域，因而中国南海区域海洋经济向好向快发展的趋势势不可挡。

（一）发展趋势预测

本部分内容采用灰色预测模型对 2024 年和 2025 年中国南海区域的海洋经济增长情况进行预测，预测结果如表 1 所示。

表 1 中国南海区域海洋经济发展预测

单位：亿元，%

2024 年		2025 年	
GOP	增速	GOP	增速
41734.430	16.2	44247.401	6

从预测结果来看，中国南海区域在 2024～2025 年仍具有较大的发展潜力。2024 年中国南海区域的海洋生产总值将突破 41000 亿元，2025 年中国南海区域的海洋生产总值将突破 44000 亿元。预计 2024～2025 年中国南海区域的海洋经济增速将保持在 6%以上。中国南海区域对全国海洋经济发展的贡献将进一步增大。

（二）发展潜力分析

1. 广东

2023 年广东省的海洋经济生产总值达到 18778.1 亿元，占全国海洋经济生产总值的 18.9%，占地区生产总值的 13.8%。广东省海洋产业结构合理，三次产业结构比为 3.3∶31.4∶65.3，海洋新兴产业快速发展，制造业贡献显著，产业链协同紧密。广东省高度重视科技创新，2023 年全省海洋领域存量建设国家重点实验室 1 个、省实验室 1 个（含广州、珠海、湛江 3 家实体）、省重点实验室 49 个，涉海省级工程技术研究中心 50 个。海洋领域专利公开数为 16141 项。广州港南沙港四期实现 5G 全覆盖，建成领先的"5G+IGV"全自动化码头。珠海成立 5G 创新无人船实验室。在国际交流与合作方面，2023 年，广东省与相关国家缔结友好港口 90 对，联通 120 多个

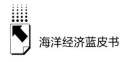

国家和地区的 300 多个港口。成功举办 2023 年中国海洋经济博览会并达成签约及意向合作 421 项。沿海经济带涉海产业群形成新引擎。

2. 福建

福建省作为我国南海区域的重要组成部分，2023 年海洋生产总值达到 1.2 万亿元。福建省海域资源丰富，海域面积达 13.6 万平方公里，海岸线漫长且海岛众多，为海洋经济发展提供了天然优势。此外，福建拥有丰富的华侨资源，闽籍华侨华人对福建省海洋经济的发展给予了技术和资金支持。福建省高度重视科技在海洋经济发展中的作用，通过海洋重大科技攻关项目，推动海洋科技成果的商业化和社会化应用，以科技创新支撑海洋经济高质量发展。厦门大学建立了全国首个海洋基础科学中心，为海洋碳汇提供了关键技术支撑。

3. 广西

2023 年，广西海洋生产总值达 2568.4 亿元，同比增长 9.3%，占地区生产总值的 9.4%。2020~2022 年向海经济三年行动计划实施以来，广西海洋生产总值从 2019 年的 1612.5 亿元增长至 2021 年的 1828.2 亿元，年均增长 6.5%；南宁、北海、钦州、防城港等四个核心城市 GDP 从 2019 年的 7864.9 亿元增长至 2022 年的 9777.6 亿元，年均增长 7.5%，高于全区平均水平。2020~2022 年广西海洋经济持续增长，海洋经济占 GDP 比重维持在 7.5%左右，实现了向海经济的快速发展，正朝着建设海洋强省的目标迈进。下一步，广西将实施 2023~2025 年向海经济三年行动计划，重点开展向海产业壮大行动、向海通道建设行动、海洋科技创新行动、向海开放合作行动、美丽海湾建设行动，逐步构建以"南北钦防"为核心的"一核引领、两区联动、五带支撑"向海经济发展空间布局，奋力推动形成陆海统筹、江海联动、山海协作的向海经济发展新格局。

4. 海南

海南省管辖的海域面积居全国沿海省份之首，拥有丰富的海洋资源和潜力。在海洋强国战略、自由贸易港和"一带一路"等政策支持下，海南省迎来新的发展机遇，对拓宽蓝色空间具有重大战略意义。依托优越的地理位置，海南成为以国内大循环为主体、国内国际双循环相互促进的新发展格局中的重要开放门户。未来，海南将发挥交通贸易枢纽作用，深化与东南亚国家的合作交流，为海洋经济高质量发展提供新动力。国内对海洋生物医药、滨海旅游等涉海产品和服务的需求日益增加，为海南发展深海科技和挖掘海洋经济价值提供了市场支撑。

三　海南自由贸易港发展情况分析及向海发展建议

海南自由贸易港（简称自贸港）具有优越的海洋地理区位和独特的资源禀赋，在发展海洋经济方面有良好的基础。海南自由贸易港是目前中国唯一在建的具有中国特色的自由贸易港，是中国对外开放的又一重要窗口，也是中国特色社会主义自由贸易港建设的重要试点，有效地促进贸易便利化及投资自由化，助力中国新时代改革开放达到新高度。建设海南自由贸易港是国家重大战略，为海南省海洋经济跨越式发展带来重大历史机遇。本报告结合相关数据，对海南自由贸易港的政策背景、海洋经济发展现状、洋浦港的发展现状进行了分析。当前，海南自由贸易港的海洋经济体量小、海洋资源开发利用效率不高。为实现海南自由贸易港的高质量发展，以下还提出海南自由贸易港海洋经济发展的对策建议。

（一）海南自由贸易港的政策背景

近年来，国际局势出现百年未有之大变局，世界经济表现出了一些新趋势。一方面，自2008年金融危机后，全球贸易增速放缓，对外直接投资持续低迷，世界经济下行趋势明显。另一方面，贸易保护主义及单边主义抬头，逆全球化思潮卷土重来，导致全球经贸关系紧张局势进一步恶化。在这些世界经济新趋势的影响下，现有的全球贸易治理机制和规则框架难以有效协调和平衡各成员间的关系，无法适应当前世界经贸格局变化。在此背景下，中国紧抓新的历史机遇，依托"一带一路"倡议全面提升对外开放水平，加快转变对外贸易方式，进一步扩大服务业开放，促进各项贸易及投资

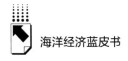

便利化政策的落实，推进实行"负面清单"制度，打造贸易强国，实现中国在全球经贸地位的不断提升。而建设海南自由贸易港，就是推进新时代中国高水平对外开放、建立开放型经济新体制的关键一步。海南自由贸易港的建设，将为中国打开一个更高质量对外开放的窗口，以辐射亚太地区为基础，与"一带一路"倡议相对接。海南基于其得天独厚的地理优势成为连接印度洋和太平洋的重要通道，是联系北半球与南半球的重要节点。建设海南自贸港，能够使自由贸易试验区战略与粤港澳大湾区战略相呼应，共同推进"一带一路"倡议的实施。海南自由贸易港是目前中国唯一在建的具有中国特色的自由贸易港，其建设具有多项重要意义。海南自由贸易港是中国对外开放的又一重要窗口，有力地提升了中国对外开放的质量及水平，通过在海南全面实现货物"零关税"、贸易"零壁垒"，有效地促进贸易便利化及投资自由化，助力中国新时代改革开放达到新高度。

（二）海南自由贸易港海洋经济发展现状分析

海南是海洋大省，授权管辖西南中沙群岛的岛礁及其海域，在国家海洋强国战略中具有特殊的地位和作用。根据《中国海洋经济统计年鉴》《海南统计年鉴》，2015~2020年，海南省海洋生产总值由1005亿元增长到1536亿元，年均增长8.85%；海洋经济占全省GDP的比重由26.9%上升到27.8%，海南省的海洋经济规模不断扩大。随着海洋强国战略的实施，海洋经济在海南产业经济发展中的重要地位日益凸显，海洋经济发展效果显著。建设海南自由贸易港是国家重大战略，为海南省海洋经济跨越式发展带来重大历史机遇。当前，海南自由贸易港的海洋经济体量小、海洋资源开发利用效率不高。海南将抓住自由贸易港建设机遇，培育壮大附加值高、成长性强的海洋新兴产业，着力构建现代海洋产业体系，补足海洋经济短板。

根据海口海关的统计数据，海南自由贸易港从2018年建设以来，外贸进出口总额呈现逐年增长的态势。2018~2022年，海南自由贸易港外贸进出口总额由848.2亿元增长到2009.5亿元（见表2），对外贸易取得突破式增长。

在经济转型与产业发展方面，根据2022年中共海南省第八次代表大会报告中的统计数据,海南自由贸易港的高新技术企业数量增长 4.98 倍、营收增长 1.79 倍,以旅游业、现代服务业、高新技术产业、热带特色高效农业为核心的"四大主导产业"增加值占比约 70%,对经济增长的贡献率将近 80%,经济转型发展取得显著成效。此外,海洋旅游业、海洋油气产业、海洋航运物流业、海洋渔业等均有明显发展。

在贸易伙伴方面,东南亚国家和地区是海南自由贸易港的主要国际贸易伙伴,各方在南海区域内的交流合作日益密切。2022 年海南自由贸易港对 RCEP 成员国的外贸进出口分别是 395.4 亿元和 711.8 亿元,分别同比增长 62.0% 和 23.7%,均有较大增长幅度。

表 2 海南自由贸易港建设以来外贸进出口总额年度统计（2018~2022 年）

单位：亿元,亿美元

年份		2018	2019	2020	2021	2022
进出口总额	以人民币计价	848.2	905.8	936.3	1468.7	2009.5
	以美元计价	127.3	131.5	135.9	227.5	300.9

资料来源：根据中华人民共和国海口海关《海南外贸进出口总值年度统计表》整理。

（三）海南港口发展概述——以洋浦港为例

自海南自由贸易港建设以来,海南省政府为加快海南港口的发展,不断加大港口建设和投资力度,并连续数年取得不错的成效。目前,海南港口初步形成"四方五港"的发展模式,其中海口港和洋浦港为地区中央水路,主要负责旅客运输和集装箱运输。海南省主港口在 2011 年的货物吞吐量仅 1.4 亿吨,到 2020 年约 2 亿吨,如图 13 所示。洋浦港隶属于洋浦经济特区,由洋浦湾和新英湾组成。目前,洋浦港已建成金牌港区、洋浦港区、神头港区、白马井港区。其中,洋浦港区已建泊位 9 个,其中 3.5 万吨级集装箱泊位 1 个、万吨级通用散杂货泊位 5 个、2 个 2 万吨级多用途泊位和 1 个 3 千吨级工作船泊位。神头港区运行较早,具有泊位 26 个。据统计,从 2020 年 6 月 1 日首艘国际船舶入籍中国洋浦港开始,截至 2023 年 4 月,入籍国际船舶达 35 艘，总吨位约 498 万载重吨；7 艘国内建造从事国际运输的船舶享受出口退税 3.59 亿元；40 艘进口船舶享受"零关税"政策，共计免征关税和进口环节增值税 8.5 亿元；洋浦港现有登记船舶总运力突破 1000 万载重吨。

图 13　海南省目标港口货物吞吐量示意

资料来源：海南省统计局官网。

（四）海南自由贸易港海洋经济发展对策建议

经过四年多的探索，海南自由贸易港的建设取得了阶段性的成效。2022年习近平总书记在海南考察时对海南自由贸易港的建设给出了"整体推进蹄疾步稳、有力有序"的整体评价。但是从客观上看，这些成就相对于中央对海南自由贸易港的要求而言，还存在着一定的差距。同时，仍然面临一系列的问题与挑战。因此，为实现海南自由贸易港的高质量发展，以下提出海南自由贸易港海洋经济发展的对策建议。

1. 提升港口的国际竞争力

海南是中国的第二大岛，拥有 68 个天然港湾，港口众多且覆盖广是海南的一大优势。海南自由贸易港可以利用这一优势，运用大数据、物联网、自动化等技术，结合各个港口的差异，构建一套完整的港口群协调机制，合理配置资源，提高港口竞争能力，打造国际港口群，提升整体竞争力，面对世界其他经济体的挑战，从以下几个方面实现更深入的海运和港口业发展。首先，在硬件设施方面，实现码头、泊位及航道的统筹规划，防止港口功能严重冲突；其次，在港口的运作方面，应依据各城市港口实际合理安排；最后，在物流体系建设方面，建设优化港口集疏运的港口体系，实现港口功能逐步转型，提升港口整体效率和竞争力。

2. 加强海洋经济联动发展

海南地理位置优越，处于中国—东盟自由贸易区的中心，具有强大的区位优势。为实现海南自由贸易港的高质量发展，利用这一优势向东部的沿海地区学习，建立起属于自身的高效、完整的交通网络体系是非常有必要的。第一，加强海南自由贸易港与东盟之间的海洋经济贸易联动发展，促进双方在海洋渔业、海洋牧场、蓝碳等方面的合作，形成完善的海洋经济联动发展体系；第二，大力建设国际贸易和航运枢纽，促进海南自由贸易港与"一带一路"地区之间的海上连通，加强其与各岛国在港口货运方面的合作，建立港口区域合作体系，建成高效的港口交通网络体系。

3. 建设海洋大数据综合管理平台

从与海南自由贸易港建设的有关政策来看，发展海洋经济将成为海南自由贸易港建设的重要内容，但同时海洋数据的缺失，增大了海洋突发性事件的可能性，进而影响海洋经济的发展。为推动海南自由贸易港海洋经济的进一步发展，应建设海洋大数据综合管理平台，实现海洋立体观测、海洋数据分析处理、海洋经济情况运行评估，构建高效的海洋防灾减灾规划体系。此外，还应加强海洋环境质量监测预报预警，建立污染源排放异常报警机制，提升海洋环境风险监测评估与预警能力，提升海南自由贸易港整体的海上公共服务水平。

四 中国南海区域海洋经济发展对策建议

（一）强化陆海统筹发展

强化陆海统筹发展，协调陆地与海洋资源的开发利用，实现陆海一体化

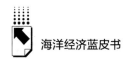

发展。有序开发海岸、海岛、近海，将陆海统筹的战略布局进一步延伸到深远海，增强海陆经济的关联性，实现海陆资源互补、产业互动，加快建设海陆一体、资源合理有效开发利用、涉海产业绿色高效可持续发展的高质量沿海经济带，打造区域经济新增长点；推进深远海区域布局，发展深海资源勘探与开采业，建设深水港，促进海上物流运输和国际贸易。构建陆海联动的交通网络，促进区域间的互联互通。根据不同地区的资源特点，合理布局海洋产业，比如海洋渔业、海洋工程装备制造业、基于全产业链的现代化海洋牧场产业等，引导产业集聚发展，培育壮大海洋产业集群，以产业链条为牵引，集聚海洋产业资源，努力将示范区建设成为中国南海区域海洋经济发展的重要增长极和加快海洋强区建设的重要功能平台。

（二）发展现代海洋产业

以海洋经济高质量发展为主线，发挥中国南海区域优势，大力发展现代海洋服务业，构建具有国际竞争力的现代海洋产业体系。一是加快传统海洋产业提质增效，推进海洋船舶工业结构优化升级，发展现代新型渔业，加大力度促进传统支柱性海洋产业如海洋化工、海水淡化、海洋水产及其深加工等进一步转型升级，特别是要注重利用现代科技手段，如人工智能、智能生产、先进管理模式等不断提升传统优势产业的效率和效能，加快提高其生产力。二是培育海洋信息、能源、药物等新兴产业，借助于我国在以人工智能、互联网为代表的第四次技术革命第一阵营的先发优势，加快将相关技术应用到海洋战略性新兴产业发展中去，加快新兴产业的科技研发、基础创新，率先在全球范围内占领前沿海洋产业阵地。三是强化海洋文化与产业融合。促进临海产业集聚发展，推进产业结构优化及产品智能化。

（三）提升涉海科技创新能力

增强海洋科技创新能力是推动海洋经济高质量发展的重要途径。一是加大研发投入，设立专项基金支持海洋科技研究，增加财政预算用于海洋科技项目，对于涉及海洋经济发展的重要的基础科技领域要给予重点支持。二是大力支持海洋科技创新型企业发展，加强与高校、科研机构合作，充分引进国际先进技术，全球范围内寻找合作资源，培育核心技术突出的创新型涉海企业。三是强化人才培养和引进，加强需求链与人才链对接，制定相应的人才吸引政策，允许人才在区域内自由流动，促进国际合作，与国外知名研究机构建立合作关系，共同开展科学研究和技术开发。

（四）加强海洋经济开放合作

中国南海区域要进一步深化与共建"21世纪海上丝绸之路"国家的交流与合作，特别是要充分发挥南部省份改革开放前沿、创新发展前沿、经济发展前沿等独特优势，加快加深包括海洋经济在内的所有经济社会领域的全方位、深层次、高目标的共享合作，促进跨部门、跨领域的海洋数据整合与利用，更要积极参与全球海洋治理。福建沿岸及海域深化海峡两岸渔业交流与合作；广东打造世界级港口群；广西探索与东盟国家的交通物流、经济贸易合作，建设区域性国际航运枢纽；海南发挥区位优势，推进旅游业转型升级。加强区域内合作与交流，强化基础设施互联互通，促进生产要素自由流动，实现海洋经济协调联动发展。

参考文献

王春娟、王玺媛、刘大海、于莹：《中国海洋经济圈创新评价与"一带一路"协同发展研究》，《中国科技论坛》2022年第5期。

杜军、苏小玲、鄢波：《中国南海区域海洋产业生态系统适应性及影响因素分析》，《生态经济》2023年第2期。

黄林、佟艳芬、王盛连：《产业集群的产业集聚度测度：理论与实践——以我国南部海洋产业集群为例》，《企业经济》2020年第3期。

广东省自然资源和规划厅：《广东省海洋经济发展"十四五"规划》，2022年7月18日，http://www.gd.gov.cn/xxts/content/post_ 3718598. html。

海南省自然资源和规划厅：《海南省海洋经济发展"十四五"规划（2021—2025年）》，2021年6月8日，http://lr.hainan.gov.cn/ywdt_ 312/zwdt/202106/t20210608_ 2991346. html。

热 点 篇

B.9

中国海洋经济新质生产力发展分析

"海洋经济新质生产力发展"课题组*

摘　要：　海洋经济新质生产力是我国海洋经济高质量发展的重要着力点。本报告通过辨析海洋经济新质生产力的理论内涵，构建评价指标体系测度我国海洋经济新质生产力发展水平，并揭示其演变趋势和分布格局。结果表明，我国沿海11个省份的海洋经济新质生产力总体呈平稳发展态势，东部海洋经济圈的发展水平高于北部、南部海洋经济圈，且上海和广东在考察期内始终处于领先地位；相较于海洋经济新型生产者和新型劳动对象发展指数，我国海洋经济新型劳动资料的发展水平较低，其中南部海洋经济圈的表现最弱。对此，我国沿海地区应当优化海洋资源配置，充分释放海洋经济创新潜能；发挥"头雁效应"与后发优势，推动区域协调发展，加快培育海洋经济新质生产力。

---

*　课题组成员：李雪梅，博士，中国海洋大学经济学院教授、博士生导师，海洋发展研究院"固定双聘"研究员，主要研究方向为海洋经济可持续发展、数量经济分析与建模、不确定性预测与决策方法；李娜，中国海洋大学经济学院；周西庆、祁晓雨，中国海洋大学经济学院。

关键词： 海洋经济　新质生产力　分布格局

海洋是高质量发展的战略要地。2023年，我国海洋生产总值为99097亿元，占国内生产总值比重为7.9%。[①] 然而，尽管我国海洋生产总值体量较大，海洋科技创新引领作用却显不足，科技成果转化率低，战略性、基础性和颠覆性的海洋科技创新能力尚待加强，核心技术与关键共性技术"卡脖子"等问题依然突出。2013年7月30日，习近平总书记在主持中共中央政治局就建设海洋强国研究进行第八次集体学习时强调，要发展海洋科学技术，搞好海洋科技创新总体规划，着力推动海洋科技向创新引领型转变。在国际竞争新形势下，提升海洋科技创新能力已成为我国的迫切需求。

2023年9月，习近平总书记在黑龙江省考察时提出"新质生产力"，指出要"整合科技创新资源，引领发展战略性新兴产业和未来产业，加快形成新质生产力"。2024年1月31日，中共中央政治局第11次集体学习中，习近平总书记进一步阐释了新质生产力的内涵，即新质生产力是创新起主导作用，摆脱传统经济增长方式、生产力发展路径，具有高科技、高效能、高质量特征，符合新发展理念的先进生产力质态。作为新质生产力的重要组成部分，海洋经济新质生产力是由海洋科技创新驱动，更具前沿性、突破性的先进生产力和绿色生产力，其为整合海洋科技创新资源、引领发展海洋战略性新兴产业和未来产业提供了根本遵循。

一　海洋经济新质生产力发展评价指标体系

（一）评价指标选取原则

评价指标旨在根据研究对象和目标，精准反映研究对象某一方面的

[①] 《中国海洋经济统计公报》。

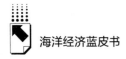

海洋经济蓝皮书

特征。海洋经济新质生产力发展评价指标体系作为研究基础，其所选指标需具备典型的代表性、可获得性以及系统的科学性等特质。该评价指标体系的每一项评价指标都应针对海洋经济新质生产力特征的不同侧面进行描绘。因此，海洋经济新质生产力评价指标的选择过程应严格遵循三大原则：逻辑相关设计原则、数据相关设计原则、趋势相关设计原则，如表1所示。

表1 评价指标选取原则

原则	细分原则
逻辑相关设计原则	科学性与整体性原则
	兼顾性与全面性原则
	潜在性与前瞻性原则
数据相关设计原则	可比性原则
	可操作性原则
	评价主体原则
趋势相关设计原则	趋势反映原则
	真实客观原则

（二）评价指标体系的构建

海洋经济新质生产力评价指标体系的设计遵循"相关因素分析—指标全集辨识—指标分类分层—指标体系范式"的思路，综合新质生产力的相关文献，全面厘清新型生产者、新型劳动资料、新型劳动对象的内涵、外延及其影响因素。遵循评价指标的选取原则，在考虑数据可得性的基础上，构建中国海洋经济新质生产力发展评价指标体系，具体包括新型生产者、新型劳动资料和新型劳动对象等3个二级指标和16个三级指标，具体如表2所示。

184

表 2　中国海洋经济新质生产力发展评价指标体系

一级指标	二级指标	三级指标	指标属性
海洋经济 新质生产力	新型生产者	海洋战略性新兴产业就业人员数	正向
		海洋科研机构高级职称人员数占比	正向
		海洋高等院校在校学生结构	正向
		沿海地区人均受教育年限	正向
		海洋经济劳动生产效率	正向
	新型劳动资料	沿海地区信息技术服务收入占 GDP 比重	正向
		沿海地区单位面积长途光缆长度	正向
		每万人互联网宽带接入端口数	正向
		海洋科技活动人员人均专利数量	正向
		海洋科研机构 R&D 经费投入	正向
		沿海地区数字经济活力	正向
	新型劳动对象	海洋第三产业占海洋生产总值的比重	正向
		海洋生物多样性保护区数量	正向
		工业固体废物处置量	正向
		废水入海排放量	负向
		海洋经济能耗强度	负向

（三）数据来源与数据预处理

选取 2006~2022 年我国沿海 11 个省份为样本，并将其地理位置划分为北部海洋经济圈、东部海洋经济圈和南部海洋经济圈[1]。数据主要来源于历年《中国海洋统计年鉴》《中国海洋经济统计年鉴》《中国环境统计年鉴》《中国统计年鉴》，以及各省份统计年鉴和国家统计局。部分缺失数据采用插值法和线性趋势法相结合的方法进行补充。

为保证指标数据的可比性，采用 Min-Max 标准化方法消除不同指标之间的量纲。

---

[1]　根据《中国海洋统计年鉴》对三大海洋经济圈的划分，北部海洋经济圈包括辽宁、河北、天津和山东；东部海洋经济圈包括江苏、上海和浙江；南部海洋经济圈包括福建、广东、广西和海南。

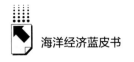

对于正向指标，有：

$$\bar{y}_i = \frac{y_i - y_{min}}{y_{max} - y_{min}} (i = 1, 2, \cdots, n) \qquad 式（1）$$

对于负向指标，有：

$$\bar{y}_i = \frac{y_{max} - y_i}{y_{max} - y_{min}} (i = 1, 2, \cdots, n) \qquad 式（2）$$

式中，y_i 表示原始数据，$\bar{y}_i$ 表示标准化后的数据。

（四）评价指标权重确定方法与结果

1. 权重确定方法

在实际操作中，通常采用主客观相结合的组合赋权法，以弥补单一赋权法的不足。组合赋权法能够在一定程度上控制主观随机性，实现主、客观赋权的内在统一，从而使评价结果更加真实、科学和可信。因此，采用指数加权组合赋权法来确定指标的最终权重，其中主观赋权法选用层次分析法，客观赋权法采用 CRITIC 法。

组合权重为 $\omega_j = \dfrac{\sqrt{\alpha_j \beta_j}}{\sum\limits_{j=1}^{n} \sqrt{\alpha_j \beta_j}}$，其中，$\alpha_j$ 为层次分析法计算所得的第 j 个指标权重；β_j 为 CRITIC 法计算所得的第 j 个指标权重；ω_j 为组合分析法下第 j 个指标的权重。

2. 权重确定结果

根据层次分析法和 CRITIC 法得到的主观权重和客观权重，结合组合赋权法的计算公式，最终得到中国海洋经济新质生产力评价指标体系的权重，具体结果如表 3 所示。结果表明，对中国海洋经济新质生产力影响较大的二级指标为新型劳动资料，其权重高达 0.408，其中海洋科研机构 R&D 经费投入对新型劳动资料的贡献度极高。之后是新型生产者，权重为 0.312，而在三级指标中，对其影响最为显著的指标是海洋战略性新兴产业就业人员数。相比之下，新型劳动对象对中国海洋经济新质生产力的影响最小，权重为0.280，该二级指标主要受海洋生物多样性保护区数量和工业固体废物处置量的影响。

表3　中国海洋经济新质生产力评价指标的权重值

一级指标	二级指标	权重	三级指标	权重
海洋经济新质生产力	新型生产者	0.312	海洋战略性新兴产业就业人员数	0.263
			海洋科研机构高级职称人员数占比	0.134
			海洋高等院校在校学生结构	0.260
			沿海地区人均受教育年限	0.162
			海洋经济劳动生产效率	0.181
	新型劳动资料	0.408	沿海地区信息技术服务收入占GDP比重	0.165
			沿海地区单位面积长途光缆长度	0.125
			每万人互联网宽带接入端口数	0.187
			海洋科技活动人员人均专利数量	0.161
			海洋科研机构R&D经费投入	0.229
			沿海地区数字经济活力	0.133
	新型劳动对象	0.280	海洋第三产业占海洋生产总值的比重	0.202
			海洋生物多样性保护区数量	0.294
			工业固体废物处置量	0.238
			废水入海排放量	0.114
			海洋经济能耗强度	0.152

二　中国海洋经济新质生产力发展分析

（一）海洋经济新质生产力发展指数测度

依据前文所确定的指标权重，加权求出2006～2022年我国沿海11个省份海洋经济新质生产力发展综合指数以及海洋经济新型生产者指数、海洋经济新型劳动资料指数和海洋经济新型劳动对象指数。表4为我国沿海11个省份海洋经济新质生产力发展综合指数的测算结果，可以看出沿海地区海洋经济新质生产力水平均呈现增长态势，但由于经济条件和资源禀赋的差异，

各省份在海洋经济新质生产力水平上的差距较为显著。以下将从时间演变趋势和空间分布格局两个维度进行进一步的分析。

表4 2006～2022年我国沿海11个省份海洋经济新质生产力发展综合指数

年份	辽宁	河北	天津	山东	江苏	上海	浙江	福建	广东	广西	海南
2006	0.242	0.137	0.230	0.245	0.218	0.385	0.195	0.193	0.303	0.101	0.140
2007	0.250	0.151	0.245	0.261	0.231	0.405	0.207	0.206	0.324	0.108	0.144
2008	0.235	0.141	0.260	0.307	0.233	0.433	0.215	0.203	0.343	0.099	0.150
2009	0.316	0.155	0.279	0.299	0.232	0.461	0.227	0.221	0.374	0.120	0.164
2010	0.308	0.195	0.287	0.315	0.266	0.498	0.240	0.233	0.368	0.116	0.166
2011	0.375	0.178	0.335	0.341	0.283	0.514	0.267	0.235	0.398	0.147	0.191
2012	0.344	0.170	0.329	0.340	0.302	0.543	0.290	0.262	0.426	0.138	0.200
2013	0.374	0.182	0.335	0.358	0.313	0.537	0.309	0.274	0.432	0.145	0.202
2014	0.364	0.195	0.323	0.352	0.289	0.510	0.323	0.281	0.381	0.168	0.217
2015	0.384	0.212	0.340	0.366	0.323	0.525	0.352	0.362	0.434	0.183	0.245
2016	0.356	0.238	0.364	0.408	0.363	0.524	0.379	0.378	0.478	0.192	0.262
2017	0.354	0.238	0.419	0.435	0.378	0.537	0.409	0.392	0.504	0.206	0.294
2018	0.365	0.251	0.429	0.380	0.400	0.531	0.409	0.344	0.480	0.224	0.315
2019	0.376	0.259	0.460	0.399	0.403	0.536	0.417	0.348	0.513	0.240	0.359
2020	0.358	0.256	0.491	0.417	0.423	0.580	0.420	0.350	0.523	0.259	0.354
2021	0.389	0.278	0.522	0.453	0.431	0.602	0.444	0.383	0.552	0.277	0.380
2022	0.401	0.287	0.521	0.464	0.458	0.630	0.463	0.385	0.570	0.287	0.389

（二）海洋经济新质生产力发展演变趋势

1. 整体水平时间趋势分析

通过计算我国沿海11个省份的海洋经济新质生产力及其构成要素的年度均值，发现2006～2022年，我国海洋经济新质生产力发展综合指数呈现稳步攀升的显著态势。这一趋势深刻揭示了我国海洋经济在技术创新、产业升级及资源配置效率等多个维度上所取得的成就。这不仅标志着我国海洋经济新质生产力的全面跃升，也彰显了我国海洋经济体系在创新驱动发展战略下的巨大潜力。与海洋经济新质生产力发展的强劲势头相呼应，我国海洋经济新型生产者发展指数同样呈现持续上升的良好态势，这不仅增强了海洋经济的内生动力，也为我国海洋经济的长远发展奠定了坚实的人才与智力基础。

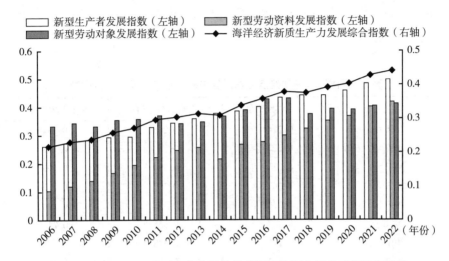

图 1　我国海洋经济新质生产力及其构成要素发展水平的时间演变趋势

回顾发展历程，可以发现我国海洋经济新型劳动资料发展指数在不同阶段呈现鲜明的阶段性特征。在初期阶段（2006~2008 年），受制于技术积累与产业基础的薄弱，我国海洋经济新型劳动资料发展指数普遍偏低，且增长相对平缓。随着国家对海洋经济发展的高度重视与持续投入，海洋经济新型劳动资料发展指数增长显著（2009~2015 年），呈现强劲的增长势头。进入稳定增长阶段（2016~2022 年），我国海洋经济新型劳动资料发展指数继续保持稳健的增长态势，这不仅是我国海洋经济综合实力显著提升的直观体现，也预示着我国海洋经济在新型劳动资料领域的发展已步入成熟阶段，具备了强大的自主创新能力与产业升级能力。此外，我国海洋经济新型劳动对象发展指数呈缓慢波动上升趋势，彰显了我国对发展海洋新兴产业、保护海洋生态环境、推广节能技术与装备等方面的重视。

2. 区域层面时间趋势分析

2006~2022 年，我国东部海洋经济圈海洋经济新质生产力发展综合指数实现稳步增长，由 2006 年的 0.266 提升到 2022 年的 0.517，年均增长率为 4.28%。这主要得益于其坚实的经济基础，为海洋科技创新提供了充足的资金支持和市场需求。同时，东部海洋经济圈通过实施一系列吸引高端人才的政策，成功汇聚了海洋科技领域的领军人物和创新团队，为海洋科技的快速发展注入了强劲动力。

表 5　我国三大海洋经济圈海洋经济新质生产力发展综合指数

年份	北部海洋经济圈	东部海洋经济圈	南部海洋经济圈
2006	0.214	0.266	0.184
2007	0.227	0.281	0.196
2008	0.236	0.294	0.199
2009	0.262	0.307	0.220
2010	0.276	0.335	0.221
2011	0.307	0.355	0.243
2012	0.296	0.378	0.257
2013	0.312	0.386	0.263
2014	0.308	0.374	0.262
2015	0.325	0.400	0.306
2016	0.342	0.422	0.327
2017	0.361	0.441	0.349
2018	0.356	0.447	0.341
2019	0.373	0.452	0.365
2020	0.380	0.474	0.372
2021	0.411	0.492	0.398
2022	0.418	0.517	0.408

北部海洋经济圈海洋经济新质生产力发展综合指数呈现稳步增长的特点，由 2006 年的 0.214 提升到 2022 年的 0.418，年均增长率为 4.37%。该区域拥有丰富的海洋资源和完善的港口物流体系，为海洋经济新质生产力的发展提供了有力支撑。同时，该区域应注重海洋环境保护和海洋生态建设，努力实现经济发展与环境保护的双赢，加强科技创新和产业升级，提升海洋资源的开发效率和附加值，逐步实现海洋经济的绿色发展。

　　南部海洋经济圈海洋经济新质生产力发展综合指数自 2006 年的 0.184 增长至 2022 年的 0.408，年均增长率为 5.17%，在三大海洋经济圈中位居首位，彰显了该区域在海洋经济新质生产力培育方面的显著成就。特别是自 2014 年以来，海洋经济新质生产力的增长势头愈发强劲，反映了南部海洋经济圈在促进海洋科技创新、推动海洋资源保护与高效利用以及优化海洋经济结构等方面的努力和成效。

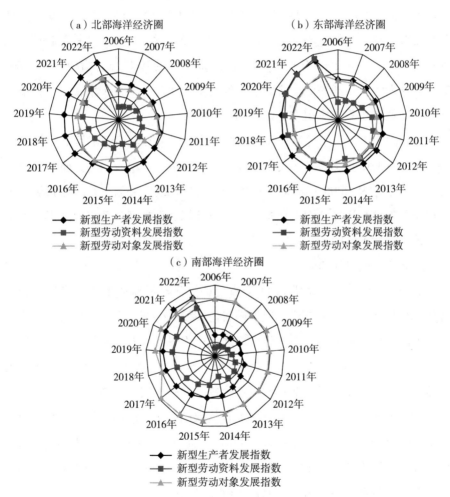

图 2　我国三大海洋经济圈海洋经济新质生产力构成要素时间特征

191

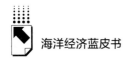

图 2 展示了我国三大海洋经济圈海洋经济新质生产力构成要素的变化趋势。首先，从图 2（a）可以看出，我国北部海洋经济圈新型生产者和新型劳动资料发展指数呈现明显的波动上升趋势，而新型劳动对象发展指数呈现缓慢的波动上升趋势。其中，新型生产者发展指数在 2016 年后趋于稳定，而新型劳动资料和新型劳动对象发展指数则在 2019 年后显示出稳定的趋势。

对于图 2（b），东部海洋经济圈的新型劳动资料发展指数呈现显著的增长态势，由 2006 年的 0.154 增长至 2022 年的 0.565。相比之下，新型生产者和新型劳动对象的发展指数则呈现较为缓慢的增长态势，尤其是新型劳动对象发展指数，从 2006 年的 0.337 增至 2022 年的 0.417，仅增加了 0.080。这一差异表明，东部海洋经济圈海洋经济新质生产力的稳步增长主要得益于新型劳动资料积累和应用方面取得的显著成效。

针对图 2（c），南部海洋经济圈的新型生产者和新型劳动资料发展指数均呈现显著的增长态势，年均增长率分别为 7.09% 和 12.94%。而新型劳动对象发展指数从 2006 年的 0.405 增至 2022 年的 0.435，仅增加了 0.030，这意味着南部海洋经济圈在保护海洋生态环境、发展海洋新兴产业等方面仍存在较大的发展空间。

3. 省际层面时间趋势分析

2006~2022 年，我国沿海 11 个省份的海洋经济新质生产力发展综合指数整体呈现波动上升的态势，但不同省份在发展特征上存在着显著的差异。

上海在考察期内，其海洋经济新质生产力发展综合指数始终维持在较高水平，并呈现稳步增长的态势，从 2006 年的 0.385 提升至 2022 年的 0.630，彰显出上海在培育海洋经济新质生产力领域的强大实力与增长潜力。

广东海洋经济新质生产力发展综合指数同样呈现波动上升的趋势，虽然在 2014 年受到各类海洋灾害的严重影响而出现短暂的下降，但总体而言，海洋经济新质生产力水平从 2006 年的 0.303 增至 2022 年的 0.570，广东在形成海洋经济新质生产力方面取得了较为显著的成就。

尽管天津和山东海洋经济新质生产力发展综合指数在起始阶段略低于上海和广东，但在考察期内展现了较为强劲的增长势头。具体而言，天津从

2006 年的 0.230 快速增长至 2022 年的 0.521，而山东则从 2006 年的 0.245 稳步提升至 2022 年的 0.464，年均增长率分别为 5.37%和 4.27%。

江苏、浙江和福建三省的海洋经济新质生产力发展综合指数在 2006 年均超过了 0.190，并在考察期内呈现波动上升的趋势，其年均增长率分别为 4.88%、5.59%和 4.69%。然而，由于海洋高新技术成果转化率较低、海洋科技研发经费投入不足等问题的存在，福建在 2022 年的海洋经济新质生产力发展综合指数仍低于 0.400。

虽然辽宁在 2006 年的海洋经济新质生产力发展综合指数（0.242）高于江苏和浙江等省份，但其增长速度相对缓慢，年均增长率仅为 3.73%，并呈现明显的波动特征，这主要受海洋产业结构调整、海洋资源开发政策变动以及海洋环境治理等多种因素的共同影响。

河北、海南和广西在 2006 年的海洋经济新质生产力发展综合指数均低于 0.150，表明在培育海洋经济新质生产力方面的初始水平相对较低。然而，2006~2022 年，发展指数年均增长率分别达到了 5.02%、6.70%和 7.12%，体现了三省份对海洋经济发展和海洋科技创新的高度重视。

（三）海洋经济新质生产力发展的分布格局

1.区域层面空间格局分析

依据我国沿海 11 个省份 2006~2022 年的数据，考察我国三大海洋经济圈（即东部、北部和南部）的海洋经济新质生产力及其构成要素发展的空间分布格局。

（1）整体格局分析

东部海洋经济圈在考察期内展现出较高的海洋经济新质生产力发展水平，该区域包括上海、江苏、浙江等经济基础坚实、科技创新能力强的省份，使得东部海洋经济圈在海洋经济新质生产力发展上始终占据领先地位。相较之下，北部海洋经济圈居于中等位置，虽然该区域在传统制造业和重工业方面具备一定优势，但也面临着生态环境改善和产业转型的挑战。至于南部海洋经济圈，其发展水平相对较低，主要受到广西和海南两个省份整体海

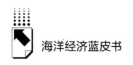

洋经济新质生产力水平较低的制约。这一现象表明，我国海洋经济新质生产力的发展存在不均衡性，呈现明显的分化特征。

（2）构成要素分析

东部海洋经济圈在新型生产者发展方面具有显著优势，北部海洋经济圈的表现次之，该区域科研机构和工业基础较为坚实，为海洋经济新型生产者的培育提供了有利条件。相比之下，南部海洋经济圈表现相对较弱，特别是广西和海南在培养和吸引高素质海洋科技人才方面仍需加大力度。

东部海洋经济圈在新型劳动资料的发展水平上同样占据领先地位，而北部海洋经济圈也有较好的表现，尽管整体水平略低于东部。相比之下，南部海洋经济圈的表现较弱，尤其是海南，该省在信息技术基础设施建设和数字经济活力激发方面亟须加强和提升。

南部海洋经济圈在新型劳动对象的发展上表现出显著优势，该区域在海洋生态环境保护及修复方面取得了显著成效。东部海洋经济圈的表现次之，在废水入海排放控制方面仍待加强。北部海洋经济圈的海洋经济新型劳动对象整体水平较低，这主要受该区域长期以来高强度的陆源污染排放和粗放式的海洋资源开发利用的影响。

2. 省际层面空间格局分析

分析"十一五"、"十二五"、"十三五"和"十四五"规划的开局之年2006年、2011年、2016年以及2021年我国沿海11个省份海洋经济新质生产力的空间分布特征，如图3所示，从左到右依次降序排列。特别地，根据均值（E）与标准差（SD）的关系，将海洋经济新质生产力发展指数大于或等于E+0.5SD（2006年为0.255，2011年为0.349，2016年为0.405，2021年为0.477）的省份称为领先型省份。

海洋经济新质生产力发展始终处于领先地位的省份包括上海和广东。在2006年、2011年、2016年和2021年四个时间节点上，上海的海洋经济新质生产力发展水平均高居全国榜首。这一成就得益于上海雄厚的经济实力、卓越的科技创新能力以及优越的政策环境。作为中国的经济中心，上海在海洋科技研发、高端人才引进和战略性产业布局方面拥有显著优势。同时，广

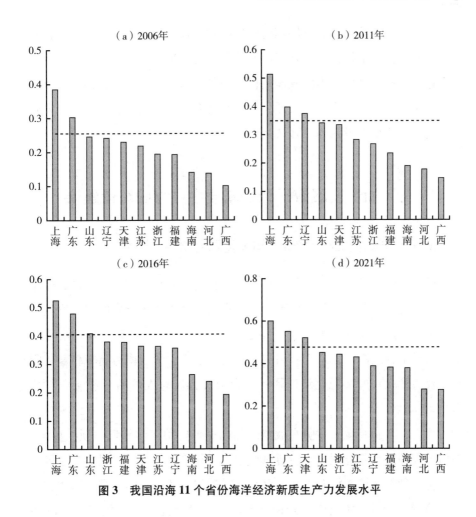

图 3 我国沿海 11 个省份海洋经济新质生产力发展水平

东在这四个时间节点的表现也相对稳定，始终保持着领先地位。

海洋经济新质生产力发展处于中等水平的省份包括辽宁、山东、江苏、浙江、天津和福建，其中，浙江、江苏和山东处于中等偏上。天津和福建的海洋经济新质生产力发展指数也相对较高，天津在海洋科技创新方面具有一定优势，福建则在海洋生物多样性保护和海洋第三产业发展上有较好表现。辽宁凭借其丰富的资源禀赋和坚实的产业基础，海洋经济新质生产力起初处于领先地位。然而，由于海洋产业结构优化面临挑战、科技成果转化能力不足以及海洋生态环境问题，辽宁的排名逐渐下降。

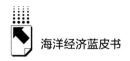

海洋经济新质生产力发展相对落后的省份包括河北、广西和海南，其中河北和广西在多个指标上均处于不利地位。河北虽然在传统工业方面拥有一定优势，但在新质生产力的发展上仍需强化创新投入和政策支持。广西海洋经济新质生产力的发展水平最低，特别是在海洋科技创新和数字基础设施建设方面，需要增加投入和加强政策引导。

三 加快发展海洋经济新质生产力的对策建议

（一）加强涉海人才培育，激发海洋经济创新活力

提升海洋经济新质生产力的核心在于打造一支高素质、跨学科的海洋科技人才队伍，以及培育具有前瞻性视野和尖端技术掌控能力的创新型人才。

第一，深化海洋教育链条，构建全方位人才发展体系。加大在海洋科学、海洋工程及海洋管理等领域的教育资源投入，形成覆盖高等教育、职业教育及持续教育的多元化培训体系，全面提升涉海人员的专业能力与综合素质。

第二，实施高端人才引育战略。面向全球广纳海洋领域的顶尖科学家、杰出工程师及高效管理人才，通过构建海洋科技创新平台，提供充足科研资金及优质创新环境，打造人才集聚高地，确保人才的持续引进与高效利用。

第三，促进人才交流与知识共享。建立健全海洋经济领域人才流动机制，鼓励跨地域、跨行业的交流与合作。通过定期举办海洋经济论坛、学术交流活动等，搭建思想碰撞与智慧融合的平台，释放海洋经济领域的创新活力。

（二）优化海洋资源配置，释放海洋经济创新潜能

首先，差异化增加科研投入。根据沿海省份海洋经济新质生产力的发展水平，实施差异化的科研投入策略。在上海、广东等领先区域，继续加大海洋科研机构 R&D 经费支持力度，促进技术创新与成果转化；在河北、广西

和海南等后发区域，通过政策激励吸引社会资本参与，逐步提升 R&D 经费投入，激发创新活力。

其次，推动数字经济与海洋经济深度融合。在数字经济活跃地区，应深化海洋经济与数字技术的融合应用，包括海洋大数据、云计算、数字孪生技术等，提升海洋经济的智能化水平。同时，其他省份应借鉴先进经验，制定数字经济发展规划，强化信息基础设施建设，扩大数字技术在海洋经济中的应用范围。

（三）创新劳动对象管理，推动海洋经济绿色发展

为加速发展海洋经济新质生产力以实现海洋经济的绿色、高效、可持续发展，必须创新海洋经济劳动对象管理方式，并通过科学的战略规划和政策引导，推动海洋经济的转型升级。

其一，区域协同与差异化发展战略。上海、广东等沿海省份应持续引领技术创新与产业升级，探索新型生产对象与高端海洋产业的深度融合。河北、广西和海南等省份则需结合本地资源禀赋，选择特色化发展路径，形成优势互补、协同发展的良好态势。

其二，强化海洋生态保护。将海洋生物多样性保护视为海洋经济绿色发展的基石，加强污染物排放监管，降低海洋能耗，维护海洋生态系统的健康稳定，为海洋经济的长远发展奠定坚实的生态基础。

其三，推动海洋产业结构优化升级。促进海洋传统产业转型升级、培育和发展海洋战略性新兴产业、超前布局海洋未来产业，为海洋经济新质生产力的形成提供产业载体，推动海洋经济向高质量、高效益方向转变，提升海洋经济竞争力。

（四）头雁领航与后发奋起，共绘海洋经济新蓝图

我国三大海洋经济圈内的领先省份应充分发挥"领头雁"作用，引领并带动区域内其他省份的海洋经济新质生产力发展，进而实现海洋经济的均衡、高质量与可持续发展，构筑全面繁荣的海洋经济新格局。

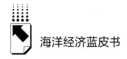
首先，发挥领先省份的示范作用。鼓励上海、广东、山东等海洋经济新质生产力发展水平较高的省份发挥"领头雁"作用，通过技术创新、产业升级及模式创新等方面的探索与实践，为其他沿海地区提供可借鉴的经验与模式。

其次，支持后发地区的加速发展。加大对河北、广西和海南等后发地区的支持力度，通过政策扶持、资金投入及技术援助等措施，帮助其加快海洋经济新质生产力发展步伐，鼓励其发挥后发优势，实现跨越式发展。

最后，推动区域间协调发展。构建区域协调发展机制，强化领先地区与落后地区之间的联动与合作，通过产业转移、技术扩散及市场拓展等方式，促进区域间在海洋经济领域的深度合作与共赢发展，加快培育海洋经济新质生产力。

参考文献

任保平：《生产力现代化转型形成新质生产力的逻辑》，《经济研究》2024 年第 3 期。

蔡继明、高宏：《新质生产力参与价值创造的理论探讨和实践应用》，《经济研究》2024 年第 6 期。

方敏、杨虎涛：《政治经济学视域下的新质生产力及其形成发展》，《经济研究》2024 年第 3 期。

王泽宇、崔正丹、韩增林等：《中国现代海洋产业体系成熟度时空格局演变》，《经济地理》2016 年第 3 期。

谢宝剑、李庆雯：《新质生产力驱动海洋经济高质量发展的逻辑与路径》，《东南学术》2024 年第 3 期。

韩文龙、张瑞生、赵峰：《新质生产力水平测算与中国经济增长新动能》，《数量经济技术经济研究》2024 年第 6 期。

刘伟：《科学认识与切实发展新质生产力》，《经济研究》2024 年第 3 期。

B.10
中国蓝碳经济发展能力与时空分析

贺义雄　陈珂炜　马朋林　陈紫翎*

摘　要： 本报告以蓝碳经济发展能力为研究对象，基于2013~2022年11个沿海省份的面板数据，探究中国蓝碳经济发展能力与空间分布情况。结果表明：①中国蓝碳经济发展整体水平较低，尤其是自然生态系统固碳能力、蓝碳科研能力以及蓝碳政策力度还具有较大的提升空间；②海洋生态保护能力和海洋生态环境能力出现下降趋势，这对蓝碳经济发展的可持续性构成威胁；③不同省份的蓝碳经济发展能力存在显著差异，蓝碳经济发展能力与地理区位、区域总体经济能力并无直接关联。据此，提出促进蓝碳经济发展的对策建议：首先，综合发挥不同要素的作用；其次，因地制宜，实施差异化的发展措施；最后，做好相关保障工作。

关键词： 蓝碳经济　进化动量　时空分布　海洋产业

为应对愈发严峻的全球气候变化形势，全球政府、学界一致号召关注环境碳排放，支持发展低碳经济，因此，碳固存、温室气体减排等学术议题备受关注。在地球生态系统各种调节机制的作用下，人类活动排放的"碳"被陆地植被光合作用捕获形成"绿碳"，"蓝碳"则是由海洋生态系统生物通过一系列海洋活动固定、储存而形成的碳汇。全球海洋碳汇生态系统的碳

---

* 贺义雄，浙江海洋大学"东海学者"特聘教授，研究方向为海洋资源环境价值核算与管理、海洋资源产权交易与风险管理、海洋经济运行评价与政策；陈珂炜，浙江海洋大学经济与管理学院；马朋林，中国自然资源经济研究院副研究员，研究方向为自然资源资产管理、生态评价；陈紫翎，浙江海洋大学经济与管理学院。

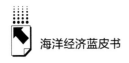

埋藏量占海洋沉积物碳埋藏总量的50%，在应对全球气候变化、促进碳循环过程中起到关键作用。中国海域面积广阔，海岸线绵长，因此海洋蓝色碳汇在碳达峰和碳中和目标实现中势必要扮演重要角色。

党的十八大以来，党中央、国务院高度重视蓝碳经济发展，做出了一系列决策部署，将蓝色碳汇明确纳入国家战略，各沿海省区市也纷纷进行了蓝碳开发的相关行为实践。据此，就产生了一个具有理论意义与实践价值的课题，即当前中国的蓝碳经济发展能力处于什么水平？各地情况是否有较大差异？未来应如何做，才能促进蓝碳经济的可持续高质量发展？

本报告在构建评价模型基础上，量化评估了中国及沿海省份（不含港、澳、台）的蓝碳经济发展能力，旨在明确中国蓝碳经济发展的现实条件、情况与存在的问题，从而为保障国家蓝碳经济稳健前行提供依据，并为海洋新质生产力的高质量发展提供助力。

一　中国蓝碳经济发展情况

（一）中国蓝碳生态系统分布

中国海岸线总长度超过3.26万公里，海域面积约473万平方公里，同时拥有红树林、盐沼和海草床等3种主要的蓝碳生态系统，其中红树林主要分布在南方的亚热带和热带沿海；滨海盐沼分布在温带到亚热带海域；海草床分布在温带到热带海域。

1.红树林

中国红树植物种类存在不同表述，普遍被分为真红树植物和半红树植物，有34~38种。当前，中国的红树林主要分布在南方沿海各省、自治区（海南、广东、广西、福建和浙江）及港澳台地区。福建福鼎是中国红树林天然分布的北界，浙江乐清则是人工引种的北界。群落类型包括秋茄群落、白骨壤群落、秋茄—白骨壤混生群落、木榄群落、海莲群落、红海榄群落、海桑群落、正红树群落等。

2. 盐沼

中国的盐沼主要分布在沿海的辽宁到广西各省区。中国的盐沼类型多样、覆盖面积大、分布广泛，包括灌丛和草丛盐沼，如柽柳群系、碱蓬群系，草丛沼泽，如薹草群系，禾草沼泽，如芦苇群系、外来入侵植物互花米草群系，以及灯芯草群系、香蒲群系等。其中，芦苇沼泽的分布最广，且最南可以分布到香港米铺湿地。碱蓬沼泽是中国北方典型的滨海湿地类型，被誉为"红地毯"。海三棱薹草沼泽广泛分布于江苏、浙江等地。

3. 海草床

大面积的连片海草被称为海草床，与海岸潮下带、浅滩、泻湖以及河口等生境构成复杂的海草床生态系统。海草的分布与生长主要受底质类型的限制，例如，喜盐草通常生长发育于沙质含量较高的沙质和泥质沙底潮间带的中、下部或潮流沙脊上，矮大叶藻主要生长发育于淤泥质底的潮间带中、上部；海菖蒲、泰来藻、丝粉藻分布区域的底质为珊瑚碎屑、粗砂、中砂和细砂，喜盐草则分布在红树林沿岸的泥沙底质区域。当前，中国主要有6个海草群系：鳗草群系、海菖蒲群系、泰来草群系、卵叶喜盐草群系、日本鳗草群系、贝克喜盐草群系。南海和黄渤海是中国海草的主要分布区。在温带海域，例如河北曹妃甸、山东黄河口、天鹅湖等地，主要的海草群系为鳗草群系和日本鳗草群系。在热带海域，例如海南沿岸及附属岛屿，常见的海草群系为海菖蒲群系、泰来草群系和卵叶喜盐草群系。在亚热带海域，例如广西、广东和福建沿岸的潮间带，常见的海草群系为卵叶喜盐草群系、贝克喜盐草群系和日本鳗草群系。

（二）中国蓝碳经济发展总体状况

为充分发挥蓝碳在应对气候变化方面的功能，中国提出并不断推进"蓝碳计划"。2015～2019年，国家陆续出台《中共中央 国务院关于加快推进生态文明建设的意见》《全国海洋主体功能区规划》《"十三五"

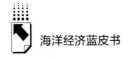

控制温室气体排放工作方案》《关于完善主体功能区战略和制度的若干意见》《国家生态文明试验区（海南）实施方案》，对发展蓝碳作出系列重要部署，并先后发起"21世纪海上丝绸之路'蓝碳计划'倡议"和"全球蓝碳十年倡议"等提议。目前，深圳、湛江、海口、三亚、厦门、青岛、宁波、威海等沿海地区已开始进行蓝碳开发的行为实践，分别在核算与方法学、碳储量基础调查、市场交易、产业基金、质押贷款、指数保险等方面进行了有益尝试。

（三）中国蓝碳能力提升面临的主要挑战

1.海岸带蓝碳生态系统

（1）城市化和富营养化

城市的发展促使一些区域的红树林成为"城市森林"或者"郊野公园"。然而，城市化进程引起的富营养化、噪声污染、病虫害等问题使红树林面临退化。富营养化还严重影响海草的生存能力，会造成海草床的退化。此外，养殖塘含氮磷有机物的排入，会改变沉积物的碳氮循环特征，增加甲烷（CH_4）和氧化亚氮（N_2O）等温室气体的排放。

（2）生物入侵

原产于大西洋沿岸的互花米草自1979年引进中国以来，严重威胁中国沿海从北到南的广大区域，占据了大量可供红树林繁育和利用的光滩，甚至产生剧烈种间竞争，改变了乡土盐沼和红树林的演替格局。另外，互花米草对海草床的入侵还显著改变了大型底栖动物的群落结构。

（3）海平面上升

2013~2022年，全球海平面平均每年上升4.62毫米。这意味着海平面的上升将增加滨海湿地被淹没的风险。此外，红树林属于陆地向海洋过渡的特殊生态系统，对海平面上升也极为敏感。

（4）海岸工程建设等用地用海活动频繁

改革开放以来，各地沿海的海岸建设活动越来越频繁。各类土地利用变化可造成蓝碳生态系统减少约54%的土壤碳储量。此外，海堤等海岸工程还限制了红树林的陆向演替，成为碳汇林恢复造林和退塘还林的物理屏障，并使得红树林生境片段化和退化。

2.海水贝藻类养殖

（1）超负荷养殖

养殖规模超过了既定养殖容量会造成病害大规模发生，减缓贝类生长速度，提高贝类死亡率，从而降低贝类产品品质。同时，养殖密度过高还会造成水流不畅，进而降低养殖区内外海水交换速度，从而造成浮游植物大量聚积，这会引发赤潮等海水富营养化情况，最终导致养殖贝类质量降低甚至大量死亡。

（2）病害严重

在中国贝类养殖过程中，目前发现的由病毒、细菌、寄生虫等造成的流行疾病已有百余种，造成了严重影响。另外，贝类种质也有待进一步提升和改良。劣质贝类累代养殖，会造成贝类生长速度慢、种质退化、抗病力下降以及性早熟等一系列问题，严重扰乱种质资源，进而加重病害问题。

二　中国蓝碳经济发展能力评价

（一）模型构建

假定有 m 个蓝碳经济发展区域，有 n 个蓝碳经济发展能力因子，x_{ij}（$i=1, 2, \cdots, m$；$j=1, 2, \cdots, n$）表示第 i 个区域在因子 j 上的数据值，依照以下 5 个步骤构建模型。

（1）数据归一化。

（2）确定生态因子的最佳生态位。

$$EF_{aj} = \max(EF'_{ij}) \tag{1}$$

其中，EF'_{ij} 表示第 i 个区域蓝碳经济发展能力因子 j 的现实情况，EF_{aj} 表示第 j 个因子的最佳情况。

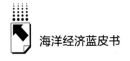

（3）确定模型参数 ε，

$$\xi_{ij} = \left| EF'_{ij} - EF_{aj} \right| \tag{2}$$

$$\varepsilon = \frac{\bar{\xi}_{ij} - 2\xi_{min}}{\xi_{max}} \tag{3}$$

其中，$\bar{\xi}_{ij} = \frac{1}{mn} \sum_{i=1}^{m} \sum_{j=1}^{n} \xi_{ij}$，表示 ξ_{ij} 的平均值，$0 \le \varepsilon \le 1$。

（4）计算蓝碳经济发展能力

$$
\begin{aligned}
F_i &= \sum_{j=1}^{n} w_j \frac{\min\{\left| EF'_{ij} - EF_{aj} \right|\} + \varepsilon \max\{\left| EF'_{ij} - EF_{aj} \right|\}}{\left| EF'_{ij} - EF_{aj} \right| + \varepsilon \max\{\left| EF'_{ij} - EF_{aj} \right|\}} \\
&= \sum_{j=1}^{n} w_j \frac{\xi_{min} + \varepsilon \xi_{max}}{\xi_{ij} + \varepsilon \xi_{max}}
\end{aligned}
\tag{4}
$$

F_i 表示蓝碳经济发展能力度，F_i（$0 \le F_i \le 1$）值越大，蓝碳经济发展能力越好。w_j 为第 j 个因子的权重，本报告采用熵值法求取。

（5）计算进化动量

$$EM_i = \sqrt{\frac{\sum_{j=1}^{n} \left| EF'_{ij} - EF_{aj} \right|}{n}} = \sqrt{\frac{\sum_{j=1}^{n} \xi_{ij}}{n}} \tag{5}$$

其中，EM_i 为蓝碳经济发展能力的进化动量，EM_i（$0 \le EM_i \le 1$）值越大，蓝碳经济发展的潜在能力空间越大。

（二）指标选取

评价指标体系应全面且客观反映其整体能力，确保科学有效。本报告认为蓝碳经济发展是区域内蓝碳经济活动的有机整合和动态调整结果，因此应包括资源能力、环境保护、科技创新和政策支持等层面。据此，构建评价指标体系如表1所示。

表1 蓝碳经济发展能力评价指标

评价目标	一级指标	二级指标
蓝碳经济发展能力	自然生态系统固碳能力	海草床碳汇量
		红树林碳汇量
		盐沼碳汇量
	海水养殖固碳能力	贝类碳汇量
		藻类碳汇量
	蓝碳科研能力	涉海科研机构数
	蓝碳政策力度	蓝碳开发政策强度
	蓝碳资源潜力	海洋牧场面积
	海洋生态环境能力	一二类水质海域面积
	海洋生态保护能力	海洋保护区数量

其中，对于蓝碳开发政策强度，以蓝碳开发政策颁布机构（政府）级别为评分基本标准，对三个层级（中央、省、市）的政策进行划分，将各省份的蓝碳开发政策量化，具体的计算方法如下：

$$PW_{ij} = \frac{P_{ij}}{\sum_{i=1}^{n} \frac{P_{ij}}{n}} \tag{6}$$

式中，P_{ij} 为第 i 个省份蓝碳开发政策 j 的量化数值，PW_{ij} 是一个无量纲的数值，表示第 i 个省份的蓝碳开发政策 j 的相对强度，n 为省份数。

对于自然生态系统碳汇量核算，本报告根据已有研究确定红树林、盐沼、海草床等不同生态系统的固碳系数，再基于各生态系统面积数据，分别核算各省份自然生态系统的固碳能力。

关于海水养殖固碳能力的核算，2011 年，Tang 等提出"可移出碳汇"模型，利用贝类产量和干重比、含碳量及藻类产量和含碳量等生物参数，测算海水贝藻类养殖碳汇。但这一经典模型一方面忽视了贝类生物体中碳的不同来源，将部分不具有碳汇功能的碳纳入测算模型；另一方面遗漏了贝类生长过程中通过释放颗粒有机碳（POC）形成的碳汇及藻类在生长过程中通过释放 POC 和溶解有机碳（DOC）形成的碳汇。因此，本报告采用杨林等提出的模型①对海水贝藻类养殖碳汇量进行测度。

（三）数据来源

本报告研究时间期为 2013～2022 年。其中，红树林生态系统面积数据获取主要利用了 Google Earth Engine（GEE）云平台并采用了裁剪方式；盐沼生态系统面积数据获取主要基于 landsat 卫星数据并采用随机森林算法提取得到结果；海草床生态系统面积数据的获取主要基于 landsat 卫星、哨兵 2 号（Sentinel-2）卫星数据并采用随机森林算法提取得到结果。固碳速率参考已有研究结果确定，其中红树林生态系统为 226 gC/（m² · a），盐沼生态系统为 218 gC/（m² · a），海草床生态系统为 138 gC/（m² · a）。

贝藻类的产量和品种数据主要来源于《中国渔业统计年鉴》。核算过程中涉及的相关测算系数，主要参考已有相关成果及自然资源部发布的《蓝碳核算方法》（HY/T 0349-2022）标准确定。其余指标数据来源于《中国海洋统计年鉴》（2013～2017）《中国海洋经济统计年鉴》（2018～2022）及相关政府官网等公开渠道。

各指标的描述性统计如表 2 所示。

表 2　指标描述性统计

指标名称	单位	个数	平均值	中位数	标准差	最小值	最大值
蓝碳科研能力	个	110	14.373	14.000	7.381	3.000	40.000
海洋生态保护能力	个	110	16.009	8.500	17.551	0.000	75.000
蓝碳资源潜力	万公顷	110	1.431	0.550	2.346	0.000	12.500
自然生态系统固碳能力	万吨碳	110	2.617	2.641	1.569	0.080	6.340
海水养殖固碳能力	万吨碳	110	25.821	12.825	28.946	0.000	93.420
海洋生态环境能力	万平方公里	110	25.901	8.370	55.442	0.000	200.000
蓝碳政策力度	/	110	442.327	432.000	189.234	126.000	908.000

---

① 杨林、郝新亚、沈春蕾等：《碳中和目标下中国海洋渔业碳汇能力与潜力评估》，《资源科学》2022 年第 4 期。

（四）结果与分析

1. 蓝碳经济发展能力分析

（1）整体分析

基于前述评价模型，本报告计算了 2013～2022 年中国 11 个沿海省份的蓝碳经济发展能力及其进化动量值，具体参见表 3。在计算期，海南、广东、山东三省的均值高于全国平均水平，占本报告计算省份的 27.2%，这表明在整体发展中，地区间仍然存在明显的差异和不平衡；而天津、河北、上海、广西、江苏、辽宁和浙江七个省份的进化动量均值高于全国均值，占本报告计算省份的 63.6%，说明这些省份具有较强的发展动力和活力。

研究发现，2013～2022 年中国蓝碳经济发展总体水平较低、变化相对平稳。全国均值于 2016 年后上升，至 2020 年达到最高点，这与政策推动有关。中国于 2015 年正式将蓝碳保护提升至国家战略高度，为后续政策制定和项目实施奠定了坚实的基础。而《关于加快推进生态文明建设的意见》的出台更是明确指出增加蓝碳作为应对气候变化的重要手段。2016 年，国务院进一步推动蓝碳试点项目与低碳技术研发，国家海洋局成立了"蓝碳工作组"，并完成了相关研究报告，不仅填补了国内在蓝碳研究领域的空白，还为政策的制定提供了科学依据，为蓝碳的发展提供了有力支持。2017 年，中国向联合国展示了在应对气候变化方面的积极努力，提出了"蓝碳计划"倡议，与沿线国家共同保护蓝色碳汇，探索建立蓝碳标准和交易体系。2020 年，在联合国气候雄心峰会上，中国再次强调了蓝碳的重要性，提出在海洋领域开展蓝色碳汇研究和试点工作。另外，总体水平较低也反映出我国蓝碳经济发展能力仍处于起步阶段，需进一步加大投入和推动力度。

（2）具体指标分析

基于 2013～2022 年各因子数据，计算中国蓝碳经济发展能力各要素情况及全国十年均值（见图 1）。

2013～2022 年，全国蓝碳科研能力发展呈现一定的波动性，但整体保持在一个相对稳定的范围。2017 年沿海 11 个省份的蓝碳科研能力都出现不

表 3 2013~2022 年中国沿海省份蓝碳经济发展能力度及进化动量

省份		海南	广东	山东	福建	辽宁	浙江	广西	江苏	河北	上海	天津	全国
2013 年	能力度	0.658	0.544	0.520	0.497	0.497	0.488	0.487	0.485	0.480	0.479	0.477	0.510
	进化动量	0.238	0.232	0.241	0.253	0.251	0.254	0.257	0.255	0.261	0.259	0.260	0.251
2014 年	能力度	0.658	0.450	0.520	0.498	0.497	0.487	0.485	0.484	0.478	0.479	0.476	0.510
	进化动量	0.238	0.231	0.241	0.251	0.250	0.253	0.256	0.254	0.261	0.258	0.260	0.250
2015 年	能力度	0.656	0.536	0.522	0.499	0.495	0.488	0.483	0.483	0.476	0.478	0.474	0.508
	进化动量	0.238	0.232	0.238	0.250	0.250	0.251	0.256	0.253	0.261	0.256	0.260	0.249
2016 年	能力度	0.655	0.540	0.523	0.510	0.493	0.488	0.482	0.481	0.473	0.474	0.471	0.508
	进化动量	0.237	0.230	0.236	0.243	0.248	0.249	0.254	0.252	0.260	0.257	0.259	0.248
2017 年	能力度	0.653	0.547	0.536	0.513	0.494	0.490	0.481	0.477	0.472	0.472	0.468	0.510
	进化动量	0.236	0.228	0.230	0.241	0.247	0.247	0.253	0.253	0.259	0.257	0.260	0.246
2018 年	能力度	0.653	0.565	0.538	0.514	0.488	0.492	0.482	0.477	0.471	0.471	0.467	0.511
	进化动量	0.232	0.220	0.224	0.236	0.246	0.242	0.248	0.248	0.254	0.252	0.255	0.242
2019 年	能力度	0.650	0.623	0.539	0.515	0.493	0.488	0.480	0.476	0.469	0.467	0.463	0.515
	进化动量	0.231	0.207	0.222	0.233	0.244	0.242	0.247	0.246	0.253	0.251	0.255	0.239
2020 年	能力度	0.637	0.626	0.541	0.500	0.496	0.492	0.485	0.478	0.472	0.471	0.466	0.515
	进化动量	0.236	0.217	0.226	0.244	0.248	0.246	0.250	0.251	0.257	0.254	0.259	0.244
2021 年	能力度	0.622	0.626	0.538	0.499	0.496	0.492	0.485	0.479	0.474	0.472	0.468	0.514
	进化动量	0.248	0.226	0.239	0.258	0.260	0.259	0.262	0.264	0.269	0.266	0.271	0.256
2022 年	能力度	0.612	0.624	0.537	0.498	0.496	0.492	0.486	0.479	0.474	0.472	0.468	0.513
	进化动量	0.253	0.233	0.245	0.264	0.266	0.264	0.268	0.269	0.275	0.272	0.277	0.262

续表

省份		海南	广东	山东	福建	辽宁	浙江	广西	江苏	河北	上海	天津	全国
十年均值	能力度	0.645	0.578	0.531	0.504	0.494	0.490	0.484	0.480	0.474	0.473	0.470	0.511
	进化动量	0.239	0.226	0.234	0.247	0.251	0.251	0.255	0.255	0.261	0.258	0.262	0.249
排名		1	2	3	4	5	6	7	8	9	10	11	

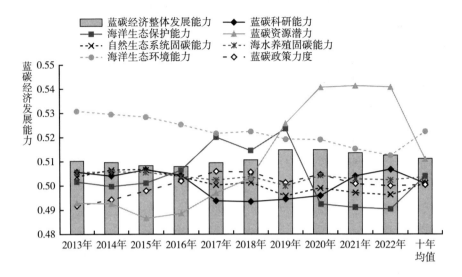

图1 2013～2022年中国蓝碳经济发展能力整体与各要素演化趋势

同程度下降，而2018年除浙江、辽宁和广东外又出现进一步下降，让2018年成为这十年中的最低点。

2013～2022年，海洋生态保护能力呈现一定的波动，但整体保持相对稳定。海洋生态保护能力在2013～2019年相对稳定，其中2017年和2019年的数值相对较高，均超过了0.52。2020～2022年出现较明显的下降，这与广东和福建自2020年起大幅度下降有关，也与山东、辽宁和海南小幅度下降有关。

2013～2016年蓝碳资源潜力基本保持稳定，数值在0.48至0.49之间波动。2017～2022年开始显著增长，这与广东、山东、辽宁、广西、河北和江苏的指数在此期间持续上升有关。

2013～2015年自然生态系统固碳能力在0.503至0.507之间波动，指数相对较高，且保持稳定。2016～2022年指数呈现缓慢下降趋势，从0.504降至0.496，这是因为除上海和江苏在个别年份有所上升外，其余省份几乎都呈现缓慢下降趋势。

2013～2022年海水养殖固碳能力保持在相对稳定范围，围绕均值0.503

较小幅度波动。最低值出现在 2019 年，这一年除福建和辽宁外其余各省份贝藻类产量均小幅下降。

2013~2015 年海洋生态环境能力在 0.528 至 0.531 之间小幅度波动。2016~2018 年指数呈现缓慢下降趋势，2019~2022 年继续下降且速度有所增加，主要是因为海南在此期间海洋生态环境能力显著下降。

2013~2022 年，蓝碳政策力度呈现持续上升趋势。2013~2017 年，政策力度增长较快，而 2018~2022 年，政策力度增长相对平稳。

（3）各省份分析

进一步分析 11 个沿海省份蓝碳经济发展的能力及其十年均值（见图 2），可以得出以下结论。

福建自 2013 年的 0.497 稳步提升至 2019 年的 0.515，有持续改善的态势。然而，自 2019 年起，其呈现显著下降趋势，至 2021 年已滑落至约 0.498，是因为福建保护区数量在 2019~2021 年大幅减少，从而使其整体蓝碳经济发展能力受到了一定程度影响。

广东呈现显著且稳健的上升趋势。自 2013 年的 0.544 稳步攀升至 2022 年的约 0.624，显示出广东对蓝碳经济发展相关活动的高度重视。尤其是自 2018 年起，在高位保持相对稳定，而且波动较小，主要原因在于其海洋牧场面积的不断扩大，大力推动了区域蓝碳经济发展能力的稳步上升。

海南呈现波动递减的趋势，从 2013 年的 0.658 下降至 2022 年的约 0.612。自 2019 年起，其下降速度加快，下降幅度相对显著，主要是由于海南一二类海水面积的显著减少，对整体蓝碳经济的发展带来了不利影响。

山东呈现稳步增长的态势，这充分反映了山东在提高其蓝碳经济发展水平方面所做出的积极努力与取得的显著成效。山东海洋资源丰富，海洋自然条件优越，同时高度重视海洋经济发展，20 世纪 90 年代已提出"海上山东"，近年来还实施了滨海湿地固碳项目，大力革新了海洋渔业发展模式，并十分注重蓝碳监测与调查评估等工作的开展，这些均有效提升了区域蓝碳经济发展能力。

其他沿海省份多稳定在 0.450 至 0.500 的区间内，显现相对稳定的蓝碳

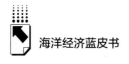

经济发展能力。

总体看，福建、广东和山东等省份表现出持续改善的态势，然而海南则面临逐年下降的挑战，这反映出不同沿海地区在蓝碳经济发展能力上存在的差异性。同时，福建在经历了一段时间的上升后，开始呈现下降趋势，这一变化可能意味着福建在发展蓝碳经济过程中仍面临一些挑战和困难。

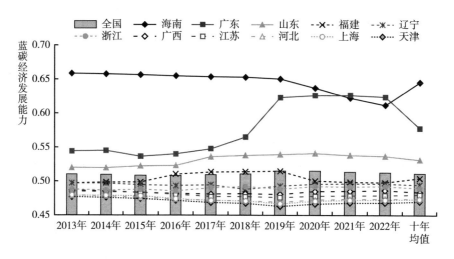

图 2　2013~2022 年中国沿海省份蓝碳经济发展能力演化趋势

2. 区域蓝碳经济发展能力的空间分布

（1）沿海省份蓝碳经济发展能力聚类分析

运用 SPSS 软件对 2013 年至 2022 年间沿海 11 个省份的蓝碳经济发展能力及进化动量进行聚类分析，并绘制聚类树状图（见图 3）。通过聚类分析划分并命名 3 个梯队："蓝碳经济发展引领区"仅包括海南省；"蓝碳经济发展领先区"则包括广东和山东两省，十年均值虽低于海南省，但高于全国平均水平；其余 8 个省份则被归为"蓝碳经济发展落后区"。总体看，中国 72.7%的沿海省份属于蓝碳经济发展落后地区，且与引领区及领先区存在显著差距。

另一方面，"蓝碳经济发展领先区"中的广东和山东两省分别属于中国的南部和北部，说明蓝碳经济发展能力度的高低并不受地域位置的影响；

"蓝碳经济发展落后区"中亦不乏江浙沪等经济发达区域,说明蓝碳经济发展能力度的高低与区域整体经济能力也无直接关联。尽管经济发达地区在资源、技术、市场等方面具备显著优势,但这并不意味着其在蓝碳经济发展领域必然处于领先地位,蓝碳经济的发展受到多种因素的共同影响。

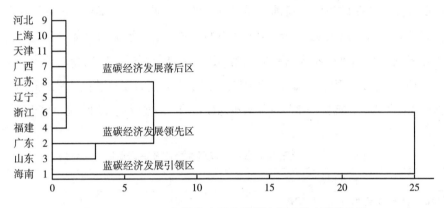

图3　2013~2022 年沿海省份蓝碳经济发展能力聚类结果

（2）海洋经济圈蓝碳经济发展能力及进化动量分析

基于国家统计局对中国三大海洋经济圈的划分,本报告计算了各区域蓝碳经济发展能力度与进化动量的均值,并进一步得出了2013 年至2022 年各区域的平均数（见表4）。

研究结果显示,南部海洋经济圈的蓝碳经济发展能力较好,显著超过全国平均水平,主要得益于海南和广东的积极贡献。相比之下,北部海洋经济圈和东部海洋经济圈的蓝碳经济发展能力不尽如人意,且低于全国均值。尽管北部海洋经济圈拥有山东这一领先地区,但整体上仍未能达到全国平均水平。而东部海洋经济圈的情况则更为严峻,该区域包括江、浙、沪等经济发达省份,但蓝碳经济发展却垫底。这一现象再次表明,经济发展水平与蓝碳经济发展能力之间并非直接相关,东部海洋经济圈在蓝碳经济发展上仍需加大力度。

进化动量方面,东部海洋经济圈最高,这表明其在蓝碳经济发展能力方面的提升空间巨大。尽管目前其蓝碳经济发展能力相对较差,但东部海洋经济圈包括江、浙、沪三个经济发达区域，这些地区在资源、技术、市场等方面拥有显著优势。因此，如果采取有效措施，东部海洋经济圈的蓝碳经济发展能力和竞争力有望实现大幅度提高。北部海洋经济圈排名第二，显示出其提升空间和潜力相当可观。山东、天津等经济发达省市为区域蓝碳经济发展提供了良好的基础条件。南部海洋经济圈的值最低，为0.242。这一区域包括海南和广东，这表明南部海洋经济圈的蓝碳经济发展能力总体上比北部海洋经济圈和东部海洋经济圈更加成熟，因此其能够提升的空间相对较小。

整体来看，中国三大海洋经济圈蓝碳经济发展能力度与进化动量之间呈现出负相关关系，即蓝碳经济发展能力更加成熟的区域能够提升的空间也更小。

表4　中国三大海洋经济圈蓝碳经济发展能力度及进化动量的十年均值

经济区域	能力度	进化动量
南部经济圈(福建、广东、广西、海南)	0.552	0.242
北部经济圈(辽宁、天津、河北、山东)	0.491	0.251
东部经济圈(江苏、浙江、上海)	0.484	0.256

三　趋势展望与对策建议

（一）趋势展望

第一，政策支持力度将加大。随着气候变化问题的加剧及碳中和目标实现期限的迫近，中国社会对于低碳经济的需求将越来越大，因此中国政府势必将进一步制定和完善相关政策，激励和引导发展蓝碳经济，推动蓝碳资源的深度产业化开发。

第二，技术创新将是重要驱动。随着科技的进步，新能源、能效技术等将得到广泛应用，蓝碳经济发展将依托技术创新，实现资源的有效利用，从而为碳减排做出更大贡献。

第三，国际合作将加强。考虑碳中和在世界范围内的认可与普及，同时结合海洋的流动性与连通性，蓝碳经济发展势必需要国际范围内的合作与沟通，通过共享经验与资源，促进各国间的联系。未来，结合"一带一路"倡议及相关国际约定，各沿海国家将不断加强合作，共同开发蓝碳资源，以更好应对全球气候变化挑战。

第四，公众参与将是关键因素。蓝碳经济的发展离不开广大社会公众的支持与积极参与。因此，政府、企业和社会组织需要积极开展宣传教育活动，提升公众对蓝碳的认知，以促进蓝碳经济更好发展。

（二）对策建议

基于前述研究结果，本报告针对我国蓝碳经济发展提出建议如下。

首先，综合发挥不同要素的作用。要重点聚焦于蓝碳科研能力、自然生态系统固碳能力以及蓝碳政策力度的提升与改进，为蓝碳经济发展提供坚实支撑。为此，应深入探究蓝碳的关键影响因素和演化规律，构建包括海洋保护、海域利用和遥感监测一体化的海洋生态监测体系，明确红树林、盐沼、海草床等生态系统的分布、状况与碳汇能力，开展海洋自然生态系统碳汇能力提升研究。

其次因地制宜，实施差异化的发展措施。对于南部海洋经济圈，应巩固广东的既有优势，同时注重维护好海南的区域海水质量，增加福建涉海保护区建设数量并注重品质的提升，此外还要注重持续的政策支持和创新；江、浙、沪等地应依托资源、技术和市场优势，加大科技与人才等的投入，挖掘发展潜力；北部海洋经济圈则需结合经济基础，制定针对海草床、盐沼等资源的特色规划，充分利用好海洋牧场、贝藻类养殖的资源产业优势，并发挥好山东的引领作用，促进区域协同。

最后，做好促进蓝碳经济发展的保障工作。

第一，完善事务管理体系，通过政策引导、强化监管以确保蓝碳经济运行的长期性与稳定性；第二，健全蓝碳市场建设，发展蓝碳金融，创新蓝碳产品与服务；第三，实施适应性治理，做好海洋生态的保护与修复及相关的风险防范工作，保障可持续发展。

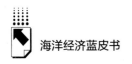

参考文献

向爱、揣小伟、李家胜：《中国沿海省份蓝碳现状与能力评估》，《资源科学》2022年第6期。

杨林、郝新亚、沈春蕾等：《碳中和目标下中国海洋渔业碳汇能力与潜力评估》，《资源科学》2022年第4期。

刘洪久、胡彦蓉、马卫民：《区域创新生态系统适宜度与经济发展的关系研究》，《中国管理科学》2013年第S2期。

段晓男、王效科、逯非等：《中国湿地生态系统固碳现状和潜力》，《生态学报》2008年第2期。

周毅、江志坚、邱广龙等：《中国海草资源分布现状、退化原因与保护对策》，《海洋与湖沼》2023年第5期。

张靖凡、蔡恒江、赵玥茹等：《獐子岛岩相潮间带大型海藻有机碳含量及δ13C值的季节变化特征》，《海洋科学》2020年第2期。

B.11
中国海洋数字经济发展现状与形势分析*

金雪 王燕炜**

摘 要: 随着大数据、人工智能、物联网等新一代信息技术的融入,中国海洋数字经济发展呈现技术驱动、产业融合、快速发展态势,但仍面临统计分类标准缺失、统计数据缺乏等挑战,制约了海洋数字经济高质量发展。本报告对海洋数字经济及其核心产业进行了划分,从发展条件支持度、海洋产业成熟度、数字经济与海洋产业融合度角度测度海洋数字经济发展水平,并采用 ARMA 模型、灰色预测模型进行预测分析。研究发现,东部海洋经济圈的海洋数字经济发展水平在三大海洋经济圈内处于领先地位,广东、山东和江苏分别是所属海洋经济圈的"领头羊";2024~2025 年,海洋数字经济发展水平将保持稳定增长。为加速海洋数字经济发展,本报告从建立海洋数字经济分类统计体系、推动海洋产业数字化转型、强化海洋数字监管体系建设等方面提出对策建议,促进海洋数字经济高效、协同、可持续发展。

关键词: 海洋数字经济 核心产业分类 科技创新 数字化转型

一 海洋数字经济发展现状

(一)内涵与产业分类

1.海洋数字经济内涵解析

海洋数字经济,作为大数据时代背景下的新兴经济形态,深度融合了云

* 本报告受到国家社科基金一般项目(24BGL105)、泰山学者工程专项(NO.tsqn202312227)资助。
** 金雪,山东财经大学海洋经济与管理研究院教授,泰山学者青年专家,省级领军人才,主要研究方向为海洋经济管理、数量经济分析与建模;王燕炜,山东财经大学管理科学与工程学院。

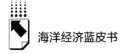

计算、大数据、物联网、人工智能等前沿技术，旨在颠覆传统海洋产业的生产范式与发展路径，实现海洋产业的全面数字化与数字海洋产业的蓬勃兴起。其核心在于数据要素的战略性地位，通过数据的标准化整合、深度挖掘、高效流通与广泛应用，驱动海洋经济向更高质量、更可持续的方向迈进。具体而言，海洋数字经济不仅代表了以数字化知识和信息为核心生产要素的经济活动，还依托现代信息网络这一关键载体，充分利用信息通信技术的创新力量，促进海洋经济效率的提升与海洋经济结构的优化。其内涵丰富多元，涵盖了海洋经济新产业、新技术的持续涌现，新业态、新模式的不断创新，以及海洋科技创新能力的全面增强、海洋产业结构的深刻调整等多个维度。

2. 海洋数字经济及其核心产业分类

海洋数字经济作为海洋经济核心驱动力，贯穿于海洋产业的各个环节，依托智能化与数字化技术的深度融合，引领着海洋产业的深刻转型与升级，显著提升了海洋资源利用的效率与效益。参照《数字经济及其核心产业统计分类（2021）》（国家统计局令第 33 号）与《海洋及相关产业分类（2021）》（GB/T 20794-2021）的框架体系，从"海洋数字产业化"和"海洋产业数字化"两大领域确定了海洋数字经济的基本范围。对海洋数字经济按照 5 个大类 30 个中类进行了划分（见表1）。海洋数字产业化分为 01 海洋数字产品制造业、02 海洋数字产品服务业、03 海洋数字技术应用业、04 海洋数字要素驱动业，海洋产业数字化为 05 海洋数字化效率提升业，与《海洋及相关产业分类（2021）》进行了对应。

3. 海洋数字产业化与海洋产业数字化

海洋数字产业化，作为海洋数字经济的基础支撑，聚焦于为海洋经济发展提供智能化、数字化的软件、硬件及集成服务。这一领域涵盖了海洋数字产品制造业，如海洋数字基础设施设备的研发与生产；海洋数字产品服务业，通过线上监测、远程操控等手段优化海洋生产、服务流程；海洋数字技术应用业，负责海洋前端信息的采集、处理与分析，为决策提供科学依据；以及海洋数字要素驱动业，通过数据要素的高效配置与流通，激发海洋经济的新活力。

表 1　海洋数字经济及其核心产业分类

项目		大类	中类	海洋及相关产业分类代码（GB/T 20794-2021）
海洋数字经济分类	海洋数字产业化	01 海洋数字产品制造业	0101 海洋信息装备制造及修理	086
			0102 海底光缆制造	2562
			0103 海洋船舶配套数字设备制造	073
			0104 深海传感器特种材料制造	2591
			0105 海洋交通运输数字设备制造	246
			0106 海洋渔业数字设备制造	241
			0107 其他海洋数字产品制造业	
		02 海洋数字产品服务业	0201 海洋信息共享应用服务	215
			0202 海洋信息系统开发集成	214
			0203 海洋风电场系统管理及运维服务	1213
			0204 海洋地质勘查技术服务	2330
			0205 海洋预报减灾管理	1814
			0205 其他海洋数字产品服务业	
		03 海洋数字技术应用业	0301 海洋信息采集服务	211
			0302 海洋通信传输服务	212
			0303 海洋信息处理与存储	213
			0304 海洋专业技术服务	201
			0305 其他海洋数字技术应用业	
		04 海洋数字要素驱动业	0401 涉海数字金融服务	284
			0402 涉海商务服务	287
			0403 海洋技术推广平台	203
			0404 数字渔港经营服务	281
			0405 海底数字工程建筑	112
			0406 其他海洋数字要素驱动业	
	海洋产业数字化	05 海洋数字化效率提升业	0501 智能海洋制造	25
			0502 智慧海洋渔业	01
			0502 智能海洋产品加工	03
			0503 智慧海洋管理	18
			0504 智慧海洋物流	142、143
			0505 智慧海洋交通	14
			0506 海洋数字金融	284
			0507 其他海洋数字化效率提升业	

　　注：中类代码为 0103、0105、0106、0401、0403~0405、0501~0507 的名称是根据海洋及相关产业分类（GB/T 20794-2021），结合《数字经济及其核心产业统计分类（2021）》共同确定。

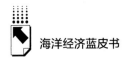
海洋产业数字化，指海洋产业由于应用数字技术所带来的生产数量和生产效率的提升，其新增产出构成海洋数字经济的重要组成部分。具体表现为海洋数字化效率提升业，指各个海洋产业与数字技术的深度融合和相互嵌入，涵盖了海洋生产上下游供应链的数字化改造，海洋生产企业内部管理与运营的智能化升级，以及端到端价值链的重构与优化，以增强海洋产业内企业的数字连接、数字增值、资源整合、智能分析和资源配置，通过数字化手段实现降本提效、拓展市场的经营目标。

（二）海洋数字经济发展形势分析

1. 数字经济快速发展引领海洋数字经济新纪元

《全球数字经济白皮书（2024年）》显示，2023年数字经济占全球国内生产总值（GDP）的比重为60%。根据中国信息通信研究院数据，中国数字经济规模从2005年的2.62万亿元增长到2023年的56.71万亿元，占GDP的比重也由14.20%提升至44.50%。2023年互联网宽带接入端口数113589.72万个、信息服务收入为8.12万亿元（见图1），十年来分别增长了3倍多和5倍多。伴随着数字经济的发展，卫星遥感、海底探测、物联网等技术快速发展，海洋数据的采集、处理与分析能力显著提升，不仅提高了海洋数据获取的精准度和效率，还促进了海洋信息资源的深度挖掘与高效利用，为海洋数字经济的兴起奠定了技术基础。

2. 海洋数字化效率提升业相关产业稳步增长

海洋数字化效率提升业中，各产业产值呈现稳步增长趋势（见图2）。智能海洋制造产值从2017年的1398.98亿元上升到2023年的3301.81亿元，增长幅度为136.02%，除了2020年有小幅度下降外，其余年份均为正增长。智慧海洋渔业产值从2017年的16.67亿元上升至2023年的24.39亿元，翻了一番。智慧海洋交通产值稳步增长，2023年为191.18亿元，比上年增长14.11%。随着海洋科技应用的深入，海洋产业中科技赋能的产业值将越来越高。

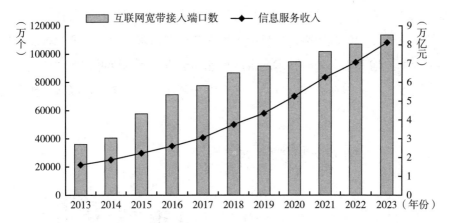

图 1 2013~2023 年互联网宽带接入端口数和信息服务收入

资料来源：国家统计局。

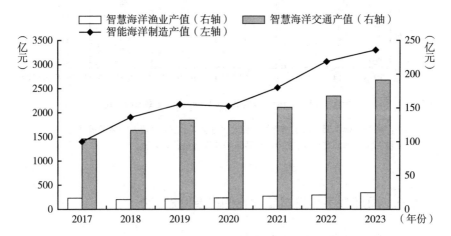

图 2 2017~2023 年我国智慧海洋渔业、智慧海洋交通、智能海洋制造产值

资料来源：根据智慧农业、智慧交通、智能制造占比推算，智慧海洋渔业数据根据中国智慧农业发展研究报告推算，智慧交通数据来源于《2024 年中国智慧交通行业全景图谱》（https://new.qq.com/rain/a/20240514A067QM00），智能制造数据来源于《2022—2027 年中国智能制造装备行业分析及发展报告》。

3. 海洋产业机器人渗透密度逐渐增加

2013~2023 年，海洋产业机器人的渗透密度翻了一番（见图 3），标志着海洋产业对于机器人技术的应用正不断加深。以工业机器人为核心的智能制造系统已成为海洋制造业数字化转型的主力军,不仅体现了科技进步对于传统海洋产业的深刻影响,也反映了海洋产业在追求高效、安全、智能化发展方面的迫切需求。随着技术的不断成熟和成本的逐渐降低,海洋产业机器人正逐渐成为拓展海洋作业领域、提升海洋领域生产效率和保障海洋作业安全的重要工具。

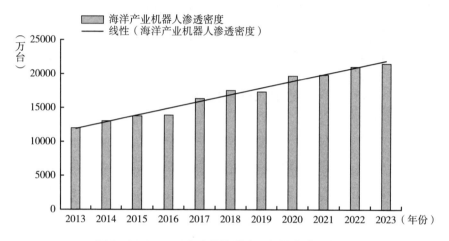

图3 2013~2023年我国海洋产业机器人渗透密度

注:海洋产业机器人渗透密度根据海洋产业人员比重×机器人安装量推算。
资料来源:国家统计局,《中国机器人产业发展分析报告》。

(三)海洋数字经济发展面临的主要问题分析

1.海洋数字经济统计分类标准缺失

海洋数字经济涉及领域广泛,包括但不限于海洋物联网、海洋大数据、海洋云计算、海洋电子商务等多个方面,这些领域之间既有相互交叉,又各具特色,使得制定统一的分类统计标准变得复杂。缺乏明确的统计分类标准,会给海洋数字经济相关企业的市场定位、战略规划和经营决策带来不确定性,影响了企业的创新活力和市场竞争力。

2.海洋数字经济统计数据缺乏

当前,海洋数字经济领域面临的一个核心瓶颈是统计数据的缺乏。由于尚未建立完善的统计监测体系，缺乏全面、细致且连续性的统计数据，不仅难以全面把握海洋数字经济真实规模、增长动力、结构演变及未来趋势，同时导致政府管理部门和科研机构在评估海洋数字经济发展状况、制定相关政策和规划时缺乏科学依据，从而减缓了海洋数字经济理论与实践的协同发展步伐。

3.海洋信息和技术服务领域研发投入不足

海洋信息服务业和海洋技术服务业为海洋数字经济发展提供了重要支撑。海洋信息服务业利用现代信息技术手段，对海洋环境、海洋资源、海洋灾害等信息进行收集、加工、分析和发布，为海洋开发、管理、科研和公众服务提供全面、准确、及时的海洋信息支持。海洋技术服务业通过运用现代科技手段，为海洋资源的勘探、开发、利用、保护和管理等提供技术支持和服务，包括海洋观测、监测、探测、通信、导航、信息处理、系统集成等多个方面。近年来，我国海洋信息服务业和海洋技术服务业的研发投入波动变化较大，多项指标均呈现先增加后降低的趋势（见图4），研发投入有待增加。

二　海洋数字经济政策环境分析

（一）国际相关政策

2006年，《日本自然灾害预警系统与国际合作行动》提出开发运行气象服务计算机系统，进行海洋气象灾害观测数据的收集及预报信息发布。2018年，《美国国家海洋科技发展：未来十年愿景》提出构建海洋研究所需的基础设施与技术研发、大数据利用、开发地球系统的模型。2020年，《联合国海洋科学促进可持续发展十年（2021—2030年）》，提出设计和建设能够呈现整个海洋系统（包括其社会和经济特征）且由多个部分组成的分布式数字网络，确保在所有海洋盆地建立可持续的海洋观测系统，向所有用户提供可访问、及时且可操作的数据和信息。2021年，《蓝色地球法案》提出支持

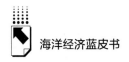

海洋经济蓝皮书

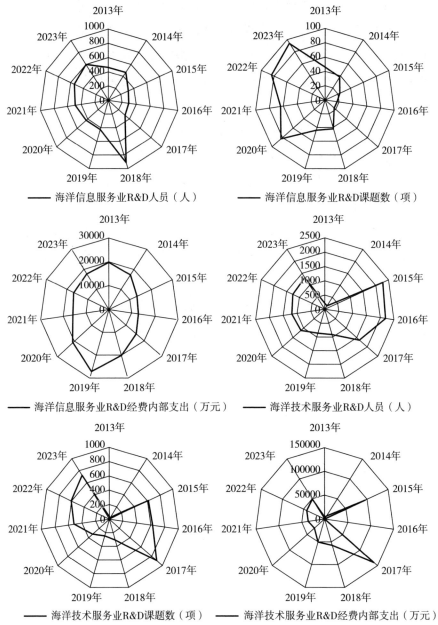

图4　2013~2023年海洋信息服务业和海洋技术服务业研发投入情况

资料来源：《中国海洋统计年鉴》（2002~2017）、《中国海洋经济统计年鉴》（2018~2022）、《中国海洋经济统计公报》（2023）。

224

创新、加快海洋技术的发展并改善对重要海域的监测，加强海洋数据管理。2023 年，《海洋基本计划》最新一期草案，提出"海洋数字化转型"，升级海域态势感知体系，大力发展水下无人装备等。

（二）我国相关政策

2017 年，《全国海洋经济发展"十三五"规划》提出"推动智慧海洋工程建设"，"依托'智慧海洋'工程等培育海洋经济增长新动力"的建设目标；《国家海洋局关于进一步加强海洋信息化工作的若干意见》，提出到"十三五"末期，海洋信息化管理支撑体系基本完备，基本建成海洋通信互联互通、信息共享开放、应用协同高效的海洋信息化发展体系。2018 年，《推进船舶总装建造智能化转型行动计划（2019—2021 年）》，提出突破一批关键技术和智能制造装备，形成一批智能制造标准和平台，建成一批智能制造单元、智能生产线和智能化车间。2021 年，《关于建立健全海洋生态预警监测体系的通知》提出建立健全海洋生态预警监测体系。2023 年，《农业农村部等八部门关于加快推进深远海养殖发展的意见》，提出加强深远海养殖技术和设施装备研发创新，不断提高信息化、智能化、现代化水平，鼓励在深远海养殖上实现全程机械化生产、智能化管控，开展无人渔场先进养殖系统试验示范；《五部委关于印发船舶制造业绿色发展行动纲要（2024—2030 年）的通知》提出加快船舶总装建造数字化转型，以数字化、标准化为手段，推动船舶总装建造企业提质增效、节能降碳，促进 5G、工业互联网等新一代信息技术融合应用；《交通运输部关于加快智慧港口和智慧航道建设的意见》提出鼓励围绕智慧港口和智慧航道关键技术开展联合科技攻关，加快推进自动化港作机械等装备、自动化码头生产管理系统、航道智能化测绘等关键技术研发与应用，推动国家高端智库开展智慧港口和智慧航道发展战略研究。

（三）我国沿海省（区、市）海洋数字经济相关政策

系统梳理我国沿海省（区、市）在海洋经济领域内实施的数字化相关

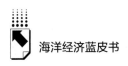

政策（见表2），分析政策的核心关注点与主要导向，为海洋数字经济战略规划以及政策建议提供数据支撑与理论参考。

表2　我国沿海省（区、市）海洋数字经济相关政策

区域	时间	文件	内容
辽宁	2022年1月	《辽宁省"十四五"海洋经济发展规划》	加快海洋经济与新一代信息技术融合发展，以"智慧海洋"为核心，开发和挖掘海洋信息咨询、渔业导航救助、海洋海运保障等海洋大数据的应用服务，加快海洋产业数字化、网络化、智能化改造，推进海洋卫星通信、遥感、5G、船用智能终端等技术应用
河北	2022年1月	《河北省海洋经济发展"十四五"规划》	加强海上新型基础设施建设和信息化智慧化赋能，依托岛礁、海上平台等布局移动通信基站及无线电管理技术设施。推进智慧海洋工程实施，推动新一代信息技术与海洋环境、海洋装备、涉海活动等有机融合
天津	2021年7月	《天津市海洋经济发展"十四五"规划》	着力建设完善智慧港口；重点发展海上油田技术服务、信息技术服务、科技服务等现代服务业；重点发展低成本、低功耗的波浪能滑翔器、无人艇、水下滑翔机、Argo等机动自主探测平台，以及国产海洋探测传感器产业；推动海上风电大容量机组向智能化和高端化发展。加快智能化、模块化、技术工程化应用，创新智能油气开采、智能疏浚、智能淡化等智能应用新场景，催生智能应用新业态
山东	2021年12月	《山东省"十四五"海洋经济发展规划》	推动海洋产业与数字经济融合发展，加快建成覆盖全省近海海域的山东海洋立体观测网，建设海洋智能超算平台。大力推动海洋数字产业化，构建智能化海洋数字孪生系统，建成全球海洋大数据中心。提高海洋产业数字化水平，实施智慧海洋工程，加快现代信息技术同海洋产业的深度融合
	2023年11月	《山东省船舶与海工装备产业链绿色低碳高质量发展三年行动实施方案（2023—2025年）》	大力实施绿色化生产技术、一体化集采系统、数智化管理体系等先进技术工艺。重点围绕深海油气矿产资源开发装备、超大型散货船绿色智能水平提升、绿色智能内河船舶、新型燃料船舶发动机、漂浮式海上风电、智能化深远海渔业养殖装备等领域，开展关键核心技术攻关

区域	时间	文件	内容
山东	2022 年 3 月	《海洋强省建设行动计划》	打造智慧绿色平安港口。深入开展智慧港口建设试点,加快自动化码头、智慧管理平台等重点项目建设。依托岛礁、海上平台等布局 5G 移动通信基站。加快智慧化赋能。实施海洋智能感知、智能装备、智能网络等创新工程。运用大数据、云计算、人工智能等新一代信息技术赋能海洋产业发展
江苏	2021 年 8 月	《江苏省"十四五"海洋经济发展规划》	到 2025 年,智慧海洋建设实现全面推进,挖掘 5G 在临海制造业领域的典型应用场景
	2023 年 8 月	《江苏省海洋产业发展行动方案》	加快海洋产业与数字经济融合,探索搭建全省海洋大数据平台、军地海上目标信息融合与共享平台、水下通信导航定位网。加强海上移动网络信号覆盖,打造 5G 海上平台,支持利用海上风电等设施同步规划建设移动通信基站。发展海洋信息集成与终端设备研发应用,打造海洋通信导航江苏品牌
上海	2021 年 12 月	《上海市海洋"十四五"规划》	综合运用 5G、人工智能、遥感监测、无人机、无人船等多种技术手段,健全立体化监管体系,提高数字化治理水平;推动现代信息技术与海洋产业深度融合,支持发展海洋信息服务、海底数据中心建设及业务化运行;服务海洋"制造"向"智造""创造"转型
浙江	2021 年 5 月	《浙江省海洋经济发展"十四五"规划》	加快省大湾区(智慧海洋)创新发展中心、"智慧海洋浙江省实验室"等新型研发机构建设,聚力打造海洋通信、海洋大数据等一批主题产业园和科技企业孵化器。打造百亿级海洋数字经济产业集群,深入实施数字经济"一号工程2.0版",充分发挥"智慧海洋"工程的引领性作用
	2024 年 4 月	《加强自然资源要素保障 促进海洋经济高质量发展若干政策措施》	持续推进国家海洋立体观测网、海洋预警预报网、省海洋数据中心建设。大力推进东海信息能源公共基础骨干网建设。迭代升级"智控海洋"数字化场景,建立海洋空间资源管理数据库,推进数据集成共享,开展陆海一体的实景三维浙江建设

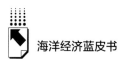

续表

区域	时间	文件	内容
广东	2021年12月	《广东省海洋经济发展"十四五"规划》	推动海洋信息产业发展壮大,推动高端海洋电子装备国产化。支持海底数据中心关键核心技术突破。深入推进粤港澳大湾区"智慧海洋"工程,开展海洋数据资产化研究,探索数据资产化标准体系建设,开发和挖掘海洋大数据应用服务
福建	2021年11月	《福建省"十四五"海洋强省建设专项规划》	加快推进"产业数字化、数字产业化",以福建数字经济优势赋能海洋产业发展,加快壮大海洋信息产业。重点推进数字化建造、智能船舶等关键领域的技术突破;探索"物流+互联网"特色模式
	2021年5月	《加快建设"海上福建"推进海洋经济高质量发展三年行动方案(2021—2023年)》	构建海洋信息通信"一网一中心":加快建设海洋信息通信网,实施"光纤上岛"工程,完善海上移动通信基站、水下通信设施和海洋观(监)测站,构建海上卫星通信和海洋应急通信保障网络。培育海洋信息服务业:加快海丝卫星应用技术服务中心等一批智慧海洋项目建设。培育发展海洋卫星应用产业,拓展海洋智慧旅游、智能养殖、智能船舶、智慧海上风电运维、智能化海洋油气勘探开采等设备制造和应用服务项目,打造"数字海洋产业"福建示范区
	2021年10月	《福建省建设海洋科技创新平台工作方案》	推进"海丝星座"海洋卫星观测体系和联合遥感接收站。布局建设海洋立体观监测技术体系、国家海岛管理数据库、中国岛屿国家海洋合作交流平台
广西	2021年7月	《广西海洋经济发展"十四五"规划》	加快打造北部湾国际门户港公共信息平台。加快构建广西"智慧海洋"平台。加快构建广西海洋信息通信网,完善海上移动通信基站、水下通信设施和海洋观测卫星应用等海洋信息通信基础网络,打造广西海洋立体观测网。重点构建广西北部湾海洋大数据中心,实施智慧海洋工程,支持海洋传统产业的数字化、智能化升级。积极拓展海洋智慧旅游、智能养殖、智能船舶、智慧海上风电运维等设备制造和应用服务领域
	2023年4月	《广西大力发展向海经济建设海洋强区三年行动计划(2023—2025年)》	加强智慧港口建设,着重建设港航大数据资源池和对外"一站式"服务平台。推动加强中国—东盟海洋数字技术交流;共建面向东盟的智慧海洋国际合作平台。积极与新加坡、马来西亚、泰国等东盟国家共建海洋数字服务产业链

区域	时间	文件	内容
海南	2021 年 6 月	《海南省海洋经济发展"十四五"规划(2021—2025 年)》	打造世界级绿色智慧石化产业基地、智慧渔业产业园、"智慧渔港"建设等海洋产业数字化。继续推进实施智慧海洋工程。构建精细化、数字化的立体服务网络,提升海洋公共服务能力

三 海洋数字经济发展水平评价及测算分析

(一)指标体系设计

根据数字技术、海洋创新发展、海洋经济规模与产业结构等海洋数字经济影响因素,从发展条件支持度、海洋产业成熟度、数字经济与海洋产业融合度角度构建海洋数字经济发展水平指标体系(见表 3),包含 7 个二级指标、23 个三级指标。选取 2013~2023 年全国及沿海 11 个省(市、区)的指标数据,数据来源于国家统计局、中国信息通信研究院、《中国海洋统计年鉴》、《中国渔业统计年鉴》、《中国海洋经济统计公报》、数字中国发展报告、中国机器人产业发展分析报告以及国际渔业资源组织(IFR)等。

(二)测度模型构建

采用极差法对数据进行标准化处理,以消除海洋数字经济不同评价指标间的量纲差异:

$$\text{正向指标：} \quad p_{ij} = \frac{x_{ij} - \min(x_{ij})}{\max(x_{ij}) - \min(x_{ij})} \tag{1}$$

$$\text{负向指标：} \quad p_{ij} = \frac{\max(x_{ij}) - x_{ij}}{\max(x_{ij}) - \min(x_{ij})} \tag{2}$$

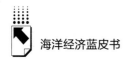

表 3 海洋数字经济发展水平指标体系

评价目标	一级指标	二级指标	三级指标
海洋数字经济发展水平	发展条件支持度	数字基础设施	互联网宽带接入用户数(万户)
			每百家企业拥有网站数(个)
			沿海地区光缆线路长度(公里)
		数字化产业水平	电信业务总量(亿元)
			信息技术服务收入(万元)
			软件业务收入(万元)
			电子商务交易额(万亿元)
		海洋创新发展	海洋科研机构从业人员数(人)
			海洋科研机构专利授权数(件)
			海洋科研机构科技论文数(篇)
			硕士及以上海洋专业人数(人)
	海洋产业成熟度	海洋经济发展	海洋生产总产值(亿元)
			海洋生产总产值增长率(%)
			沿海港口货物吞吐量(万吨)
		海洋产业结构	海洋第三产业增加值占海洋生产总值比重(%)
			海洋新兴产业占比(%)
			海洋霍夫曼系数
			海水养殖产量(万吨)
	数字经济与海洋产业融合度	海洋产业数字化	智能海洋制造产值(亿元)
			智慧海洋渔业产值(亿元)
			智慧海洋交通产值(亿元)
		海洋数字产业化	海洋信息服务业 R&D 课题数(项)
			海洋产业机器人渗透密度(万台)

计算海洋数字经济一级指标下第 i 个二级指标下的第 j 个指标的特征权重 y：

$$y_{ij} = \frac{p_{ij}}{\sum_{i=1}^{m} p_{ij}} \tag{3}$$

计算第 j 个指标的熵值：

$$e_j = -\frac{1}{\ln m} \times \sum_{i=1}^{m} y_{ij} \times \ln y_{ij} \tag{4}$$

计算信息熵 e_j 的冗余度 g_j 以及权重系数 w_j：

$$g_j = 1 - e_j \tag{5}$$

$$w_j = \frac{g_i}{\sum_{j=1}^{n} g_i} \tag{6}$$

运用线性加权法计算海洋数字经济发展水平：

$$U_i = \sum_{j=1}^{m} w_j p_{ij} \tag{7}$$

其中，m 为海洋数字经济发展水平评价的年数。

（三）测度结果分析

1. 全国海洋数字经济发展水平

根据海洋数字经济发展水平测度结果（见图5），2013~2023 年海洋数字经济发展水平实现快速增长，2023 年约为 2013 年的 4.42 倍。其中发展条件支持度增幅为 836.02%，表明国家对海洋数字经济发展的支持条件持续且有力，为海洋数字经济的蓬勃发展奠定了坚实基础。海洋产业成熟度不断提升，为海洋数字经济提供了丰富的应用场景和广阔的发

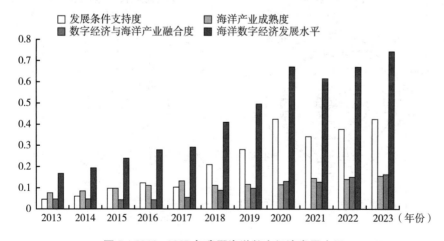

图5　2013~2023 年我国海洋数字经济发展水平

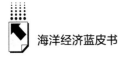

展空间。数字经济与海洋产业融合度增幅为 252.54%，反映了数字经济在海洋领域的广泛应用和深度融合。其中，发展条件支持度对海洋数字经济的推动作用最大，海洋产业成熟度和数字经济与海洋产业融合度贡献度相似。

2.三大海洋经济圈海洋数字经济发展水平

图 6 表明，三大海洋经济圈中，东部海洋经济圈的海洋数字经济发展水平始终处于领先地位，均值从 0.15 增长至 0.39，究其原因，其发展条

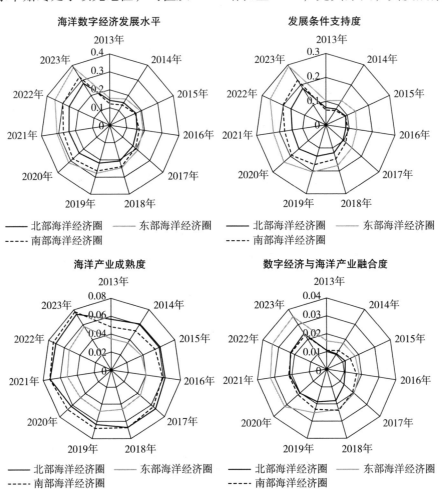

图 6 2013~2023 年我国三大海洋经济圈海洋数字经济发展水平

件支持度、数字经济与海洋产业融合度均比北部海洋经济圈和南部海洋经济圈高，进而带动了东部海洋经济圈的海洋数字经济发展。北部海洋经济圈海洋数字经济发展水平（0.14）最初领先于南部海洋经济圈（0.12），但2016年开始，南部海洋经济圈（0.17）反超北部海洋经济圈（0.16），是因为南部海洋经济圈的发展条件支持度发展迅速。从中可知，发展条件支持度对于区域海洋数字经济发展是较为重要的助力。

3.沿海省（区、市）海洋数字经济发展水平

根据图7和表4可以得出，广东、山东和江苏在我国沿海11个省份中海洋数字经济发展水平领先，也是南部、北部和东部海洋经济圈的领头羊，这归因于广东和山东的海洋创新发展、海洋产业成熟度水平较高，江苏和广东的数字基础设施、数字化产业水平发展较快。所有省份中，海洋数字经济发展水平较低的是海南、广西、河北和天津，年均水平分别为0.11、0.09、0.12、0.09，其发展条件支持度、海洋产业成熟度、数字经济与海洋产业融合度均需加强，这也导致了南部和北部海洋经济圈的海洋数字经济发展水平低于东部海洋经济圈。

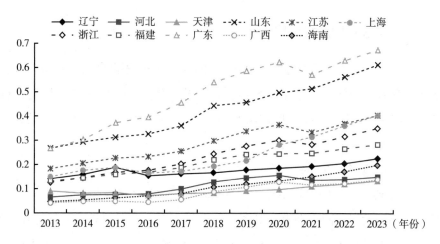

图7 2013~2023年我国沿海省（区、市）海洋数字经济发展水平

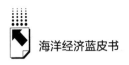

表4　2013~2023年我国沿海省（区、市）海洋数字经济发展水平

省(区、市)	2013年	2014年	2015年	2016年	2017年	2018年	2019年	2020年	2021年	2022年	2023年
辽宁	5	5	4	7	7	7	7	7	7	7	7
河北	9	9	9	8	8	8	8	8	9	9	9
天津	8	8	8	9	10	11	11	11	11	11	11
山东	2	2	2	2	2	2	2	2	2	2	2
江苏	3	3	3	3	3	3	3	3	3	3	4
上海	4	4	5	6	6	6	6	5	4	4	3
浙江	7	6	6	4	4	4	4	4	5	5	5
福建	6	7	7	5	5	5	5	6	6	6	6
广东	1	1	1	1	1	1	1	1	1	1	1
广西	11	11	11	11	11	10	10	10	10	10	10
海南	10	10	10	10	9	9	9	9	8	8	8

四　海洋数字经济发展趋势与展望

（一）趋势预测与展望

近年来，随着信息技术的飞速发展和海洋经济的不断壮大，我国沿海区域的海洋数字经济发展水平呈现出稳步上升的趋势。采用ARMA模型、灰色预测模型对2024~2025年我国沿海区域海洋数字经济发展水平情况进行预测，预测结果如图8所示。

从全国范围来看，我国海洋数字经济发展水平在不断提升，在2024~2025年保持了稳定的增长态势，表明我国海洋数字经济整体发展态势良好，具有广阔的发展空间和潜力。未来，我国应继续加强海洋数字经济的顶层设计和政策引导，推动数字经济与海洋经济深度融合发展，为海洋新质生产力发展和海洋强国建设提供有力支撑。

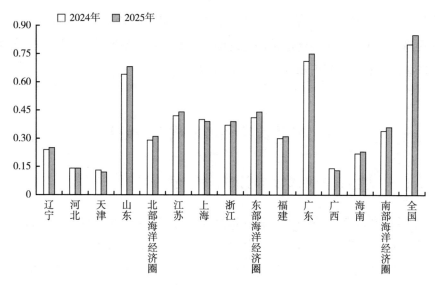

图8 2013~2023年我国沿海区域海洋数字经济发展水平预测值

（二）沿海各区域海洋数字经济发展趋势展望

1.北部海洋经济圈

2024~2025年，北部海洋经济圈海洋数字经济发展水平有所增长，但整体仍处于相对较低的水平。其中，辽宁、河北和天津的海洋数字经济发展速度相对较慢，而山东则表现出一定的增长潜力。未来北部海洋经济圈需要进一步加强数字基础设施建设，推动海洋产业与信息技术的深度融合，以提升整体海洋数字经济发展水平。

2.东部海洋经济圈

根据2024~2025年预测数据，东部海洋经济圈海洋数字经济发展水平持续保持高位，且呈现出稳步上升的趋势。江苏、上海和浙江的海洋数字经济发展均衡且强劲，显示出强大的创新能力和市场活力。未来东部海洋经济圈应继续发挥引领作用，推动海洋数字经济向更高层次发展。

3.南部海洋经济圈

2024~2025年，南部海洋经济圈海洋数字经济发展水平表现出强劲的增

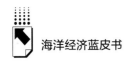

长势头。特别是广东和海南，其海洋数字经济发展速度较快，显示出良好的
发展前景。未来南部海洋经济圈应继续加大数字技术研发投入力度，优化海
洋产业结构布局，提升海洋数字经济的核心竞争力。

五 海洋数字经济发展对策建议

（一）建立健全海洋数字经济分类统计体系

制定一套科学、系统、可操作的海洋数字经济分类统计标准，明确界定
海洋数字经济其涵盖的各类海洋经济活动，如海洋信息服务、海洋物联网应
用、海洋智能装备研发、海洋电子商务平台等。在此基础上，构建完善的海
洋数字经济统计体系，全面、准确地反映海洋数字经济的规模、结构、效益
及发展趋势，为政府决策提供有力支撑，引导社会资本有效投入，推动海洋
数字经济实现更快更高质量发展。

（二）深化数字经济赋能海洋产业数字化转型

加大对海洋数字技术、海洋信息技术、海洋智能装备等核心技术的研发
投入，提升自主创新能力。推动数字经济与海洋渔业、海洋交通运输、海洋
旅游等传统产业深度融合，形成协同发展新格局。积极发展数字经济赋能海
洋生物医药、海洋可再生能源、深海资源开发等新兴产业，打造新的经济增
长点。鼓励海洋企业进行数字化转型，提升生产效率和管理水平，实现海洋
经济的智能化、网络化发展。积极参与国际海洋数字经济合作与交流，借鉴
国际先进经验和技术，提升我国海洋数字经济的国际竞争力。

（三）推动海洋信息技术产业发展和监管体系建设

重点支持海洋大数据中心、海洋信息基础设施、海洋科技创新平台、海
洋观测监测网络等建设，加快海洋信息服务业和海洋技术服务业发展，提升
海洋数据获取、处理和应用能力。加强海洋数字经济人才培养和引进工作，

建立多层次、多类型的海洋数字经济人才体系。建立健全海洋数字经济相关的法律法规体系，加大对海洋数字经济相关数据使用、传输和存储的监管力度，确保数据的安全和合规使用。

参考文献

田秀娟、李睿：《数字技术赋能实体经济转型发展》，《管理世界》2022 年第 5 期。

李健旋：《制造业与数字经济产业关联融合测度及异质性研究》，《中国管理科学》2023 年第 5 期。

孙才志、宋现芳：《数字经济时代下的中国海洋经济全要素生产率研究》，《地理科学进展》2021 年第 12 期。

蹇令香、苏宇凌、曹珊珊：《数字经济驱动沿海地区海洋产业高质量发展研究》，《统计与信息论坛》2021 年第 11 期。

马文婷、邢文利、高若：《数字经济赋能海洋经济高质量发展》，《经济问题》2024 年第 6 期。

专题篇 🔼

B.12
我国陆海经济耦合作用与引力效应分析

"我国陆海经济交互作用与引力效应研究"课题组 *

摘 要： 2010年，"陆海统筹"战略方针被纳入了国家"十二五"规划，习近平总书记也提出要"坚持陆海统筹，以海强国"的战略目标。党的二十大报告明确了要加快发展海洋经济，加快建设海洋强国的战略部署。陆地与海洋经济活动之间的联系日益紧密，不仅对中国的区域发展战略和全球经济布局产生了深远的影响，也对深刻理解陆海经济关系提出了更高的要求。为了全面研究这一关系，本报告将陆域和海洋两个经济系统作为研究对象，综合考量各自领域中的经济、社会、环境、政策和技术等因素，重点关注陆海经济的关联关系、耦合效应以及引力效应，以深入揭示陆海经济之间的复杂互动机制。不仅有助于更好地把握陆海经济关系的本质，还能为制定更加科学合理的政策提供理论支持和实践指导。

---

* 课题组成员：殷克东，山东财经大学海洋经济与管理研究院院长，教授，博士生导师，中国海洋大学博士生导师，研究领域为数量经济分析与建模、复杂系统与优化仿真、海洋经济管理与监测预警等；刘璐，山东女子学院副教授、孟昭苏，中国海洋大学副教授，硕士生导师。

关键词： 陆海经济　交互作用　引力效应

一　我国陆海经济发展现状

（一）沿海地区陆域经济发展现状

中国沿海 11 个省份（辽宁、河北、天津、山东、江苏、上海、浙江、福建、广东、广西和海南）的陆域面积约为 110 万平方公里，尽管仅占全国陆地面积的 11% 左右，但其经济和人口密度远高于全国平均水平。截至 2024 年 6 月，沿海地区人口约为 6.5 亿人，占全国总人口的近一半。2023 年，沿海地区总 GDP 超 70 万亿元，占全国 GDP 近 60%。沿海省份的主要产业包括制造业、高新技术产业、金融服务业和海洋经济。

1. 北部沿海地区

北部沿海地区包括辽宁、天津、河北和山东四个省份，位于渤海湾和黄海沿岸，总人口约为 2.5 亿人。2023 年，该区域的 GDP 达到 25 万亿元，约占全国经济总量的 1/5。总陆域面积约为 55 万平方公里，这一地理区域虽然面积相对较小，但却是中国重要的经济枢纽之一。

（1）优势方面。辽宁、天津、河北和山东四省市地理位置优越，濒临渤海，具有优良的港口条件和便利的海陆交通，成为我国北方重要的经济增长极。辽宁和山东的重工业基础雄厚，钢铁、机械制造等传统产业发达。天津的滨海新区作为国家级新区，吸引了大量高新技术企业和外资企业。河北拥有丰富的自然资源，为工业发展提供了坚实的基础。

（2）劣势方面。四省市在经济结构调整过程中面临挑战，传统产业比重大，产业转型升级缓慢。环境污染问题严重，尤其是工业污染和大气污染对经济可持续发展构成威胁。区域间经济发展不平衡，内陆和沿海地区发展差距较大。

（3）机遇方面。国家政策的支持为区域经济发展提供了有利条件，京津冀协同发展战略为三地经济一体化创造了新的机遇。随着全球产业链重构和技术进步，四省市可以通过产业升级和技术创新，提升经济竞争力。绿色发展和生态修复为环境改善和经济增长带来新的发展空间。

（4）挑战方面。国内产业转移和环境治理压力的挑战。资源枯竭和环境退化可能对其传统产业带来长期影响。同时，邻近地区的竞争以及全国范围内经济重心向南方的转移，也可能削弱其在国家经济格局中的地位。

2. 东部沿海地区

东部沿海区域主要指的是上海、江苏和浙江地区，地形以平原为主，气候温暖湿润，属于亚热带季风气候，降水充沛。东部沿海区域陆域面积约为22万平方公里。截至2024年，上海、江苏和浙江这三个地区的总人口约为1.8亿人，总GDP达到了25.8万亿元，占全国经济总量超1/5，该区域是中国经济最发达的地区之一，以高端制造业、金融服务业和高科技产业为主导。

（1）优势方面。经济实力雄厚，江苏的制造业、上海的金融服务业以及浙江的民营经济和电商产业构成了强大的经济基础。创新能力强，上海作为全球金融中心，吸引了大量国际资本和高端人才。基础设施完善，拥有发达的交通网络，包括高铁、港口和航空枢纽，这为区域内外经济要素的流动提供了便利条件。

（2）劣势方面。东部地区资源消耗巨大，环境压力较大，特别是空气污染和水资源短缺问题亟待解决。此外，区域内经济发展不均衡，城乡和区域之间存在差距，部分地区产业结构较为单一，抗风险能力较弱。

（3）机遇方面。国家政策的支持，如长三角一体化战略，将进一步促进区域内经济的协调发展。上海自由贸易区的扩展以及江苏和浙江在创新创业方面的政策利好，为未来经济增长提供了新动力。

（4）挑战方面。高密度的工业活动和快速的城市化进程给环境带来了巨大压力，如空气和水污染问题。特别是在长三角地区，环境承载能力已接近极限。另外，由于该区域高度依赖国际贸易和外资流入，全球经济波动（如贸易摩擦和金融市场的不稳定）可能对其经济产生不利影响。

3.南部沿海地区

南部沿海地区包括福建、广东、广西和海南，地处南海沿岸，这里地形多样，为热带和亚热带季风气候，温暖湿润，热带气候明显，总陆域面积约为55万平方公里。截至2024年，南部区域总人口约为2.2亿人，总GDP约22.4万亿元。南部沿海区域是我国经济的重要部分。

（1）优势方面。靠近南海，海上交通便利，是中国对外开放的重要门户。广东作为全国经济总量最大的省份，拥有发达的制造业和强大的创新能力。福建得益于其侨乡背景和海峡两岸经济合作，形成了独特的外向型经济结构。广西依托与东盟的陆路和海上通道，逐步成为中国—东盟自由贸易区的重要枢纽。海南作为自贸港，享有独特的政策优势和丰富的旅游资源，逐步成为国际旅游岛和自由贸易港的核心区。

（2）劣势方面。广西和海南的经济结构相对单一，仍然依赖传统的农业和旅游业，这限制了其整体经济发展潜力。另外，广西和海南的基础设施相对落后，特别是在交通运输和工业基础设施方面，这对其吸引外资和推动产业升级构成了挑战。

（3）机遇方面。粤港澳大湾区和海南自由贸易港的建设为区域内的资源整合和经济协同创造了新的机会，这些战略将推动区域内贸易、投资和产业升级。随着全球对可持续发展的重视，这些省份，特别是海南，有机会通过发展绿色经济和生态旅游，吸引更多国际投资，并推动高质量发展。

（4）挑战方面。由于广东高度依赖出口，全球经济的不确定性和贸易保护主义可能对其经济产生负面影响。类似地，海南的旅游业也可能受到全球旅行需求波动的影响，快速的经济发展和城市化进程对这些省份的环境造成了巨大压力，尤其是在广东和福建，环境污染和资源枯竭的问题可能会制约其长期发展。

（二）沿海地区海洋经济发展现状分析

中国海岸线总长度3.2万公里，其中大陆海岸线1.8万公里，岛屿海岸线1.4万公里。拥有473万多平方公里的海域面积，过去5年间，海洋经济对 GDP 的贡献率稳定在 9% 左右。2023 年，全国海洋生产总值超过 9.91 万亿元，显示了海洋经济在推动经济发展中的重要作用。沿海区域的海洋产业包括海洋渔业、海洋运输、海洋油气开采、海洋工程装备制造以及滨海旅游等。从自然资源角度来看，广袤的海域面积和丰富的海洋资源为其经济发展提供了坚实的基础，包括渔业资源、油气资源以及海洋可再生能源等。此外，沿海地区的港口设施也极为发达，是中国与世界贸易的重要通道。

1. 北部沿海地区

北部沿海地区海洋生产总值在中国海洋经济中占有重要地位，合计约占全国 GOP 的 1/3。该地区海域面积广阔，海岸线长度近 6000 公里，海域面积总计超过 30 万平方公里，涵盖了渤海湾和黄海等关键海域，为其海洋经济的发展提供了丰富的资源支持。北部沿海地区作为重要的海洋经济区域，在海洋经济发展中扮演着关键角色。

（1）优势方面。北部沿海地区拥有丰富的海洋资源和发达的港口物流体系。港口设施完善，物流网络发达，为海洋经济的发展提供了良好的基础。传统海洋产业如渔业、港口运输和海洋工程在全国占据重要地位。

（2）劣势方面。北部沿海地区的经济结构仍以传统产业为主，产业转型升级压力较大。虽然近年高新技术产业有所发展，但整体科技含量仍较低，创新能力不足。此外，区域内环境污染问题较为突出，特别是海洋环境的治理难度大，生态保护压力大。人口老龄化和高素质人才流失也是制约海洋经济持续发展的重要因素。

（3）机遇方面。国家对海洋经济的重视和政策支持为北部沿海地区提供了良好的发展机遇。通过实施区域协调发展战略，北部沿海地区可以进一步优化资源配置，提升经济发展质量。

（4）挑战方面。资源过度开发和环境污染问题如果得不到有效解决，将对海洋经济的可持续发展构成严重威胁。人口老龄化和劳动力成本上升也将增大海洋经济发展的压力。

2. 东部沿海地区

东部沿海地区，包括浙江、上海和江苏，位于长江三角洲和东海沿岸，也是我国海洋经济发展潜力最大的地区。该区域海岸线长度达800公里，海域面积总计30.81万平方公里，主要包括东海和长江口水域。大型港口超20个，共有4400多个海岛，这些资源不仅为地方经济的发展提供了丰富的渔业资源，还蕴藏着大量的海洋可再生能源，如风能和潮汐能。

（1）优势方面。浙江、江苏和上海三地的经济基础雄厚，海洋生产总值占全国总量的1/4。这些地区拥有成熟的港口设施，如宁波舟山港和上海港，支持了全球贸易的巨大流量。

（2）劣势方面。随着海洋经济的快速发展，这些地区的海洋环境面临着显著的压力，如海洋污染和海岸线的过度开发。这对生态系统的可持续性构成了威胁，需要采取更为严厉的环保措施。虽然浙江、江苏和上海拥有广阔的海域和丰富的资源，但这些资源的可持续利用受到挑战。

（3）机遇方面。国家对海洋经济的重视，以及长三角一体化战略的推进，为浙江、江苏和上海在海洋经济领域的进一步发展创造了良好条件。这些政策将促进区域内资源的整合与产业的协同发展。

（4）挑战方面。地区的海洋经济高度依赖国际贸易，全球经济的不确定性和贸易摩擦可能对其造成负面影响，特别是在港口物流和海洋贸易方面。

3. 南部沿海地区

南部沿海地区包括福建、广东、广西和海南，地处中国南部沿海，是国家海洋经济发展的重要区域。广东、福建、广西和海南四个省份的海洋生产总值总体达到约3.5万亿元，约占全国海洋经济的35%。这些省份的海岸线总计达10000公里，海域面积广阔，总计超过250万平方公里，其中包括南海的广阔海域和西太平洋的部分区域，大小港口50多个，为海洋资源的开发利用提供了巨大潜力。

（1）优势方面。南部沿海地区拥有丰富的渔业资源、石油和天然气储备。广东的珠三角地区在海洋科技和装备制造方面也处于领先地位。广州、深圳和厦门等地的港口在全球物流网络中扮演着关键角色，有利于发展海洋运输和跨境贸易。

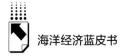

（2）劣势方面。产业结构偏重传统，部分海洋产业技术含量低，转型升级压力大。环境污染和海洋生态保护问题突出，特别是工业废水排放和海洋垃圾。尽管有高新技术产业，但在高端海洋装备制造和海洋生物医药等新兴领域，技术创新能力仍不足。

（3）机遇方面。依托粤港澳大湾区、北部湾经济区和海南自贸港的建设，这些地区可以进一步加强区域合作，吸引更多的国际投资和技术交流，推动海洋经济的国际化发展。

（4）挑战方面。南部沿海地区的气候条件复杂多变，频繁的台风和热带风暴对海洋经济活动造成巨大影响，港口运营和海洋运输面临巨大挑战。区域内存在海洋资源开发过度的问题，渔业资源和海洋生态环境承受巨大压力，导致资源枯竭和生态系统退化。

（三）我国陆海经济发展存在的问题

1. 资源开发利用效率低

尽管我国拥有丰富的海洋资源，但开发利用效率低的问题仍然突出。传统捕捞和养殖方式过度依赖自然资源，缺乏科学规划和先进技术支持，导致渔业资源的过度捕捞和退化。东海和南海的过度捕捞已经使许多鱼类资源急剧减少，渔业产量下降。

2. 环境污染严重

环境污染严重制约了我国陆海经济的可持续发展。沿海地区的工业污染、城市污水排放和海洋垃圾问题普遍存在，导致生态系统遭受严重破坏。东部和珠三角等经济发达地区，工业废水和生活污水的排放量巨大，给近海水质带来严重影响。

3. 管理体制尚不完善

我国海洋经济管理体制不完善，影响了陆海经济的协调发展。海洋经济涉及多个部门和层级，职能交叉，权责不清，导致政策执行和资源管理效率低下。海洋渔业、港口管理、海洋环境保护等职能分属不同部门，缺乏统一协调机制，影响政策的整体执行效果。

二　我国陆海经济关联关系分析

（一）沿海地区陆域经济影响因素

国际经济交流中心与美国哥伦比亚大学地球研究院合作构建了一套用于研究我国现阶段经济发展的可持续能力评价体系（CSDIS），根据 CSDIS 将我国陆域经济系统要素划分为五个大类：经济类要素、社会类要素、环境类要素、政策类要素、技术类要素。

经济类要素。将 GDP、对外开放程度、失业率、产业结构等变量作为影响我国经济发展的因素。

失业率。失业率是劳动力市场的关键指标，属于宏观经济范畴。失业率是衡量经济健康状况的重要指标。高失业率往往表明经济增长乏力，资源未得到充分利用，从而限制了经济发展。失业率通过影响家庭收入、消费需求以及社会稳定来间接影响经济发展。失业率的影响可在短期和长期内显现。短期内，高失业率会迅速导致消费下降和经济萎缩，而长期失业则可能导致劳动力技能退化和社会问题的加剧。失业率的影响范围主要集中在劳动力市场和消费领域，但也通过影响投资和政府政策扩展到整个经济体系。失业率的影响程度相对较大，特别是在经济衰退或危机期间。失业率的波动会直接影响家庭收入和消费信心，进而影响整个经济的稳定性和增长潜力。

产业结构。产业结构是指一国或地区在某一时期内各经济部门或行业之间的比例关系，属于经济结构范畴。产业结构的优化能够提高资源配置效率，促进技术进步和劳动生产率的提高，从而推动经济增长。产业结构通过影响生产要素的分配、技术创新和市场需求来影响经济发展。产业结构的调整和优化往往是一个长期过程。短期内，结构调整可能会引发阵痛，如产业转移和失业问题，但长期来看，合理的产业结构能够提升经济的竞争力和抗风险能力。产业结构的影响范围广泛，涵盖了从生产力布局到就业结构的各个方面。

其余社会类要素、环境类要素、政策类要素以及技术类要素分别选用人口总量、居民生活水平、居民消费水平、社会福利、污染排放、污染治理、

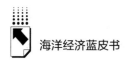

环保投资、社会治理能力、社会保障能力、市政建设、发明专利有效量、国内发明专利授权量、研究与试验发展（R&D）人员、R&D 经费内部支出等指标进行衡量，受限于篇幅原因，不再展开叙述。

（二）我国海洋经济发展影响因素

将海洋经济系统划分为以下五大子系统，经济子系统、资源子系统、环境子系统、社会子系统、技术子系统，由于研究对象划定在沿海地区，陆域经济系统和海洋经济系统共用社会子系统，所以海洋经济子系统最终定位四个子系统。同时，由于陆海经济系统在地理范围、资源特点、经济活动类型和环境条件等因素的区别，造成衡量两大经济系统指标要素存在差异性，考虑到经济之间的关联性与可实践性，选取以下指标作为衡量海洋经济评价指标体系要素指标。

海洋经济类要素。选用 GOP、海洋资产规模、海洋经济结构等相关要素评价海洋经济子系统发展水平。

海洋资产规模。海洋资产规模属于海洋经济的资源和资本范畴，是指一个国家或地区所拥有的海洋自然资源和人工资产的总量。海洋资产规模直接影响海洋经济的发展潜力和效率。海洋资产规模通过多种方式影响海洋经济发展。海洋资产规模的影响通常具有长期性。基础设施的建设和资源的开发需要大量时间和资金投入，其效果也将在较长时间内持续影响区域的经济活动。海洋资产规模的影响范围广泛，涵盖了从资源开发、经济活动到环境保护的各个方面。海洋资产规模对经济发展的影响程度通常较大。

海洋经济结构。海洋经济结构是指一个国家或地区海洋经济活动中各产业部门之间的比例关系，属于经济结构范畴。合理的经济结构可以提高资源利用效率，促进产业间的协同效应，增强经济抗风险能力。海洋经济结构通过资源配置和产业链整合影响海洋经济发展。海洋经济结构的调整和优化往往是一个长期过程。短期内，结构调整可能会导致阵痛，如产业转移和失业问题，但长期来看，合理的经济结构能够支持海洋经济的可持续增长和抗风险能力。海洋经济结构的影响范围不仅限于区域内部，还扩展到国际市场。

其余海洋资源要素、海洋环境类要素、海洋技术要素分别选用海洋养殖面积、海域面积、海洋货运水平、海洋客运水平、海洋污染排放、海洋污染治理、海洋创新投入，海洋创新产出水平等指标进行衡量，受限于篇幅原因，不再展开叙述。

（三）沿海地区陆海经济关联关系分析

1.沿海地区陆域经济内在关联性分析

根据斯皮尔曼计算公式计算陆域经济系统各子系统内部指标的相关性，并列出其相关系数矩阵，对子系统内部的关系进行分析。相关系数矩阵如图1所示。

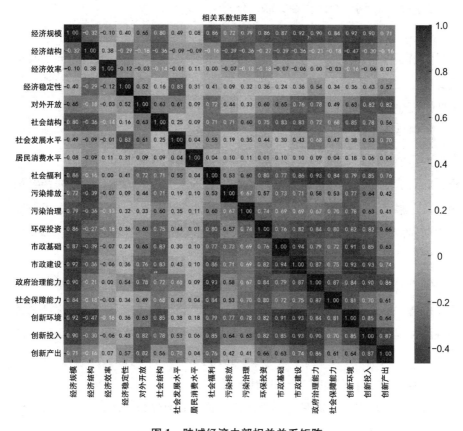

图1 陆域经济内部相关关系矩阵

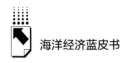

从图 1 中可以看出，经济规模与社会结构呈现高度线性相关，这表明较大的经济体往往伴随着更为多元和层次分明的社会结构。一个可能的解释是，随着经济的扩张，产业多样化带动了职业分化，促进了劳动市场的细分和社会角色的专业化，而经济的发展同时带动了医疗、教育和科技的发展，这些因素对优化社会结构产生了至关重要的作用。而社会结构的优化反过来又为经济系统提供了更优质的人才和发展环境，从而促进经济的增长，产生良性循环。对外开放程度与居民生活水平的正相关关系也意味着开放的经济政策，如降低贸易壁垒和吸引外国直接投资，可以提高国内生产总值并通过促进竞争和技术传播提高生产效率。这些效果可能会导致就业增长和收入提升，从而提高居民的生活水平。

2. 沿海地区海洋经济内在关联性分析

在海洋经济系统中，各指标之间的相关性反映了复杂的经济、环境和技术间的相互作用。海洋经济的子系统间关系同样错综复杂，通过不同的渠道及交互方式相互影响。参照陆域经济系统，衡量各子系统之间的相关性。相关性矩阵如图 2 所示。

海洋经济结构与海洋基础资源呈现显著的正相关性。这种关系反映了海洋经济的结构与其资源基础之间的密切联系。随着海洋经济的发展，对海洋资源的需求增加，导致资源开发的加强。这种发展模式表明，目前海洋经济的增长在很大程度上依赖于资源的开发和利用，但这也提出了对资源可持续利用和保护的挑战。经济规模与污染治理之间的正相关性可能表明，随着经济规模的扩大，越来越多的资源和注意力被用于环境保护和污染治理。这反映了随着海洋经济的发展，环境保护意识的提高和环境治理能力的增强。然而，值得注意的是，经济效率与污染排放间的负相关可能表明，在提高经济效率的过程中，更加注重环境保护和资源的高效利用，这导致了污染排放的减少。这种关系揭示了经济发展模式向更加可持续和环保的方向转变。

3. 我国沿海地区陆海经济关联性分析

从图 3 可以看出，陆域经济中的经济规模对海洋经济的发展具有显著影响。沿海地区的产业升级和高端制造业的发展，不仅提升了陆域经济的竞争

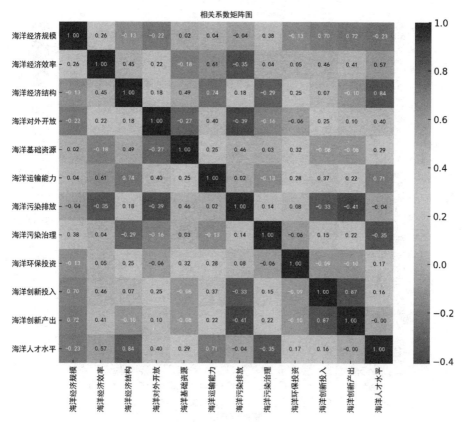

图 2　海洋经济系统相关性分析

力，还带动了海洋经济中相关产业的成长。系数矩阵显示，陆域经济中的对外贸易指标与海洋经济中的港口吞吐量和海运业发展之间存在高度正相关关系。这意味着，沿海地区对外贸易的增长直接带动了港口物流和海运业的发展。陆域经济的快速发展在带来经济增长的同时，也对环境保护和生态治理提出了更高的要求。海洋经济的发展同样面临生态环境保护的挑战，特别是在沿海工业密集区，海洋污染和生态退化问题尤为突出。相关系数矩阵中的数据表明，陆域经济中的环境保护投入与海洋经济中的生态治理指标之间存在较强的正相关关系，沿海地区在加强陆域环境保护投入的同时，也在积极推进海洋生态治理。

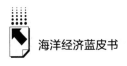

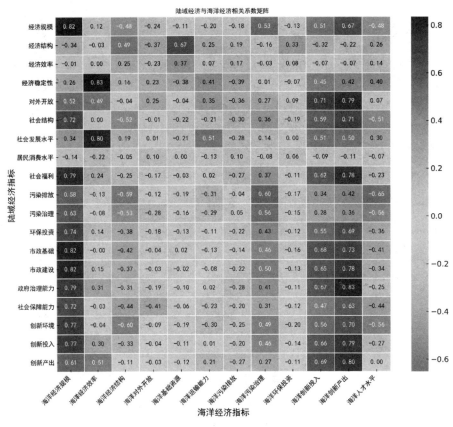

图3 陆海经济相关性矩阵

三 我国陆海经济交互作用分析

（一）陆域经济系统复杂网络特征分析

基于复杂网络的视角对陆海经济系统的交互作用进行研究，构造陆域经济系统网络。

1.我国陆域经济系统复杂网络构建

选择评价指标作为网络系统的节点，采用节点之间的相关系数矩阵作为节点之间边的关系，根据节点之间的相关性，定义相关系数绝对值大于0.3

的表示节点之间存在边的关系，对于相关系数绝对值小于 0.3 的节点之间，认为不存在相互关系。当节点之间相关系数为正时，边的方向为自变量节点指向因变量节点，当相关系数为负时，边的方向由因变量节点指向自变量节点。以此为基础得出陆域经济系统邻接矩阵，并构建陆域经济系统有向网络图如图 4 所示。

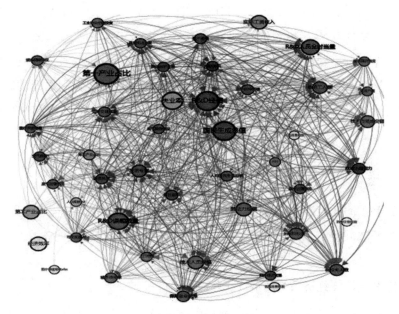

图 4 陆域经济系统网络图

2. 我国陆域经济系统网络特征分析

根据陆域经济系统邻接矩阵构建陆域经济系统网络结构图共有节点 47 个（删除的节点为外资对资产贡献率和居民医疗消费指数），边数 677 条，平均度数 14.404，平均加权度 8.471，网络直径 5，网络密度 0.306，最大强连通组件为 44，平均最短路径长度为 0.91（考虑权重），平均聚类系数为 0.822。节点大小根据重要性进行映射，采用 PageRank 方法计算节点的重要性，节点越大表明节点越重要；颜色的深浅则描绘了节点之间的作用方向，根据节点的度进行排序，节点的度分为出度和入度，节点入度越高则颜色越深，说明其他节点对该节点的影响越大，节点出度越高，则颜色越浅，

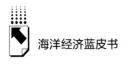

则该节点对其他节点的影响越大。节点之间连线的粗细则反映了节点之间权重的大小。

由图4可以看出整个陆域经济系统联系紧密，节点之间的边数达到677条，表明在47个节点中，共产生了677个关系，平均度数14.404，聚类系数达到了0.822，表明网络中存在较多的紧密连接的三角结构。尽管网络本身不是完全强联通的，但最大强联通组件几乎包含了所有的节点，且平均最短路径长度为0.91，也表明在陆域经济系统网络中，各种因素之间的相互影响是紧密且迅速的。这可能意味着某一子系统的变化能快速影响到其他子系统。网络直径为5，表示即使是最远的两个经济指标，它们之间的影响也只需要通过5个中间步骤就可以传递，这突显了陆域经济系统的高度互联性。

（二）海洋经济系统复杂网络特征分析

1.我国海洋经济系统复杂网络构建

参照陆域经济网络构建方法，构建海洋经济系统有向网络图，如图5所示。

2.我国海洋经济系统网络特征分析

根据海洋经济系统邻接矩阵构建海洋经济系统网络结构图共有节点35个，边数218条，平均度数6.229，平均加权度3.105，网络直径4，网络密度0.178，最大强连通组件为33，平均最短路径长度为2.151（考虑权重），平均聚类系数为0.313。海洋经济系统联系虽不如陆域经济系统紧密，但也组成了一个复杂的网络系统。节点之间的边数达到218条，表明在35个节点中，共产生了218个关系，平均度数6.229，聚类系数为0.313，网络中平均一个节点与其他6个节点存在直接的联系，而且存在较多的紧密连接的社区结构，显示了海洋经济系统的交互程度和多样性。网络直径为5，表示即使是最远的两个经济指标，它们之间的影响也只需要通过5个中间步骤就可以传递，意味着海洋经济系统网络整体上相对紧密。但海洋经济网络图密度为0.183，图密度是实际边数与可能边数的比率，较低的密度表明网络中

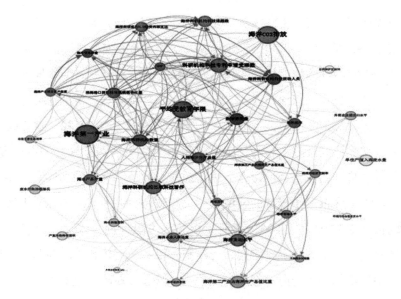

图5 海洋经济系统网络图

可能的连接没有全部实现，反映了海洋经济系统中潜在的经济互动尚未全部发挥，存在进一步增强互动和合作的空间。

（三）我国陆海经济系统耦合效应分析

选择北部地区和东部地区，根据耦合协调度模型计算两个地区的交互作用，以探究陆海经济关联关系，具体结果如表1所示。

表1 沿海典型区域陆海经济系统耦合协调度

省份	2013年	2014年	2015年	2016年	2017年	2018年	2019年	2020年	2021年	2022年	2023年	均值	排名
上海	0.33	0.34	0.34	0.34	0.35	0.37	0.38	0.37	0.38	0.40	0.40	0.35	5
天津	0.28	0.28	0.29	0.30	0.30	0.30	0.30	0.30	0.32	0.30	0.30	0.28	7
山东	0.42	0.43	0.45	0.46	0.47	0.48	0.48	0.48	0.50	0.51	0.51	0.45	1
江苏	0.39	0.39	0.41	0.41	0.42	0.43	0.44	0.44	0.45	0.45	0.46	0.40	2
河北	0.32	0.32	0.33	0.33	0.33	0.34	0.35	0.36	0.36	0.37	0.37	0.32	6
浙江	0.37	0.37	0.39	0.39	0.40	0.41	0.41	0.42	0.43	0.45	0.44	0.38	3
辽宁	0.36	0.36	0.38	0.38	0.38	0.38	0.37	0.38	0.39	0.39	0.41	0.36	4

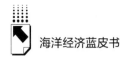

由表1可知，2013~2023年，我国沿海典型区域陆海经济系统耦合协调度取值为 [0.28，0.45]，山东和江苏在协调度上表现出持续的高水平，分别以0.45和0.40的均值位居前列，表现出了陆海经济较好的协同性，两个省份通过港口建设、海洋产业园区的布局，实现了陆海经济的有效融合。相比之下，天津和河北的协调度较低，均值分别为0.28和0.32，这反映出其在陆海经济的协同发展上存在一定的不足。天津虽然拥有良好的港口资源，但在陆域经济和海洋经济的融合上仍需加强，此外，河北的海洋资源相对有限，其经济更多依赖于传统的陆域产业，导致协调度不高。浙江、上海的协调度均值分别为0.38、0.35，表现为较好的协同程度，但是陆海经济的协调发展仍然具有很大的上升空间，近年来，长三角一体化战略使其在区域协调发展中逐步加强了与海洋经济的联动，尽管起步较晚，但潜力巨大。

四　我国陆海经济引力效应分析

（一）我国陆海经济引力模型构建

引力模型的思想来源于牛顿的万有引力定律，即两个质点之间存在着沿着它们连心线方向的相互吸引力。这个引力的大小与它们的质量成正比，与它们的距离成反比。经济学领域引力模型基于这样的假设：两个实体间的相互作用强度与它们的"质量"成正比，与它们之间的"距离"成反比。质量参数和距离参数可以用多种经济指标代替，例如经济体之间的经济规模、产业结构、社会水平、人口等可以看作"质量"参数，而距离则可以是经济体之间的经济、政策、文化差异等。

引力模型在经济学中通常遵循以下形式：

$$F_{ij} = G \times \frac{M_i \times M_j}{D_{ij}^2} \tag{1}$$

考虑引力模型中的现实意义，传统引力模型概念中两个经济实体质量越大、距离越短引力越大。根据上述原则，我们对引力模型进行修改，得出陆海经济系统引力模型的一般形式：

$$F_{ij} = G \times \frac{1}{|(M_i - \overline{M})(M_j - \overline{M})|} / \left(\frac{S}{L}\right)^2 \tag{2}$$

其中，F_{ij} 为陆海经济系统的引力大小，M_i 和 M_j 分别表示陆、海两个经济实体的质量参数，$\overline{M}$ 表示两个经济实体质量参数的平均值，G 取值为 1，$\left(\frac{S}{L}\right)^2$ 为海岸线长度与行政区域面积的倒数。假设，计算陆海社会子系统的引力大小，其质量参数相同，则 F_{ij} 理论上是无穷大值，符合现实情况。

（二）我国陆海经济引力效应分析

根据公式，测算各地区之间陆海经济引力大小如表 2 所示。

表 2　陆海经济引力值

省份	2010年	2011年	2012年	2013年	2014年	2015年	2016年	2017年	2018年	2019年	2020年	2021年	2022年	2023年
上海	2.6	3.4	2.9	2.9	2.8	2.8	3.1	3.0	3.2	3.0	2.9	2.2	2.6	2.8
天津	1.6	1.6	1.3	1.3	1.2	1.1	1.0	1.0	1.4	1.1	1.1	0.9	1.1	1.0
山东	4.6	4.1	2.6	3.6	3.0	3.0	2.4	2.0	1.9	1.8	1.4	1.8	2.2	1.7
广东	6.7	5.9	5.9	5.6	5.2	5.3	4.3	3.6	3.3	3.5	3.4	3.2	3.9	4.3
广西	3.5	1.9	2.6	2.0	1.8	1.6	1.5	1.4	1.4	1.3	1.5	1.5	1.6	1.3
江苏	2.8	2.7	3.0	2.0	3.1	3.2	3.2	2.5	2.6	3.1	2.4	4.1	4.3	3.1
河北	0.4	0.5	0.6	0.7	0.4	0.4	0.3	0.2	0.4	0.3	0.6	0.2	0.3	0.2
浙江	7.4	6.3	7.1	7.2	6.1	6.0	4.7	4.3	4.8	3.7	4.4	4.3	4.9	4.3
海南	4.2	3.8	3.0	3.1	2.8	2.9	2.0	2.7	2.3	2.8	2.3	2.4	3.0	4.8
福建	8.3	7.4	7.5	7.1	6.8	5.8	5.5	4.2	3.6	3.3	2.8	2.5	3.4	2.6
辽宁	3.6	3.0	3.4	3.5	3.1	3.1	2.6	2.7	3.1	3.4	5.4	6.0	5.6	4.8

由表 2 可以看出，2010~2016 年，辽宁省和山东省的陆海经济引力呈现波动状态，但总体呈下降趋势，天津市和河北省的陆海经济总体较为平稳，

但这两个区域的引力值相对较小。2016年以后，辽宁省的陆海经济引力值开始增加，其他省份的陆海经济互动和整体交互仍然保持了相对稳定的状态。经过分析认为主要由以下原因造成。2010~2016年，我国经济处于高速发展状态，但是沿海地区的经济发展相对稳定，查阅资料发现，2010年至今，我国海洋经济生产总值占国内生产总值占比常年稳定在10%左右，从经济规模的绝对值来看，我国陆域经济每年的增量要远远大于海洋经济增量，这就造成在经济发展水平上，陆域经济发展速度是远超于海洋经济的，这也意味着陆域经济系统和海洋经济系统发展并不协调，侧面说明了陆海经济之间的互动减少，其引力值相应减小。而辽宁省在2016年以后，陆海经济引力值逐年增大，主要是因为2016年以后，辽宁省在陆域经济领域发展放缓，GDP增速2016年至2023年平均增速为4%左右，但辽宁省的海洋经济发展相对稳定，导致海洋经济规模和陆域经济发展水平日益接近，故辽宁省陆海经济系统之间引力值上升。另外，天津市和河北省的陆海经济引力值相对较小主要是因为天津市和河北省的海岸线距离较短，其陆海经济联系相对不够紧密导致。

五 我国陆海经济统筹对策建议

第一，优化经济结构。由前文可以看出，经济结构是陆海经济协同发展的关键因素。政府可通过财政、税收等政策引导，加大对战略性新兴产业的扶持力度，鼓励企业增加科技研发投入，推动传统产业向高附加值、高科技领域转型从而促进产业结构优化和转型升级。

第二，资源开发与环境保护。资源和环境压力是制约陆海经济协调发展的又一重要因素，建立健全的法律法规和政策体系，加强资源管理和环境监管，严格限制资源开采和环境污染，落实责任追究制度，保障资源开发与环境保护的平衡。加强生态修复和保护，保护生态系统完整性，重点保护生态敏感区和重要生态功能区，实施生态补偿机制，促进生态环境持续改善。

第三，政府治理能力提升。政府治理能力是保障陆海经济健康发展的基础，提升政府治理能力是实现陆海经济协同发展的关键。加强组织架构和人才队伍建设，建立专业化、高效的政府机构，选拔培养具有专业知识和管理技能的政府干部，提高政府治理水平。强化监督机制和问责制度，建立健全的监督体系，加强对政府行为的监督和执法力度，提高政府责任意识和执行力。注重学习和借鉴国际经验，加强与其他国家和地区的交流合作，吸收先进管理理念和方法，不断提升政府治理能力和水平。

第四，对外开放水平提高。加大对外开放是推动陆海经济协同发展的有效途径。加强政策法规制度建设，确立更加开放的政策环境，扩大市场准入，降低贸易壁垒和投资限制，提升外商投资便利化水平。深化贸易合作与经济互利，积极参与国际贸易体系建设，签署自由贸易协定，加强与各国的经贸往来，拓展出口市场，促进贸易平衡发展。优化投资环境，加大对外开放力度，吸引更多外资流入，引进国际先进技术和管理经验，促进产业转型升级和创新发展。

参考文献

盖美、何亚宁、柯丽娜：《中国海洋经济发展质量研究》，《自然资源学报》2022 年第 4 期。

徐胜：《中国陆海系统协调度及经济互动效率评价研究》，《山东大学学报》（哲学社会科学版）2019 年第 6 期。

张耀光、刘锴、王圣云：《关于我国海洋经济地域系统时空特征研究》，《地理科学进展》2006 年第 5 期。

倪月菊、牛宇柔：《"一带一路"倡议对中国—东盟国家的双边贸易效应——基于结构引力模型分析》，《南洋问题研究》2023 年第 2 期。

刘洋、裴兆斌、韩立民、姜义颖：《我国区域海洋环境与海洋经济质量协调性演化分析》，《生态经济》2023 年第 9 期。

金雪、殷克东、张栋：《我国陆海经济关联性的实证分析》，《统计与决策》2016 年第 7 期。

狄乾斌、陈小龙、王敏：《中国沿海海洋生态福利绩效时空差异及演化趋势分析》，《海洋通报》2022 年第 3 期。

B.13
中国海洋清洁能源发展分析与预测

杨文栋　张浩　臧欣怡*

摘　要：　21世纪以来，海上风电、海上光伏和海洋天然气等海洋清洁能源的开发和利用取得显著进展，成为能源绿色转型的关键力量。然而，目前海洋清洁能源发展也面临着诸多机遇与挑战。技术瓶颈、环境影响以及资源可持续利用等问题限制了其进一步发展。在此背景下，对中国海洋清洁能源发展进行分析与预测具有重要意义。本报告对海洋清洁能源发展背景与现状进行梳理，建立集成模型对中国主要海洋清洁能源的未来发展趋势进行预测。预计2027年，海洋电力生产总值将达到810.3212亿元，海上风电累计装机容量将达到7016.1123万千瓦，海洋油气生产总值将达到4030.8410亿元，海洋天然气产量将达到339.1156亿立方米，表明海洋清洁能源将在能源转型中持续发挥关键作用。建议未来通过提升海洋清洁能源技术、降低海洋清洁能源成本、保障海洋清洁能源环保性以及推动海洋清洁能源发展等综合视角，全面推动海洋清洁能源健康与可持续发展。

关键词：　海洋资源　清洁能源　可持续利用　海洋经济

一　海洋清洁能源发展简述

随着工业化进程不断加快，二氧化碳等温室气体排放日益增多，各领域

---

* 杨文栋，山东财经大学管理科学与工程学院副教授，硕士生导师，研究方向为机器学习、数据挖掘、预测与评价；张浩、臧欣怡，山东财经大学管理科学与工程学院，研究方向为预测理论与方法。

研究学者开始向清洁可持续能源方向拓展。海洋作为地球上不可或缺的自然资源，其蕴含的清洁能源成为替代传统化石燃料的理想选择之一。

（一）海洋清洁能源概念

海洋能源作为缓解全球能源危机、推动可持续发展的关键要素，其潜在价值日益凸显。党的十八大将"海洋强国"理念纳入国家战略，党的十九大进一步强调"坚持陆海统筹，加快建设海洋强国"，凸显了海洋在国家总体战略布局中的核心地位。在全球绿色低碳转型和"双碳"目标的指引下，海洋清洁能源的绿色开发与科技创新已成为国际海洋事务中的关键议题，彰显了其在国际竞争中的战略重要性。

尽管"海洋清洁能源"概念并未在正式文件给出明确界定，但其实质与内涵已逐渐清晰。海洋清洁能源，即来源于海洋的清洁能源，其在使用过程中几乎零排放，对环境产生的负面影响微乎其微，涵盖了可再生能源和传统清洁能源两大类别。根据 2005 年颁布的《中华人民共和国可再生能源法》，可再生能源是指风能、太阳能、水能、生物质能、地热能、海洋能等非化石能源。《海洋可再生能源发展"十三五"规划》则表明海洋可再生能源主要包括潮汐能、潮流能、波浪能、温差能、盐差能、生物质能和海岛可再生资源等。从更广泛的视角来看，海洋清洁能源还应涵盖海洋上空的风能、海洋表面的太阳能等。值得注意的是，在《能源发展"十三五"规划》中，将天然气视为对环境危害较小的清洁能源，这一分类也拓宽了海洋清洁能源的范围。因此，基于上述分析，可以将海洋清洁能源定义为：源于海洋自然资源与环境，利用过程中不会对环境造成显著污染或损害的能源，既包括狭义上的海洋可再生能源，如潮汐能、波浪能、潮流能、温差能和盐差能等，又包括海上风电、海上光伏、海洋生物质能等广义上的海洋能源，以及海洋天然气等新兴形式的海洋清洁能源。

（二）国家海洋清洁能源发展背景

2020 年，习近平主席在第七十五届联合国大会一般性辩论上提出，"中

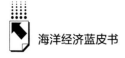

国将提高国家自主贡献力度，采取更加有力的政策和措施，二氧化碳排放力争于 2030 年前达到峰值，努力争取 2060 年前实现碳中和"，标志着中国正全面加速向绿色、可持续能源体系转变，彰显了国家在应对气候变化、推动能源革命的决心与行动。《中华人民共和国 2023 年国民经济和社会发展统计公报》数据显示，我国 2023 年水电、核电、风电、太阳能发电等清洁能源的发电量达到 31906 亿千瓦时，比上年增长 7.8%，清洁能源消费量占能源消费总量比重为 26.4%，充分体现了中国在清洁能源领域的高速发展。

然而，能源转型之路并不止于此，中国坐拥广阔的海域和漫长的海岸线，海岛资源丰富，蕴含着丰富的海洋能源，其能量密度更是位居世界前列，具备大规模开发利用的潜力。自 2006 年起，我国海洋能源开发利用进入前所未有的机遇期，海洋能源发展被纳入《可再生能源法》、《可再生能源发展"十三五"规划》和《能源生产和消费革命战略（2016—2030）》等多个重大国家计划，彰显出国家对海洋能源发展的高度重视。《海洋可再生能源发展纲要（2013—2016 年）》明确指出，海洋能开发不仅是确保国家能源安全、实现节能减排的迫切需求，也是提升国际竞争力的关键举措，更是解决沿海和海岛能源短缺问题的有效途径。《能源发展战略行动计划（2014 年—2020 年）》则进一步强调，紧跟能源绿色、低碳、智能的发展趋势，聚焦保障能源安全、优化能源结构和节能减排的长远目标，海洋能发电等清洁能源科技创新被列为战略方向和重点任务。同时，根据国际可再生能源署预测，全球海洋能装机容量在未来五年内有望达到 3 千兆瓦，预示着海洋能源开发将迎来新的高潮。

（三）区域海洋清洁能源政策支持

海洋清洁能源开发利用的快速发展，成为实现"双碳"目标的"蓝色途径"。中共中央政治局第十二次集体学习会议强调，积极发展清洁能源，推动能源结构向绿色低碳化转型，对于积极稳妥推进实现"双碳"目标具有重要意义。为加强海洋清洁能源的技术研发和合理利用，各沿海省份积极响应国家政策号召，通过出台相应规划和方案，为海洋清洁能源发展提供良好的政策环境，推动建设更高质量、更高效的海洋清洁能源发展改革示范区。例如，2022年，辽宁省颁布《辽宁省加快推进清洁能源强省建设实施方案》，指出将扩展清洁能源开发空间，不仅重点支持发展陆上风光基地，还将合理规划和利用海上资源，因地制宜发展生物质能、地热能和潮汐能等可再生能源。山东省作为东部沿海的重要省份，拥有漫长的海岸线和丰富的海洋资源，为发展海洋清洁能源提供了得天独厚的优势条件。《山东省"十四五"海洋经济发展规划》特别强调要注重海洋清洁能源的开发和利用，包括海上风电、温差能、波浪能等。广东省作为中国的经济大省，一直走在清洁能源和海洋经济的发展前列。在"双碳"目标的推动下，广东省将海洋清洁能源作为实现能源结构转型和经济高质量发展的重要途径。《广东省能源发展"十四五"规划》提出要大力发展核能、太阳能、风能等清洁能源，加快清洁能源的发电装机容量规模增长，推进能源结构转型优化。

二　中国海洋清洁能源发展现状

我国拥有丰富的海洋资源，超长海岸线覆盖从温带到热带的各种气候区，为海洋清洁能源的开发提供了优异的自然地理条件，同时国家政策、科研能力和市场需求也在不同程度上奠定了发展基础。接下来，将从海上风电、海上光伏、海洋天然气以及其他能源四个方面出发，对中国海洋清洁能源的发展现状进行分析。

（一）海上风电

《2024年全球海上风电报告》指出，历经2023年历史性装机高峰和关键政策突破后，海上风电步入全球范围内的加速增长期。《"十四五"可再生能源发展规划》明确提出，将重点建设山东半岛、长三角、闽南、粤东和北部湾五大海上风电基地，加快推动海上风电集群化开发。图1展示了2015~2023年我国海上风电装机容量的变化情况，可以看出，我国海上风电新增装机容量呈逐年上升趋势，在 2021 年实现巨大突破，新增装机容量达到 1448 万千瓦。截至 2023 年底，我国海上风电累计装机容量高达 3650 万千瓦，占全国风力发电总装机容量的 8.5%，标志着中国海上风电实现了质的飞跃，有望成为国家清洁能源体系中的重要支柱。

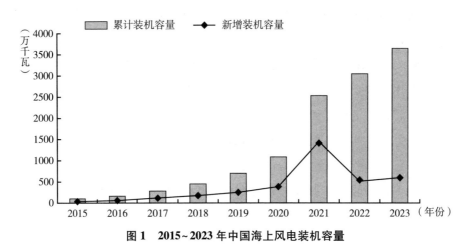

图 1   2015～2023 年中国海上风电装机容量

资料来源：国家能源局。

从各地区发展来看，中国海上风电产业在沿海省份的发展具有明显的区域特色。例如，山东省作为北部地区海上风电开发的重点区域，近年来海上风电装机容量显著提升。《山东省海上风电装备发展白皮书（2023）》指出，2023 年新增海上风电装机容量 211 万千瓦，累计装机容量 472 万千瓦，为带动海上风电装备产业发展奠定了坚实基础。江苏省作为中国海上风电发展的领头羊，拥有丰富的风能资源和较为成熟的产业链，截至 2023 年，江苏省海洋风电累计装机容量达 1765.6 万千瓦，比上年增长 0.3%。福建省拥有丰富的海上风能资源，在 2023 年底，一批大容量海上风电机组实现并网投送，预计其未来规模将不断扩大。

（二）海上光伏

与陆上光伏电站相比，海上光伏在同等光照条件下具有显著优势。根据国家海洋技术中心海洋能发展中心测算,我国可安装海上光伏装机规模超过 70GW。图 2 展示了 2015～2023 年我国光伏装机容量的变化情况,可以看出,自 2019 年起,全国光伏新增装机容量逐年稳步增长。根据国家能源局数据,截至 2023 年底,全国太阳能发电累计装机容量达 6.1 亿千瓦,新增装机容量达到 216.88GW,同比增长 148%,创下历史新高。

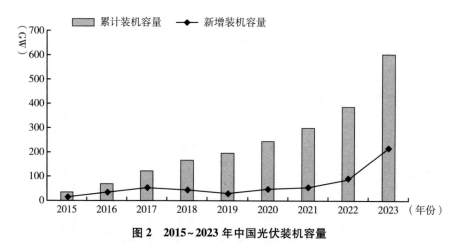

图 2　2015～2023 年中国光伏装机容量

资料来源:国家能源局。

我国政府高度重视新能源产业的发展,并出台了一系列扶持政策,鼓励海上光伏项目的投资与建设。国家能源局发布《关于组织开展可再生能源发展试点示范的通知》明确指出,应优先支持在太阳能资源丰富、建设条件优越的盐田等已开发海域,积极推进海上光伏项目的落地。各地政府积极响应国家号召,因地制宜制定配套政策,山东、江苏、河北等沿海省份已率先启动多个海上光伏项目,展现出地方政府对新能源转型的坚定承诺。

(三)海洋天然气

2023 年,全球经济增速回落,能源消费持续增长,能源结构持续向清洁化转型,非化石能源消费比重达到 18.5%,标志着绿色能源时代的到来。

根据《中国海洋能源发展报告2023》，全球海洋油气勘探开发方面的投资约为1869.3亿美元，同比增长14.2%，彰显了海洋天然气开发的巨大潜力。2023年，全球海洋天然气产量约1.2万亿立方米，增长32亿立方米。其中，全球1500米以上超深水天然气产量有望大幅增长15.5%。图3直观展示了2015~2023年我国海洋天然气开采情况，可以看出，自2017年起，我国每年海洋天然气开采量稳步上升，2023年再创新高，达到约238亿立方米，约占全国天然气开采增量的15%。

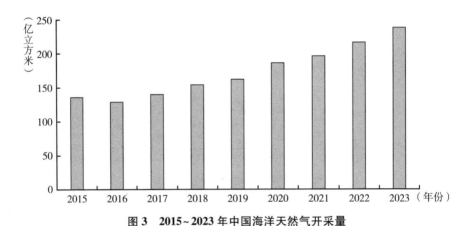

图3　2015~2023年中国海洋天然气开采量

资料来源：《中国海洋经济统计公报》（2015~2023）。

我国海洋天然气的开发涉及多个沿海省份，各省份根据其地理优势和资源条件，在海洋天然气的勘探、开发和利用上有着不同的发展。例如，近年来，山东省在海洋天然气的勘探和开发上取得了显著进展，同时积极推动海洋能源的综合利用，促进能源结构的优化。广东省，尤其是在珠江口盆地，拥有丰富的海洋油气资源。《广东海洋经济发展报告（2024）》指出，广东省"海上产业"不断做大做强，加快构建现代化海洋产业体系。海南省受益于南海丰富的油气资源，为深海油气的勘探和开采提供了便利。《海南省油气产业发展"十四五"规划》指出，到2025年要延长油气产业链条，提高科技含量，建成海洋油气资源开发和服务保障体系。

（四）其他能源

《中国海洋能源发展报告2023》指出，中国近岸及其毗邻海域蕴藏着丰富的海洋能，能量密度位于世界前列，具备规模化开发利用的有利条件。因此，中国在海洋清洁能源领域的探索与开发中，不仅局限于海上风电、海上光伏和海洋天然气，还包括了对波浪能、潮流能和潮汐能、温差能、盐差能等海洋能源的利用，以及对海洋碳捕集与碳封存技术的研究和海上多能源融合系统的创新。

1. 波浪能

中国对波浪能的开发尚处于萌芽阶段，但其潜在的价值不容忽视。2020年，山东威海与广东珠海相继完成波浪能实验场的建设，标志着中国在波浪能发电技术上迈出坚实的第一步。中国沿海地区蕴藏着丰富波浪能资源，表1显示，我国波浪能技术可开发量达$5.78×10^8$KW，随着技术的不断进步和成本的降低，波浪能发电将成为补充能源结构的重要一环，特别是对于远离陆地的岛屿和海上平台，波浪能发电将成为解决能源供应难题的有效途径。

2. 潮流能和潮汐能

中国在潮流能和潮汐能的开发上已取得初步成果。浙江江厦潮汐电站，作为中国最早的潮汐电站之一，积累了宝贵的运行经验。中国海流能发电技术也已实现突破，成为继英国、美国之后第三个掌握海流能发电并网技术的国家。潮流能与潮汐能作为稳定的海洋清洁能源，具有稳定的发电量预期，表1数据显示，我国潮流能和潮汐能当前技术可开发量分别达到$4.19×10^6$KW和$2.18×10^7$KW。技术的成熟与成本的降低，也将推动潮流能与潮汐能成为沿海地区电力供应的重要组成部分。

3. 温差能

海洋温差能通过利用海洋表面与深层水之间的温差产生电力，实现24小时连续供电，其作为一种稳定且可预测的能源，有潜力成为未来能源结构的重要补充。中国在南海等海域拥有丰富的温差能资源，表1显示，我国目

前可开发量达 $3.66×10^8$ KW，随着技术的突破和成本的优化，海洋温差能的商业化应用将日益增多，为能源多样化注入新活力。

4. 盐差能

盐差能是海洋中能量密度最大的一种可再生能源，根据表 1 数据显示，我国盐差能估计可开发量达 $1.14×10^7$ KW。当前较为成熟的盐差能发电技术包含渗析电池法、渗透压能法和蒸气压能法，其中，渗析电池法最受研究人员关注，随着高效、耐久、经济的渗透膜研制，以及其他技术的协同发展，未来盐差能发电会得到更好的发展。

表 1 我国各类海洋能资源储量

单位：KW

能源类型	理论储量	技术可开发量
波浪能	$5.57×10^{11}$	$5.78×10^8$
温差能	$3.66×10^{10}$	$3.66×10^8$
潮汐能	$1.10×10^8$	$2.18×10^7$
盐差能	$1.14×10^8$	$1.14×10^7$
潮流能	$1.40×10^7$	$4.19×10^6$

资料来源：国家海洋局。

5. 海洋碳捕集与碳封存

海洋碳捕集与碳封存（CCS）技术的核心在于如何将二氧化碳安全、永久地储存在海底地质构造中，以减少大气中的温室气体浓度。海洋 CCS 技术的发展对于实现碳中和目标至关重要。随着全球对碳减排的重视，海洋 CCS 技术有望成为重要的碳减排手段之一，尤其是在工业排放密集的沿海地区，助力构建绿色低碳的能源体系。

6. 海上多能源融合

中国正在积极探索海上多能源融合系统，旨在整合海上风电、海上光伏、海洋天然气与其他海洋清洁能源，提高能源利用效率与系统稳定性，同时能够最大限度地利用海上资源，减少对单一能源的依赖，增强能源系统的灵活性与适应性。随着技术的不断成熟和成本的降低，这种融合模式将成为未来海上能源开发的重要趋势。

三　中国主要海洋清洁能源发展趋势预测

线性回归、支持向量回归、多层感知机以及核岭回归模型是 4 种常用的预测模型，这些模型各有特点，能够在不同程度上捕捉数据的复杂特征。因此，为了提高预测的准确性和可靠性，建立基于上述 4 种模型的集成预测模型，通过将不同模型捕捉到的数据特征和信息进行融合，利用每个模型的优势互补，克服单一模型可能存在的过拟合风险、极端预测值或噪声干扰等问题，提升预测的稳健性和准确性，最终取得精确的预测结果。

（一）海洋电力生产总值和海上风电装机规模预测

海洋电力业承载能源转型与环保双重使命，整合海上风电、光伏、波浪能及潮汐能等，有助于减碳增绿，对实现"双碳"目标具有战略意义。其中，海上风电凭技术创新与成本优化，成为全球能源新亮点。至 2023 年底，中国海上风电并网容量达 3650 万千瓦，占全国风电总装机容量的 8.5%，新增装机 604 万千瓦，较上年增长近 20%，创历史新高，彰显其高速发展态势，预示中国将持续引领全球海上风电领域。

根据 2015~2023 年海洋电力生产总值与海上风电累计装机容量的历史数据，运用建立的集成预测模型对 2024~2027 年进行预测，可以为电力行业改革、新型电力系统构建及能源结构调整提供重要参考。预测结果显示，海洋电力生产总值自 2024 年起将持续上升，至 2027 年增长率预计达 15.74%，预计将从 2024 年的 522.2606 亿元逐年增长至 2027 年的 810.3212 亿元，呈现较为稳健的增长态势。同时，海上风电累计装机容量也将高速增长，预计将从 2024 年的 4145.8038 万千瓦逐步增长至 2027 年的 7016.1123 万千瓦，表明海上风电受技术进步、成本效益提升及政策支持的共同驱动，在能源转型中将持续发挥关键作用。

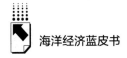

海洋电力业增长态势受多重因素驱动。其中，技术创新与成本削减为核心引擎，通过提升发电效能、优化设计与制造工艺，降低生产成本，增强项目经济效益，吸引资本投入，推动行业生产总值增长。政策扶持与规划指导构建稳定成长环境，例如，自党的十八大以来，中国对海洋经济和科技的重视日益加深，政府出台了一系列促进政策和行动方案，如山东省的《现代海洋产业行动计划（2024—2025 年）》和《能源碳达峰碳中和标准化提升行动计划》，明确了发展方向与技术标准，增强了投资者信心。全球清洁能源需求激增加速海洋电力业扩张，契合能源转型需求。碳中和目标促使政府与企业转向绿色能源，海洋电力业成为减排关键，获广泛政策支持与社会认同。公众环保意识提升与企业责任感增强，推动海上风电成为绿色能源代表，促进资金持续流入，形成良性循环。综上，技术创新、政策支持、市场需求及环保共识共同驱动海洋电力业与海上风电行业蓬勃发展。

综上，海洋电力业与海上风电的迅猛发展受技术创新降成本、政策扶持稳环境、清洁能源需求增及环保意识强化等因素驱动。此趋势展现经济潜力，标志能源行业绿色转型，预示二者将在未来能源体系中扮演核心角色，深远影响全球能源格局与气候变化应对。

（二）海洋油气生产总值和海洋天然气产量预测

海洋油气业在全球能源体系中占据核心地位，对维护经济活力与能源安全至关重要。鉴于陆地油气资源渐趋紧张，海洋油气资源的开发成为关键补充，促进了能源供应多样化，减少了对单一能源的依赖，并强化了国家和地区能源自给能力，有效抵御能源安全风险。作为低碳环保的清洁能源，海上天然气正引领全球及中国能源转型，其资源丰富与开采技术进步共同提升了在能源体系中的地位，成为优化结构、保障安全的重要途径。中国发展海上天然气构成能源战略核心，既缓解陆上资源压力，增强供应体系稳定性与多元化，还因其燃烧过程中二氧化碳、硫化物及氮氧化物排放的大幅减少，对生态环境改善具有积极意义。

　　根据 2015～2023 年海洋油气生产总值与天然气产量数据，运用建立的集成预测模型对 2024～2027 年进行预测，预测结果如表 2 所示，可以为海洋油气业有序发展、海洋天然气开采和利用提供重要参考。根据表 2 可知，2024～2027 年，海洋油气生产总值将从 2997.7137 亿元稳步增长至 4030.8410 亿元，逐年递增趋势明显。同时，2024 年海洋天然气产量为 259.5722 亿立方米，预计 2027 年将增长至 339.1156 亿立方米左右，表明海洋天然气产业具有强劲的增长潜力。

表2　2024～2027 年中国海洋油气业和海洋天然气产量预测

年份	海洋油气业（亿元）	增速（%）	海洋天然气产量（亿立方米）	增速（%）
2024	2997.7137	19.9565	259.5722	9.0639
2025	3201.6319	6.8025	284.1174	9.4560
2026	3638.9385	13.6589	310.3287	9.2255
2027	4030.8410	10.7697	339.1156	9.2763

　　海洋油气生产总值预期将持续增长，受多重关键驱动力影响。其中，技术革新，特别是深海钻探与开采技术的突破，提升了资源开采效率与经济性，拓宽了资源基础，增强了行业盈利能力。政策环境优化，如"十四五"规划对海洋油气勘探开发的重视，激发了投资与技术进步，奠定了长远发展基础。全球经济复苏带动能源需求增长，油气价格上涨，加之传统能源市场稳定需求，保障了海洋油气业的持续地位。此外，海洋油气作为能源多元化战略的重要组成部分，对保障国家能源安全至关重要。技术、政策、市场及安全等因素协同作用，增强了行业吸引力，形成资本涌入与产业发展间的良性循环。海洋天然气产业的蓬勃发展同样受多重因素驱动。技术进步如深海钻探、海底管道及液化技术等降低了开采成本，拓宽了资源开发范围。政策推动行业发展，例如，《加快油气勘探开发与新能源融合发展行动方案（2023—2025 年）》等政策出台，提供财政与税收优惠，降低投资风险，激发行业活力。全球清洁能源需求增长，特别是天然气在多个领域的广泛应

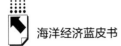
用，为海洋天然气产量增长开辟了广阔市场。能源结构低碳化转型与"双碳"目标提升了海洋天然气的战略地位，促进了其开发与利用，对增强能源供应多元化与韧性具有重大意义。

综上，海洋油气业增长趋势体现技术、政策、市场需求与战略的综合效应。面对清洁能源挑战，海洋油气业短期内仍为全球能源支柱，其稳定对保障能源供应链韧性与多元性至关重要。海上天然气产量增长受技术、政策、市场需求与能源转型等共同影响，未来海洋天然气产业将繁荣发展，为推动能源结构优化、环境保护及能源安全提供有力支撑。

四　对策建议

（一）提升海洋清洁能源技术：设备优化与智能管理

为了推动海洋清洁能源的技术进步，应重点开发具有更高能效和更强适应性的设备。例如，提高海上风电设备的耐腐蚀性和稳定性，开发更高效的海上光伏电池板以及适应海洋环境的安装技术。同时，应推动海上天然气开采技术的升级，降低作业过程中对环境的影响，并结合智能化监测系统，提高对能源生产和传输的实时监控和调节能力。通过跨领域的合作，利用大数据和人工智能优化能源管理和效率，进一步提升海洋清洁能源的整体技术水平。

（二）降低海洋清洁能源成本：规模生产与智慧运维

为了有效控制海洋清洁能源的成本，应集中于提升技术成熟度和降低设备制造和维护费用。例如，通过规模化生产和技术标准化降低海上风电机组的单台成本，同时推动高效光伏模块的研发，以减少单位发电成本。此外，改进海上天然气的开采和输送技术，优化资源配置，降低运营和维护成本，进一步降低整体投入。结合智能运维和预测性维护技术，减少设备故障和停机时间，也可以作为控制成本的关键策略。

（三）保障海洋清洁能源环保性：生态友好与污染控制

为了确保海洋清洁能源的环保性，应采取综合措施来减少对海洋生态系统的影响。例如，在海上风电项目中，选择对海洋生物友好的设计，减少噪声和振动对海洋生物的干扰；在海上光伏系统的建设中，考虑到设备对海洋环境的长期影响，采取措施保护海洋生物栖息地；在海上天然气开采过程中，严格控制泄漏和污染，采用先进的监测和应急响应技术，以降低对海洋环境的潜在威胁。通过这些措施，可以有效保护海洋生态平衡，实现能源开发与环境保护的协调发展。

（四）推动海洋清洁能源发展：政策支持与市场激励

为推动海洋清洁能源的发展，政策支持应涵盖多个方面，包括制定鼓励投资的税收优惠和财政补贴政策，以吸引更多企业参与海上风电、光伏和天然气等项目的研发与建设。同时，应简化行政审批流程，提供绿色信贷和保险支持，降低企业的资金成本。此外，政府还应推动相关技术标准和规范的制定，确保项目的质量和安全，支持国际合作与交流，提升国内技术水平和市场竞争力。这些措施将有助于构建良好的政策环境，加快海洋清洁能源的广泛应用。

总之，海洋清洁能源的发展可以从技术创新、成本控制、环保措施和政策支持等方面出发，通过采取加大研发投入、推动国际合作、完善政策体系和加强环境保护等综合措施，有效应对海洋清洁能源领域面临的挑战，推动其在全球能源转型中发挥更加重要的作用。

参考文献

刘吉臻、马利飞、王庆华、房方、朱彦恺：《海上风电支撑我国能源转型发展的思考》，《中国工程科学》2021 年第 1 期。

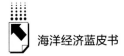

欧春尧、邵业、曹阳春、宁凌：《数智赋能下海上风电产业创新生态系统演化过程研究——基于明阳智能的扎根分析》，《科技进步与对策》2024年第15期。

丰力、张莲梅、韦家佳、邓长虹、李果、尹家悦：《基于全生命周期经济评估的海上风电发展与思考》，《中国电力》2024年第9期。

韦有周、崔晴、刘一寒、林香红：《海上风电场区位分布的动态演进和影响因素研究》，《海洋通报》2024年第3期。

殷克东、张凯、杨文栋：《基于概率累加的离散GM（1，1）模型及其在海洋天然气产量预测中的应用》，《系统工程理论与实践》2024年第8期。

B.14
中国海洋经济生态创新水平的时空分析

王业成　范一品*

摘　要：　2023 年以来，通过增长与创新双轮驱动、绿色发展与生态保护和数字赋能与产业升级，我国在海洋经济生态创新发展方面取得了显著成效，同时也面临着政治、经济、社会和技术等方面的机遇和挑战。本报告通过构建三阶段理论模型和评价指标体系，在诊断了我国海洋经济生态创新发展主要影响因素的基础上，分析了 2006~2021 年我国海洋经济生态创新水平的时空动态。结果表明，研究期间内的海洋经济生态创新平均水平呈稳步上升趋势，但存在较为显著的区域差异，且差异呈愈演愈烈趋势。最后，运用自回归移动平均模型预测了我国海洋经济生态创新发展的趋势，并提出了提升我国海洋经济生态创新发展能力和水平的对策建议。

关键词：　海洋经济　生态创新　时空分析

党的二十届三中全会提出，中国式现代化是人与自然和谐共生的现代化。必须完善生态文明制度体系，协同推进降碳、减污、扩绿、增长，积极应对气候变化，加快完善落实"绿水青山就是金山银山"理念的体制机制。生态创新在中国式现代化进程中扮演着核心角色，是实现人与自然和谐共生、推动经济社会发展和生态环境保护协调统一的重要途径。它旨在通过减少环境负担、增强对环境压力的适应性或通过技术、管理和组织创新提高自然资源利用效率来实现可持续发展目标，是推动经济结构绿色转型和提升环

---

* 王业成，博士，山东财经大学管理科学与工程学院、海洋经济与管理研究院预聘制副教授，研究方向为海洋经济管理与决策、可持续发展经济与管理；范一品，中国海洋大学管理学院。

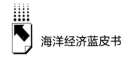

境治理效率的关键驱动力，也是保障国家生态安全和实现"两山"理念的重要手段。海洋是生态创新发展的战略要地，其保护与可持续利用直接关系到国家的安全、发展和国际地位。因此，对我国海洋经济生态创新水平进行深入分析对推进海洋生态文明建设、推动海洋经济高质量发展以及实现海洋强国战略具有重要的理论与现实意义。

一 中国海洋经济生态创新发展的基本形势分析

（一）中国海洋经济生态创新发展的现状分析

2023 年以来，我国在海洋经济生态创新发展方面取得了显著成效，通过增长与创新双轮驱动、绿色发展与生态保护以及数字赋能与产业升级，推动了海洋经济的高质量发展和生态环境的持续改善。

1. 蓝色经济：增长与创新双轮驱动

2023 年海洋经济复苏强劲，量质齐升，全国海洋生产总值 99097 亿元，比上年增长 6.0%，增速比国内生产总值高 0.8 个百分点；占国内生产总值比重为 7.9%，比上年增加 0.1 个百分点。从三次产业看，海洋第一产业增加值 4622 亿元，第二产业增加值 35506 亿元，第三产业增加值 58968 亿元，分别占海洋生产总值的 4.7%、35.8%、59.5%。海洋制造业增速高于全国，船舶制造进入产品全谱系发展新时期，海洋工程装备制造业国际市场份额继续保持全球领先，海洋化工业国内外市场需求旺盛。海洋服务业助推国民经济增长，接触型、聚集型海洋服务业得到较快恢复。海洋能源、食物和水资源供给能力稳步提升。

2. 碧海蓝天：绿色发展与生态保护

党的十八大以来，我国开展了一系列根本性、开创性、长远性的海洋生态环境保护工作，海洋生态环境质量得到总体改善，局部海域生态系统服务功能显著提升，海洋资源有序开发利用，海洋生态环境治理体系不断健全，海洋生态环境保护工作取得显著成效。截至 2023 年底，已排查入海排污口

5.3万余个,完成入海排污口整治1.6万余个;划定海洋生态保护红线约15万平方公里,涵盖红树林、海草床、珊瑚礁等多种类型;美丽海湾建设工作稳步推进,"十四五"1682项重点任务和工程措施完成近半,累计整治修复岸线475公里、滨海湿地1.67万公顷,有167个海湾优良水质面积比例超过85%;已建立涉海自然保护地352个,保护海域约9.33万平方公里,珍稀海洋生物种群正在逐步恢复。

3.智慧海洋:数字赋能与产业升级

2023年以来,我国在智慧海洋领域取得了显著进展。一是各类平台建设提升了产业创新支撑与服务能力,如国家海洋科学数据中心稳定运行,海底数据中心加快布局,海洋计量检测技术创新中心和国家海洋药物和生物制品产业联盟正式成立。二是技术突破加速催生了产业发展新动能,如20千瓦漂浮式温差能发电装置和首台自主研发的兆瓦级波浪能发电装置"南鲲"号成功海试,全球最大功率20兆瓦半直驱永磁风力发电机成功下线,自主研发设计的2500吨自航自升式风电安装平台"海峰1001"正式交付。三是绿色与数智技术应用带动了产业融合和转型升级,如"海上风电+"融合发展取得新进展,首个海洋油气装备制造"智能工厂"二期工程和新型数字智能化深海养殖平台"珠海琴"开工建设,船企新接批量甲醇双燃料动力集装箱船订单。

(二)中国海洋经济生态创新发展SWOT-PEST分析

应用SWOT-PEST矩阵,分别从政治(P)、经济(E)、社会(S)和技术(T)四个方面总结我国海洋经济生态创新发展的优势(S)、劣势(W)、机遇(O)和威胁(T)。

1.优势

政治优势方面,党的十八大以来,以习近平同志为核心的党中央高度重视海洋强国建设,强调进一步关心海洋、认识海洋、经略海洋,加快海洋科技创新步伐。"十四五"规划中专章论述"积极拓展海洋经济发展空间",将"推动海洋经济高质量发展"作为新时期我国海洋经济发展的主题。经济优势方面，改革开放 40 多年来，我国海洋经济发展取得巨大成绩，特别是党的十八大以来，海洋传统产业加快提升改造，海洋新兴产业动能不断集聚，海洋经济不断做大做强。海洋经济生产总值持续增长，占国内生产总值的比重逐年提升，已成为国民经济的重要组成部分。社会优势方面，我国海洋领域科教文卫建设发展成效显著，海洋领域的数智化研究和应用不断丰富，海洋教育体系不断完善，海洋文化产业蓬勃发展，海洋生物资源的高值化利用为卫生和健康领域带来了新的机遇。技术优势方面，近年来我国海洋科技发展日新月异，海洋油气勘探开发技术、现代航运技术取得新突破，深海极地探测取得新进展，海洋工程装备制造跻身世界前列，海洋经济数字化改革全面启动，一批科研成果在国际上产生较大影响，推动海洋资源开发和利用向更加全面、立体方向发展。

2. 劣势

其一，我国地域广阔，地区资源禀赋和区位优势差异明显，导致地方层面对中央政府出台政策措施的执行不彻底、不全面；海洋资源环境管理体制尚需完善，特别是海洋环境监测和预警服务平台建设仍然落后，长期监测数据缺乏。其二，与发达国家相比，我国当前还存在海洋经济规模偏小，海洋资源开发利用程度不高、开发方式比较粗放，海洋传统产业比重依然较大、新兴产业培育不足等问题。其三，我国海洋基础研究力量薄弱，尤其在海洋新型船舶与工程装备设计建造、海洋新能源开发、海洋新型观测装备开发、海洋空间利用与深潜器技术等方面，人才缺口严重。三大海洋经济圈内部海洋经济发展依旧不平衡，区域分工体系仍不完善，协调配合仍不紧密，无序竞争仍然存在。其四，我国科技基础较弱，自主创新能力不足，海洋科技仍存在明显短板弱项，还有很多"卡脖子"技术需要突破，部分海工装备关键核心技术被欧美垄断、国产化替代率相对较低，海水淡化与综合利用、海上风电等海洋新兴产业发展也与世界先进水平有一定差距。

3. 机遇

其一，近年来我国通过践行海洋命运共同体理念，促进海洋生态环境保护国际合作，切实履行海洋生态环境保护国际公约，不断增强海洋生态环境保护公共产品供给，积极参与全球海洋生态环境治理等，为海洋科技创新和生态保护项目提供了国际交流与合作的平台。其二，随着经济全球化的不断深入和对气候变化的普遍关注，海洋经济生态创新的国际合作与交流日益频繁，全球市场对生态友好型海洋产品和服务的需求日益增长，如生态旅游、绿色海洋食品、海洋生物医药等，为我国海洋产业的绿色转型提供了广阔的市场空间和商业机会。其三，近年来全球对海洋保护和可持续利用的共识持续增强，社会资本对环保和可持续发展领域的关注度不断提高，非政府组织积极推动海洋环境保护和生态创新，社会媒体的快速发展促进了海洋生态创新理念的传播和普及，使得海洋文化在社会发展中的价值得到了重新认识和评价。其四，在"海洋十年"倡议的框架下，当前我国正通过加强大数据、物联网、人工智能等新兴技术的融合，海上风电、潮汐能等海洋可再生能源技术的开发，海洋生物医药产业的创新，海水淡化技术的商业化应用，海洋环境监测、污染治理、生态修复技术的创新，智能化海洋运输与物流技术的应用，以及广泛的国际海洋科技合作与交流。

4. 威胁

其一，我国周边海洋形势错综复杂，存在诸多争端和纠纷，逆全球化、单边主义、保护主义等多种极端思潮的叠加效应波及我国全球海洋治理的参与，全球海洋规则秩序的缺陷渐渐显现。其二，近年来全球经济受到地缘政治紧张、贸易保护主义抬头等多重因素影响，经济波动性大大增加，使得海洋产业供应链的稳定性下降，贸易摩擦和贸易政策的不确定性增加，国际能源市场价格波动变大，全球金融市场的不稳定性增加。其三，气候变化对海洋生态系统的影响不容忽视，全球气温上升引起的生物栖息地变化，以及化石燃料燃烧诱发的海洋酸化加剧，正在破坏海洋生态系统，导致生物多样性丧失和生态失衡。其四，随着全球化进程的加速，全球科技竞争加剧，来自发达国家的激烈竞争对我国海洋科技的发展构成了严峻的外部压力。国际市场对海洋科技产品和服务的严格技术标准和法规要求的变化，可能会限制我国海洋科技产品的国际竞争力和市场准入。

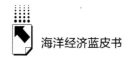

二 中国海洋经济生态创新发展的影响因素分析

（一）评价指标体系构建

欧盟科研框架计划"地平线2020"将"系统性"一词引入作为生态创新概念的前缀，以强调生态创新需要遵循的系统性原则。在借鉴相关研究成果的基础上，构建了海洋经济生态创新水平评价的三阶段理论模型（见图1），并在此基础上分析我国海洋经济生态创新发展的主要影响因素。

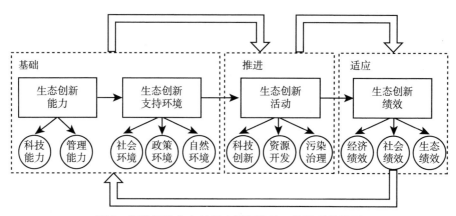

图1 海洋经济生态创新水平评价的三阶段理论模型

这三个阶段涵盖了海洋经济生态创新概念的主要内涵和关键问题。首先，"基础"阶段包括生态创新能力和生态创新支撑环境两个维度，生态创新能力衡量的是一个地区实现和维持海洋经济生态创新发展的能力，其包括科技能力和管理能力两个要素；而生态创新支持环境衡量的是区域海洋经济生态创新发展支持体系的层次水平，其包括社会环境、政策环境和自然环境三个要素。其次，"推进"阶段特指生态创新活动这一维度，它衡量的是一个地区为实现海洋经济生态创新发展而采取举措的强度，包括科技创新、资源开发和污染治理三个要素。最后，"适应"阶段特指生态创新绩效这一维度，它主要衡量一个地区在海洋经济生态创新发展方面当前的结果状态表现，包括经济绩效、社会绩效和生态绩效三个要素。当这三个阶段都成功运行时，海洋经济生态创新的发展便会形成持续的良性循环，从而促进生态创新水平的持续提升。因此，在该模型框架的指导下，通过设计选取具体指标来量化这些影响因素，对于全面科学地评价与理解我国海洋经济生态创新水平至关重要。

基于上述分析，遵循全面性、科学性、典型性和数据可用性原则，构建了我国海洋经济生态创新水平的评价指标体系，如表 1 所示。该评价指标体系共包括 22 个二级指标，涵盖了海洋经济生态创新的能力、支持环境、活动和绩效四个维度。

表 1　中国海洋经济生态创新水平的评价指标体系

目标层	准则层	要素层	指标层	单位	属性
海洋经济生态创新水平	生态创新能力	科技能力	e1. 海洋科技专利授权数量	件	+
			e2. 海洋科研教育管理服务业增加值比重	%	+
		管理能力	e3. 海水淡化工程规模	万吨	+
			e4. 海域使用金征收金额	万元	+
	生态创新支持环境	社会环境	e5. 海洋科研机构科技活动人员数量	人	+
			e6. 沿海地区海滨观测台站数量	个	+
			e7. 绿色金融指数	分	+
		政策环境	e8. 财政支持力度	%	+
			e9. 可持续性管理意识	分	+
		自然环境	e10. 主要海洋灾害损失	亿元	−
	生态创新活动	科技创新	e11. 海洋研发机构的研发课题数量	项	+
			e12. 数字经济指数	分	+
		资源开发	e13. 海水直接利用量	万吨	+
			e14. 海上风电项目规模	兆瓦	+
		污染治理	e15. 沿海工业污染治理项目完成投资额	万元	+
			e16. 海洋类保护区数量	个	+
	生态创新绩效	经济绩效	e17. 海洋产业总产值	亿元	+
		社会绩效	e18. 工业固体废物产生量	万吨	−
			e19. 二氧化碳排放总量	万吨	−
			e20. 直接排海的废水量	亿吨	−
		生态绩效	e21. 海洋生态系统健康状况	分	+
			e22. 近岸海域一二类水质比例	%	+

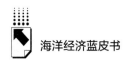

（二）数据来源与处理

所用数据主要来源于生态环境部、国家统计局、自然资源部和地方政府部门发布的《中国海洋经济统计年鉴》、《中国环境统计年鉴》和《中国近岸海域环境质量公报》等相关文件。绝大部分数据为 2006～2021 年数据，个别缺失的数据使用临近年份的均值数据代替。

表 2 描述统计量

指标	描述统计量	N	极小值	极大值	均值	标准差
e1	海洋科技专利授权数量	176	0	1365	179.91	255.14
e2	海洋科研教育管理服务业增加值比重	176	4.30	45.7	17.53	8.24
e3	海水淡化工程规模	176	0	72.33	8.16	13.62
e4	海域使用金征收金额	176	71.95	940510.31	66910.68	86192.22
e5	海洋科研机构科技活动人员数量	176	69	7854	1793.85	1406.05
e6	沿海地区海滨观测台站数量	176	12	597	113.24	94.79
e7	绿色金融指数	176	0.18	0.61	0.37	0.08
e8	财政支持力度	176	0	1.66	0.36	0.36
e9	可持续性管理意识	176	0	0.01	0	0
e10	主要海洋灾害损失	176	0	154.29	9.30	20.24
e11	海洋研发机构的研发课题数量	176	10	3968	842.39	853.70
e12	数字经济指数	176	-0.73	3.63	0.69	0.79
e13	海水直接利用量	176	0	2584025	108810.02	420076.35
e14	海上风电项目规模	176	0	11804.80	313.06	1229.50
e15	沿海工业污染治理项目完成投资额	176	476	1416464	280859.06	254339.87
e16	海洋类保护区数量	176	1	75	15.72	17.37
e17	海洋产业总产值	176	300.70	33383.30	5303.24	4774.56
e18	工业固体废物产生量	176	147	45575.83	10262.61	10663.82
e19	二氧化碳排放总量	176	2428.63	151698.26	47871.80	33854.26
e20	直接排海的废水量	176	1188	325424	54361.03	61155.94
e21	海洋生态系统健康状况	176	0	2	0.98	0.40
e22	近岸海域一二类水质比例	176	0	100	67.09	30.02

考虑到不同指标的数据在属性和量级上的差异，为统一比较标准和保证结果可靠性，对指标的原始数据进行如下标准化处理：

$$
o'_{ikt} = \begin{cases} \dfrac{o_{ikt} - \min\{o_i\}}{\max\{o_i\} - \min\{o_i\}}, & o_i \text{ 属性为 } + \\[3mm] \dfrac{\max\{o_i\} - o_{ikt}}{\max\{o_i\} - \min\{o_i\}}, & o_i \text{ 属性为 } - \end{cases} \tag{1}
$$

其中 o_{ikt}（$i=1, 2, \cdots, N$; $k=1, 2, \cdots, K$; $t=1, 2, \cdots, T$）代表 t 年 k 地区在指标 i 上的数值，$\min\{o_i\}$ 和 $\max\{o_i\}$ 分别是指标 i 的最小值和最大值。

（三）评价指标权重确定方法

客观赋权和主观赋权是确定指标权重的两种主要方法。其中，客观权重由指标数据决定，它能够有效反映数据的统计特征，但很难说明指标之间的影响关系；主观权重由专家经验决定，它有助于反映指标之间的影响关系，但存在主观性的缺陷。因此，如图2所示，本节引入了一种综合考虑客观和主观权重的集成的熵权法—层次化决策与实验室方法（EWM-HDEMATEL），并将其应用于我国海洋经济生态创新水平评价指标权重的确定。

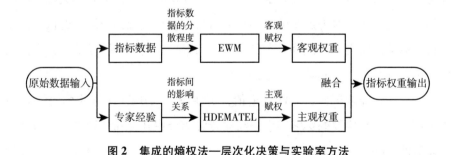

图2　集成的熵权法—层次化决策与实验室方法

EWM-HDEMATEL 方法的集成使得最终权重既考虑数据特征，又考虑指标影响关系这一目的得以实现。因此，评价指标的最终权重 W 是通过将客观权重与主观权重融合计算得出的，如下所示：

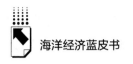

$$W = [w_i]_{1 \times N} = \alpha w_i^o + (1 - \alpha) w_i^s, \quad i = 1, 2, \cdots, N \qquad (2)$$

其中 w_i^o 为指标数据驱动的客观权重，w_i^s 为专家经验驱动的主观权重，α 为比例系数。客观权重和主观权重在此被视为同等重要，以平衡数据特征和指标影响关系的作用，所以有 $\alpha = 0.5$。可以发现，$\sum_i w_i = 1$，且对于 $i = 1$, 2, $\cdots$, N, $w_i \geqslant 0$。

（四）中国海洋经济生态创新发展的影响因素分析

根据等式（2），计算得到了主客观权重融合后的指标、要素和维度权重。权重值越大，说明相应指标、要素和维度对我国海洋经济生态创新发展的影响程度越大，是相对重要的影响因素；反之，相应指标、要素和维度的影响程度越小，属于不重要的影响因素。

首先，各维度的权重按以下顺序排列：生态创新活动（0.39）>生态创新能力（0.24）>生态创新支持环境（0.21）>生态创新绩效（0.16）。这表明在维度层面，生态创新活动是我国海洋经济生态创新发展最主要的影响因素。这是因为相较于其他三个维度，生态创新活动是应对当前和未来海洋经济生态创新发展挑战的直接手段，它能够迅速响应政策变化，快速启动和加速生态创新项目，并通过识别现有能力与环境的不足，推动相关能力的提升和环境的改善。作为连接生态创新能力与环境和生态创新绩效的桥梁，生态创新活动是实现海洋经济生态创新发展的直接动力和关键环节，其在推动整个生态创新过程中起着决定性的作用。

其次，在要素层面，根据权重值，资源开发（0.21）是我国海洋经济生态创新发展最主要的影响因素。海洋资源的合理开发和利用是推动海洋经济发展的前提，通过合理、高效、可持续的资源开发，可以为科技创新提供动力，为污染治理创造条件，为生态创新绩效的实现奠定基础。管理能力（0.13）、科技能力（0.11）、社会环境（0.10）、污染治理（0.10）、政策环境（0.09）和科技创新（0.08）也是我国海洋经济生态创新发展的重要影响因素。高效的管理能力能够确保资源的合理分配和有效利用，同时促进政策的顺利实施和创新活动的有序进行；强大的科技能力则可以提高海洋资源的开发效率，降低对环境的影响，同时为海洋经济生态创新发展提供新的增长点和竞争优势；积极的社会环境可以促进可持续的海洋经济生态创新发展；有效的污染治理措施可以减少对海洋生态系统的破坏，为海洋生物多样性的保护和海洋资源的可持续利用提供保障；良好的政策环境可以引导和促进各方面资源向生态创新领域集中，加快创新进程；通过技术突破和创新应用可以开发新的海洋资源利用方式，提高资源开发效率，同时减少对环境的负面影响。

最后，在指标层面，海上风电项目规模（e14）、海水淡化工程规模（e3）、海洋科技专利授权数量（e1）和海水直接利用量（e13）是我国海洋经济生态创新发展最主要的影响因素。其中，海上风电项目规模的增加不仅减少了对化石燃料的依赖，降低了温室气体排放，而且促进了海洋前沿技术和产业的发展，是推动海洋经济向绿色、低碳转型的重要标志；海水淡化工程规模的扩大反映了一个国家在水资源开发和利用方面的创新能力，对于缓解沿海地区高强度工业生活用水导致的水资源短缺具有重要意义；海洋科技专利授权数量代表着在海洋领域的研发投入和创新成果产出，它涉及新的海洋资源开发技术、海洋环境保护技术等，对推动海洋经济的生态创新发展具有重要作用；海水的直接利用可以减少对淡水资源的消耗，同时降低工业用水对环境的影响，体现了对海洋资源的高效利用和生态保护。主要海洋灾害损失（e10）、工业固体废物产生量（e18）、二氧化碳排放总量（e19）和直接排海的废水量（e20）等指标作为海洋经济生态创新成果的反映，并未对海洋经济生态创新发展产生直接的驱动作用，所以它们的权重值最低，在指标层面属于最不重要的影响因素。

三 中国海洋经济生态创新水平的时空演变分析

根据利用等式（1）得到的标准化指标数据和利用等式（2）得到的指标权重，t 年 k 地区 q 维度的海洋经济生态创新水平 v_{kt}^q 的计算如下：

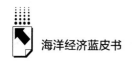

$$v_{kt}^q = \sum_{i=1}^{N_q} o'_{ikt} \times w_i, \ k = 1,2,\cdots,K, \ t = 1,2,\cdots,T \tag{3}$$

式中 N_q 是 q 维度中指标的数量，$q = 1$，$\cdots$，4。进一步，t 年 k 地区的海洋经济生态创新水平 v_{kt} 可由下式计算得到：

$$v_{kt} = \sum_{q=1}^{4} v_{kt}^q = \sum_{i=1}^{N} o'_{ikt} \times w_i \tag{4}$$

在时间分析中，为全面反映海洋经济生态创新水平的总体发展情况和内部差异，平均值 $\overline{v_t}$ 和变异系数 CV 的计算如下：

$$\overline{v_t} = \frac{1}{K} \sum_{k=1}^{K} v_{kt}, \ t = 1,2,\cdots,T \tag{5}$$

$$CV = \frac{\sigma}{\overline{v_t}} \times 100, \ t = 1,2,\cdots,T \tag{6}$$

式中 σ 是数据集的标准差。$\overline{v_t}$ 代表着各地区在 t 年的海洋经济生态创新水平的趋势，而 CV 量化了其相对于平均值的变异程度，从而能够揭示各地区之间生态创新水平的异质性程度。

在空间分析中，引入自然断裂分类法（NBC）对各地区海洋经济生态创新水平进行进一步处理，即将海洋经济生态创新水平分为五类：低水平、较低水平、中等水平、较高水平和高水平。Jenks 最佳断点算法被用来确定以上分类的最佳断点。

（一）时空特征

表 3 展示了 2006~2021 年我国沿海 11 个省份的海洋经济生态创新水平。总体上，各地区海洋经济生态创新水平从 2006 年到 2010 年呈下降趋势，然后从 2010 年到 2021 年呈上升趋势。除 2008 年和 2014 年之外，广东的海洋经济生态创新发展在研究期间一直处于最高水平。山东则一直居于领先位置，且在 2008 年和 2014 年超过广东。

表3　2006~2021年中国沿海11个省份的海洋经济生态创新水平

年份	北部海洋经济圈					东部海洋经济圈				南部海洋经济圈				
	辽宁	河北	天津	山东	均值	江苏	上海	浙江	均值	福建	广东	广西	海南	均值
2006	0.204	0.162	0.158	0.216	0.185	0.189	0.180	0.174	0.181	0.196	0.252	0.190	0.240	0.220
2007	0.173	0.164	0.156	0.223	0.179	0.241	0.196	0.169	0.202	0.198	0.277	0.204	0.219	0.224
2008	0.172	0.162	0.162	0.271	0.192	0.193	0.195	0.177	0.188	0.197	0.265	0.192	0.209	0.216
2009	0.168	0.135	0.156	0.222	0.170	0.188	0.199	0.151	0.180	0.196	0.266	0.179	0.193	0.208
2010	0.157	0.128	0.147	0.216	0.162	0.184	0.194	0.140	0.173	0.176	0.259	0.164	0.186	0.196
2011	0.157	0.137	0.152	0.233	0.170	0.196	0.213	0.149	0.186	0.175	0.254	0.161	0.202	0.198
2012	0.190	0.161	0.209	0.259	0.205	0.204	0.216	0.197	0.206	0.188	0.324	0.166	0.221	0.225
2013	0.195	0.153	0.163	0.276	0.197	0.215	0.229	0.222	0.222	0.209	0.314	0.176	0.206	0.226
2014	0.251	0.232	0.220	0.392	0.274	0.225	0.256	0.303	0.262	0.223	0.341	0.173	0.227	0.241
2015	0.256	0.191	0.226	0.323	0.249	0.245	0.275	0.269	0.263	0.259	0.383	0.186	0.208	0.259
2016	0.268	0.178	0.208	0.367	0.255	0.243	0.257	0.279	0.260	0.252	0.398	0.181	0.215	0.261
2017	0.226	0.184	0.213	0.370	0.248	0.252	0.258	0.277	0.262	0.261	0.426	0.176	0.218	0.270
2018	0.246	0.270	0.273	0.399	0.297	0.309	0.262	0.319	0.296	0.282	0.488	0.213	0.241	0.306
2019	0.262	0.256	0.252	0.416	0.297	0.330	0.264	0.346	0.314	0.263	0.498	0.250	0.237	0.302
2020	0.258	0.262	0.245	0.440	0.301	0.346	0.301	0.375	0.341	0.278	0.568	0.232	0.252	0.333
2021	0.298	0.295	0.248	0.485	0.331	0.409	0.322	0.402	0.378	0.318	0.611	0.242	0.253	0.356

（二）时间演变分析

1. 整体海洋经济生态创新水平的时间演变分析

如图3所示，2006~2021年我国海洋经济生态创新的平均水平呈稳步上升趋势。2010年是我国海洋经济生态创新整体水平演变的重要转折点。在此之前，海洋经济生态创新的平均水平仍处于持续小幅下降的状态；而在此之后，海洋经济生态创新的平均水平进入了持续显著增长的状态。

然而，2006~2021年，区域间海洋经济生态创新水平的变异系数也呈波动上升趋势，这意味着区域间发展不平衡的趋势持续加剧。在研究期间，仅有2011年、2015年和2018年的变异系数出现了负增长。而2007年、2014年、2016年和2020年的变异系数增长都超过了10%，是区域间海洋经济生态创新水平发展不平衡增长最为严重的年份。2021年，变异系数达到了最

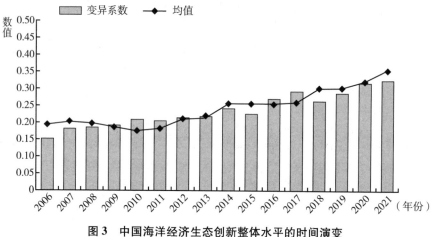

图 3 中国海洋经济生态创新整体水平的时间演变

大值 0.3247。

2. 各维度海洋经济生态创新水平的时间演变分析

图 4 展示了我国海洋经济生态创新各维度水平的时间变化。总体而言，随着时间的推移，我国海洋经济生态创新水平评价中四个维度贡献的差异逐渐由大变小。2006 年，最重要维度和最不重要维度之间的贡献份额差异为37%，而 2021 年仅为 8%。

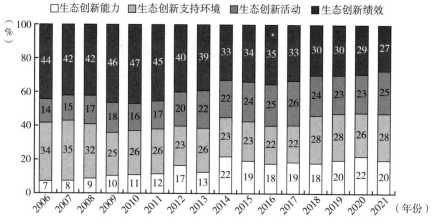

图 4 中国海洋经济生态创新各维度水平的时间演变

具体而言，生态创新绩效的贡献在 2006~2020 年最高，但总体呈下降趋势。生态创新支持环境的贡献率次之，自 2009 年以来一直保持相对稳定，并在 2021 年超过生态创新绩效成为了贡献率最高的维度。生态创新活动的贡献率整体呈持续增长趋势，于 2012 年超过 20%，甚至在 2017 年达到了 26%。

（三）空间演变分析

1. 整体海洋经济生态创新水平的空间演变分析

总体而言，三大海洋经济圈内各区域之间的海洋经济生态创新水平存在明显差异，表明区域内发展存在严重的不平衡。广东是海洋经济生态创新最先进的地区，在 2006 年、2011 年、2016 年和 2021 年始终处于高水平。山东是北部海洋经济圈中最领先的地区，海洋经济生态创新水平始终稳定在较高水平和高水平。东部海洋经济圈内的江苏和浙江形势良好。海南和广西是海洋经济生态创新水平倒退最严重的地区，辽宁则属于水平波动性较大的地区。此外，在 2006 年、2011 年、2016 年和 2021 年中，上海和福建的海洋经济生态创新水平基本处于中等及以上水平，而河北和天津则基本处于中等及以下水平。

2. 各维度海洋经济生态创新水平的空间演变分析

图 5 展示了 2006 年、2011 年、2016 年和 2021 年我国海洋经济生态创新各维度水平的空间演变。该图直观地展示了不同时间点各地区不同维度之间的比较优势和差距。总体而言，各地区在生态创新支持环境维度和生态创新绩效维度上的海洋经济生态创新水平优于生态创新能力维度和生态创新活动维度。此外，地区之间的水平差异在生态创新支持环境维度和生态创新绩效维度上并不显著，而在生态创新能力维度和生态创新活动维度上则相当明显，这是地区之间发展不平衡的主要来源。

在生态创新能力维度上，北部海洋经济圈的水平在三个海洋经济圈中增长最为明显。山东、广东和浙江在生态创新能力维度上一直位居前三。在生态创新支持环境维度上，各地区的生态创新水平在 2006~2011 年先是下降，然后在 2011~2021 年保持持续增长。在生态创新活动维度上，山东和广东一直是水平最高的两个地区，而天津和河北则一直是水平最低的两个地区。

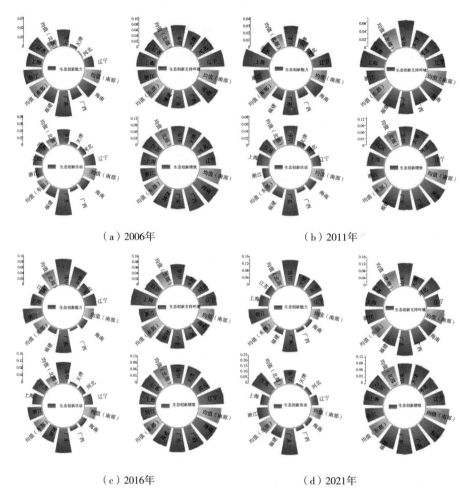

（a）2006年　　　　　　　　　　（b）2011年

（c）2016年　　　　　　　　　　（d）2021年

图5　中国海洋经济生态创新各维度水平的空间演变

在生态创新绩效维度上，不仅地区之间的相对水平差异很小，而且地区本身的绝对水平也非常稳定。

四　中国海洋经济生态创新发展的前景展望

受限于有限的可获得数据，前文仅测算了2006～2021年我国海洋经济的生态创新水平。本部分则基于 2006～2021 年的测算结果，运用自回归移动平均模型预估了 2022～2025 年我国各地区的海洋经济生态创新水平，结果如表 4 所示。

表 4　中国各地区的海洋经济生态创新水平预测

年份	北部海洋经济圈					东部海洋经济圈				南部海洋经济圈				
	辽宁	河北	天津	山东	均值	江苏	上海	浙江	均值	福建	广东	广西	海南	均值
2022	0.304	0.304	0.271	0.490	0.342	0.424	0.331	0.417	0.391	0.326	0.666	0.238	0.246	0.369
2023	0.311	0.313	0.278	0.513	0.354	0.438	0.341	0.432	0.404	0.334	0.724	0.239	0.241	0.385
2024	0.317	0.322	0.284	0.528	0.363	0.453	0.350	0.448	0.417	0.342	0.785	0.233	0.237	0.399
2025	0.323	0.330	0.293	0.547	0.373	0.468	0.360	0.463	0.430	0.351	0.851	0.228	0.235	0.416

总体上，各地区海洋经济生态创新水平从 2022 年到 2025 年呈现稳步上升的发展趋势。海洋经济的生态创新发展面临着产业结构转型升级和持续资金投入的压力，所以具备产业结构优势和经济发展基础优势的东部海洋经济圈的海洋经济生态创新水平相对最高。相比之下，南部海洋经济圈虽然在海洋资源、地理位置等方面具有优势，但在经济发展水平、科技创新能力等方面相对东部地区略逊一筹，所以其海洋经济生态创新水平次之。而北部海洋经济圈在气候条件、基础设施建设、政策支持等方面存在一定的制约因素，导致其海洋经济生态创新水平相对较低。

具体来看，2022～2025 年，广东的海洋经济生态创新水平继续领跑全国，且呈现高速增长态势；山东、江苏和浙江紧随其后，同样呈现较为显著的增长态势。这些省份不仅海洋资源丰富，而且具备雄厚的经济基础、突出的创新能力和优越的政策环境，所以海洋经济生态创新发展的动力雄厚。受海洋经济生态创新基础水平和海洋资源开发和利用程度的限制，2022～2025 年上海、福建、辽宁、河北和天津的海洋经济生态创新发展处于全国中等水平，并呈现较慢的增长趋势。与其他地区相比，广西和海南在科技成果转化和高端人才集聚方面存在差距，海洋经济的发展也面临着来自粤港澳大湾区的激烈竞争，加之全球经济形势和国际贸易环境的变化，使得其 2022～2025

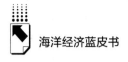

年的海洋经济生态创新发展水平呈现下降趋势。

为适应新时代需求，提升我国海洋经济生态创新发展的能力和水平，根据前文分析内容提出以下几点政策建议。

第一，提高科技创新研发投入，强化海洋经济生态创新能力。在国家和地方层面增加对海洋科技创新的财政投入，设立专门的海洋科技创新基金，以支持海洋关键技术的研发和应用。通过提供税收优惠、创新补贴等政策工具，激励企业增加研发投入，发挥企业在海洋科技创新中的主导作用。加强政府、科研机构、企业和高校之间的合作，建立联合实验室和创新基地，推动科技成果的转化与实际应用。

第二，完善绿色金融体系，优化海洋经济生态创新支持环境。设立绿色投资平台，为绿色海洋经济项目提供融资支持，并引导社会资本投入海洋经济生态创新领域。发展绿色金融产品，推动绿色债券、绿色基金等金融工具的发展，支持海洋经济中具有生态创新属性的项目。制定和实施绿色金融标准，推动金融机构建立绿色投资评估和风险管理体系，确保资金流向环境友好项目。

第三，健全海洋环境规制体制，引导强化海洋经济生态创新活动。制定和修订海洋环境保护相关法律法规，明确环保标准和监管要求，加强法律的执行力度。建立完善的海洋环境监测网络，实时监控海洋环境质量，及时预警和应对污染事件。推行海洋生态补偿机制，对因保护海洋生态而遭受损失的企业和社区提供补偿，激励环保行为。

第四，加强海洋经济生态创新绩效评价，提高创新资源配置效率。设计科学的海洋经济生态创新绩效评价体系，对海洋经济生态创新项目进行持续的绩效监测，定期评估项目进展和成果，实现动态调整和优化。制定绩效评价反馈机制，根据绩效评价结果优化创新资源的配置，优先支持绩效优异的项目，淘汰低效或不符合生态创新要求的项目。

第五，实施差异化支持政策，促进区域间海洋经济生态创新协调发展。根据各地区的资源禀赋和发展水平，制定区域海洋经济生态创新发展规划，明确各区域的发展方向和重点任务。对欠发达地区提供更多的政策照顾与支持，鼓励沿海省份之间的合作，通过共建合作区、共享技术资源等方式，共享发展成果，促进区域间的协调发展。

参考文献

陈小龙、狄乾斌、梁晨露、贾文菡：《中国海洋科技与绿色发展融合关系及动态交互效应》，《经济地理》2024 年第 2 期。

代金辉、王梦恩：《中国海洋经济绿色发展水平测度及收敛性分析》，《统计与信息论坛》2024 年第 4 期。

洪刚：《总体性海洋发展观：中国海洋新发展理念的特征与意义》，《山东大学学报》（哲学社会科学版）2024 年第 3 期。

李志浩、金雪、吕欣曼：《两阶段视角下我国海洋科技绿色创新效率研究——基于网络超效率 EBM 模型和 DEA 窗口分析》，《海洋开发与管理》2022 年第 3 期。

黄文婕、薛忠义：《习近平海洋生态环境治理重要论述的三重论域》，《学术探索》2023 年第 6 期。

李加林、沈满洪、马仁锋等：《海洋生态文明建设背景下的海洋资源经济与海洋战略》，《自然资源学报》2022 年第 4 期。

孙才志、梁宗红、翟小清：《全要素生产率视域下中国海洋经济增长动力机制研究》，《地理科学进展》2023 年第 6 期。

国际篇

B.15
全球海洋航运与港口发展形势分析

鲁 渤 张媛媛*

摘 要: 2014~2023年,全球海运贸易量从98.43亿吨增至123.7亿吨,年均增速稳定,全球港口运营模式正在经历从传统的货物装卸向提供综合物流服务的转型,绿色化和智能化成为新的发展趋势。全球海洋产业的发展不仅体现在传统航运和港口运营上,还包括迅速向新兴的海洋产业和高技术领域拓展,海洋油气开采、海洋渔业和海洋旅游业等优势海洋产业为沿海国家提供了丰富的资源和经济收益,战略性新兴海洋产业正在成为推动全球海洋经济发展的新动力。尽管航运业在全球经济中扮演着重要角色,但也面临着环境问题、周期性波动和运营成本上升等挑战。为应对全球航运业挑战并把握机遇,本报告从加强海洋航运与港口的绿色发展、技术创新、国际合作、基础设施建设和风险管理等方面提出对策建议。

关键词: 海洋航运与港口 海洋产业 海洋经济

---

* 鲁渤,大连理工大学经济管理学院教授,国家级青年人才,国家社科基金重大项目首席专家,中国物流学会副会长,主要研究方向为港口运营与航运经济等;张媛媛,大连理工大学经济管理学院。

一　全球海洋航运与港口发展现状分析

在全球化不断深化的今天，全球海洋航运与港口的发展现状已成为洞察国际贸易动态、预测经济趋势的关键。作为全球贸易的动脉，海洋航运连接着世界各地的市场，而港口则是货物流通的重要节点。它们不仅支撑着全球供应链的运转，还对促进经济增长、增强区域竞争力发挥着至关重要的作用。

（一）全球海运发展现状分析

1. 全球海运贸易量分析

根据国际海事组织（IMO）提供的数据，全球海运贸易量不仅持续增长，而且在推动全球 GDP 增长方面发挥了显著作用。2019 年，全球商品贸易总额高达 19 万亿美元，其中海运贸易量按重量计算占全球贸易总量的90%，按价值计算则占 70%以上，表明了 13.3 万亿美元的贸易额通过航运得以实现。2014~2023 年全球贸易总量从 98.43 亿吨增至 123.7 亿吨，呈现出稳定的增长态势。在此期间，全球贸易总量的平均增速为 2.7%，尤其是2015 年的数据显示，全球海运贸易增速显著提升，达到了 10%的高点，这一增势受到当年全球经济的复苏和贸易自由化政策的影响。然而，2020 年全球海运贸易增速降至-3%，这是由于全球经济和海洋航运业遭受了重大冲击，航运量出现收缩。尽管 2021 年全球海运贸易显示出回温的趋势，但2022 年的数据再次显示出下降趋势。这些波动表明，全球海运贸易量受到多种因素的影响，包括宏观经济状况、政策环境以及全球性事件等。

2. 全球海运结构分析

从全球海运结构（见图 1）来看，干散货运输是海上运输的主要形式，其份额在 2014~2023 年一直保持在 40%以上。干散货航运市场的需求增长，反映在波罗的海干散货运价指数（BDI）的波动和干散货海运贸易量的同比增长 3.9%，达到 55.08 亿吨。尽管干散货运输的市场份额在逐年略有下降，但其在全球海运中的核心地位并未改变。随着全球贸易的增长,集装箱航运需求呈现不断上升的趋势。2020年,全球集装箱船队运力达到了约2400万TEU,并预计到2025年将进一步增长至3000万TEU。在这一增长过程中,亚洲地区特别是中国发挥了关键作用。中国港口的集装箱吞吐量连续多年位居世界第一,凸显了亚洲在全球集装箱航运中的领导地位。航运企业在这一过程中面临着原油价格波动带来的成本控制挑战。2021年至2023年间,布伦特原油期货价格的年均值经历了显著波动,这种波动直接关联到船舶燃油价格,并对航运企业的盈利水平产生重要影响。油气运输的市场份额虽然有所下降,但其对航运成本的影响不容忽视,尤其是在原油价格波动较大时。

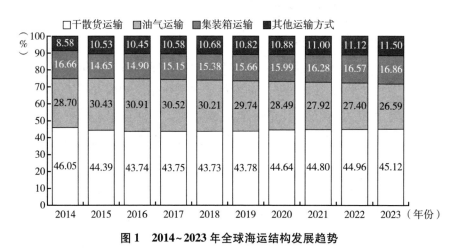

图1 2014~2023年全球海运结构发展趋势

(二)全球港口运营现状分析

1. 全球港口吞吐量分析

近年来,亚洲港口特别是中国的港口在集装箱吞吐量方面表现卓越,这一趋势在世界航运理事会(WSC)发布的全球港口排名中得到了明显体现。以中国上海港为例,作为全球最繁忙的集装箱港口之一,其2023年的集装箱吞吐量超过了4900万TEU,第14年蝉联全球第一。集装箱吞吐量再创新高的背后是上海国际航运中心集疏运体系进一步优化,枢纽功能不断加强。

2023 年，上海港海铁公司全年完成箱量达 63 万 TEU，同比增幅超 29%，连续 5 年超额完成市政府设立的箱量目标。水水中转方面，2023 年上海港水水中转比例达 58% 左右。紧随其后的是新加坡港和中国宁波舟山港，2023 年，宁波舟山港累计完成集装箱吞吐量达到 3505 万 TEU，同比增长 5.5%，成为继上海港和新加坡港之后，全球第三个年集装箱量超 3500 万 TEU 的港口，这一成绩显示出亚洲在全球航运网络的中心地位。

2. 全球港口运营模式分析

港口的运营模式正在经历着深刻的变革，传统的货物装卸功能正逐步扩展到提供综合物流服务，包括仓储、分拣、配送等增值服务。这种转型不仅提升了港口的服务能力，也增强了其在国际贸易中的竞争力。例如，新加坡港通过引入先进的物流管理系统和自动化技术，成功将自己打造成了一个高效的综合物流枢纽。

港口的绿色化和智能化发展正成为全球航运业的新趋势，面对全球气候变化的挑战，许多港口正在采取措施以减少运营过程中的碳排放。全球多数港口已经实施或正在计划实施绿色港口计划，包括使用岸电供应系统以减少船舶在靠港期间的排放，以及推广电动或低排放车辆来提高港口内部运输的能效。例如，中国上海港已经实施了多项绿色港口措施，包括安装太阳能发电系统和使用电动堆场设备，以降低港口运营的碳足迹。

智能化技术的应用也在改变港口的运营方式。自动化码头、智能调度系统和物联网技术的应用提高了港口的作业效率和安全性。例如，荷兰鹿特丹港通过使用自动化导引车（AGV）和自动化堆场起重机，大幅提高了集装箱的装卸速度和准确性。这些变革不仅提升了港口的运营效率，也为全球航运业的可持续发展提供了新的动力。

（三）全球海洋产业发展现状分析

全球海洋航运与港口产业不仅构成了世界经济的基石，其发展亦反映出多元化和高度融合的复杂性。这一产业在传统航运和港口运营的基础上，正迅速向新兴的海洋产业和高技术领域拓展，展现出强劲的创新能力和市场活

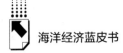

力。根据 Clarkson 的数据，2021 年全球商船队的总价值增长了 26%，达到 1.2 万亿美元，这一数字不仅凸显了航运业在全球经济中的重要地位，也反映了航运业对于全球贸易流通的关键作用。

优势海洋产业，包括海洋油气开采、海洋渔业和海洋旅游业，长期以来为沿海国家提供了丰富的资源和经济收益。全球海洋油气资源量约占全球油气资源总量的 34%，探明率为 30% 左右，尚处于勘探早期阶段。据估计，世界可开采的石油资源储量为 3000 亿吨，其中海洋石油储量约为 1300 亿吨，这一比例凸显了海洋油气产业在全球能源结构中的重要性。

战略新兴海洋产业，如海洋可再生能源、海洋生物技术和海洋高端装备制造，正逐渐成为推动全球海洋经济发展的新动力。从海上风电累计装机容量来看，根据全球风能理事会（GWEC）的数据，截至 2023 年底，全球海上风电累计装机容量达到 75.2GW，同比增长 26.51%。随着全球越来越多的国家开拓海上风电事业以及海上风电成本持续下滑，全球海上风电产业将保持快速发展态势，全球海上风电装机容量将保持增长。

高科技海洋产业，包括卫星通信、海底光缆和智能船舶技术，正在改变传统的海洋业务模式，提高海洋活动的效率和安全性。在装备制造海洋产业方面，特别是高技术船舶和海洋工程装备的制造，为海洋资源开发和海洋环境监测提供了先进的技术支持。例如，自动化和智能化技术的应用，使得现代船舶能够实现更高效的货物管理、能源消耗降低和航线优化。海底光缆作为全球通信网络的重要组成部分，保障了全球数据的快速传输和信息的互联互通。此外，海洋生物技术的发展，如海洋药物和生物材料的开发，为医药、健康和环保产业带来了新的增长点。随着技术的不断进步和创新，海洋产业预计将在全球经济中占据更加重要的地位，成为推动可持续发展的关键力量。

二　全球海洋航运与港口发展形势研判

在全球化的大背景下，海洋航运与港口不仅是国际贸易的基石，更是全球经济循环不可或缺的一环。随着全球贸易的日益增长和国际分工的深化，海洋航运与港口业的发展形势对全球经济的稳定与增长具有深远的影响。全球经济的每一次波动，无论是经济增长还是衰退，都会在海洋航运与港口业中得到反映。

（一）全球海洋航运与港口发展战略分析

在全球经济一体化和地缘政治格局不断演变的当下，海洋航运与港口产业作为全球贸易的基石，其发展正面临前所未有的机遇与挑战。近年来，全球海洋航运与港口业虽然在自然资源的丰富性和海洋经济的可持续性方面具有一定优势，但这些优势正逐渐受到削弱。全球航运网络的复杂性增加，加之环境政策的趋严、能源价格的波动以及技术革新的日新月异，使得该产业必须重新审视并调整其发展策略。

1. 优势

根据联合国贸易和发展（UNCTAD）会议的数据，海运贸易量占据了全球贸易总量的80%以上，这一比例凸显了航运业在全球经济循环中的核心地位。特别是在亚洲，中国和新加坡等国家的港口在集装箱吞吐量方面持续保持领先地位，这不仅体现了亚洲在全球航运网络中的枢纽作用，也反映了这些港口在全球物流体系中的重要地位。

随着技术进步，自动化码头通过引入先进的物流管理系统和自动化设备，大幅提高了集装箱的装卸速度和准确性，同时也降低了运营成本和人工依赖。智能船舶技术的应用，如船舶监控系统和优化航线设计，不仅提高了船舶的航行安全，还减少了能源消耗和排放，推动了航运业的绿色发展。此外，数字化和信息化技术的应用，如区块链和大数据分析，为航运业提供了更高效、透明的管理和运营模式。通过实时追踪货物流动和分析市场趋势，航运公司能够更精准地规划航线和调度资源，提高服务质量和客户满意度。这些技术的应用不仅提升了航运业的现代化水平，也增强了其在全球经济中的竞争力。

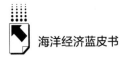

2. 劣势

尽管航运业在全球经济中扮演着举足轻重的角色，为国际贸易提供了便捷的运输手段，支撑着全球供应链的高效运作，但它也面临着一些不容忽视的内在劣势。环境问题，尤其是温室气体排放，已成为航运业面临的主要挑战之一。根据国际海事组织（IMO）的数据，航运业的碳排放量虽然仅占全球总排放量的3%，但这一比例在不断增长，其对全球气候变化的潜在贡献和环境影响不容忽视。随着全球对减少温室气体排放的压力日益增大，航运业亟须采取措施降低其环境足迹。

航运业的周期性波动和对全球经济波动的敏感性，使其在全球经济不确定性增加时，如经济衰退或贸易紧张局势升级期间，容易受到需求下降的冲击。这种敏感性使得航运业的业务量和收入面临波动风险，进而影响到行业的稳定发展和投资回报。航运市场的这种不稳定性要求航运企业必须具备灵活的经营策略和风险管理能力，以应对市场的波动。航运业还面临着运营成本上升的压力，包括燃料成本、合规成本以及技术更新和维护成本。随着国际社会对航运业的环境和安全标准要求越来越高，航运企业需要投入更多的资金来满足这些标准，这无疑增加了运营成本。

3. 机遇

全球贸易的蓬勃发展和新兴市场的快速崛起，为航运业带来了前所未有的发展机遇。在全球经济一体化的背景下，贸易自由化和区域经济一体化的加速推进，特别是"一带一路"等倡议的实施，极大地促进了航运业务的扩展和航运网络的完善。随着全球中产阶级人口的不断增加，以及消费模式的日益多元化和个性化，对航运服务的需求呈现出稳步增长的趋势。这一趋势预示着航运业的市场空间将进一步扩大，为航运企业提供了广阔的发展前景。

技术进步，尤其是数字化和大数据的应用，为航运业的转型升级提供了强大的动力。通过引入先进的信息技术，航运企业能够更有效地进行运营管理，优化航线设计，提高船舶调度的灵活性和效率。大数据分析帮助航运企业更好地预测市场需求，制定更为精准的业务策略，从而提高运营效率和降低运营成本。同时，数字化技术的应用也极大地增强了航运业的客户服务能力，通过提供更加个性化和高效的服务，提升了客户的满意度和忠诚度。

可再生能源和清洁燃料的开发，也为航运业的绿色转型提供了新的解决方案。面对全球气候变化和环境保护的严峻挑战，航运业亟须降低其环境足迹，实现可持续发展。清洁能源和新能源技术的应用，如风能、太阳能、电池动力和氢燃料等，为航运业提供了新的能源选择，有助于减少温室气体排放和污染物排放。这不仅有助于提升航运业的环境友好形象，也为其在全球能源转型中扮演更重要的角色提供了机遇。通过积极参与全球能源转型，航运业可以更好地适应未来能源结构的变化，提高其在全球经济中的竞争力。

4. 威胁

全球海洋航运与港口产业同样面临着多方面的威胁。当前全球供应链危机的加剧，已经导致航运成本飙升，运输周期延长，进而对全球贸易流动产生了深远的影响。地缘政治紧张局势，包括贸易战和区域冲突，不仅可能扰乱关键的贸易路线，还可能引发运输成本的进一步上升，影响航运业的稳定性和可预测性。红海地区由于其战略位置的重要性，一直是全球航运的关键通道，但该地区的政治动荡和安全问题，特别是海盗活动和海上安全问题，对航运业构成了持续的威胁。这些活动不仅威胁到航运资产的安全，还可能对船员的生命安全造成严重威胁，对海上贸易的顺畅进行构成了实质性挑战。

此外，全球气候变化导致的极端天气事件，如台风、飓风、海平面上升以及海洋酸化等，对港口设施的完整性和航运安全构成了直接威胁，增加了航运业的运营风险。这些外部威胁和内部挑战不仅增加了航运业的运营成本和复杂性，也对其长期的可持续发展构成了严峻挑战。航运企业必须加强对全球政治经济形势的监测和分析，制定灵活的应对策略，以应对地缘政治紧张局势带来的不确定性。

（二）全球海洋航运与港口发展碳排放现状分析

全球海上贸易的蓬勃发展，伴随着船舶排放量的持续增长，已成为全球温室气体排放的重要来源。船舶排放在人为温室气体排放中的占比呈现出不容忽视的增长趋势。中美双边贸易作为全球航运的重要组成部分，其产生的二氧化碳排放量占全球航运排放量的2.5%，同时在全球因空气污染导致的与船舶相关的过早死亡人数中占比高达4.8%。港口作为航运贸易的关键节点，其碳排放量亦占据了人类活动碳排放总量的3%，对全球气候变化和环境健康构成了重大影响。

随着全球航运碳排放的空间异质性不断增强，港口碳排放的转移和空间关联性变得日益复杂。这种转移并非孤立发生，而是随着国际航运贸易的流动而变化，形成了全球各港口间错综复杂的碳排放网络。这种网络结构的存在，要求我们重新审视和理解港口在全球航运碳排放中的角色和影响。港口运作期间的总二氧化碳排放量及每小时的二氧化碳排放量进一步凸显了港口在航运碳排放中的关键作用（见图2）。

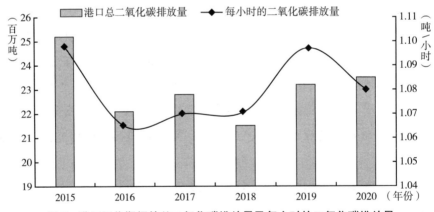

图2　港口运作期间的总二氧化碳排放量及每小时的二氧化碳排放量

集装箱船作为全球海运二氧化碳排放的主要贡献者（见图3、图4），其排放量约占全球海运排放总量的30%。海运排放的污染物通过大气运动，能够从海洋环境扩散至陆地，对城市气候产生负面影响，并威胁人类健康。面对未来几十年的发展趋势，若不采取有效的排放控制措施，预计到2050年，海运总排放量将可能达到1.5亿吨，较2018年增加50%，这一预测结果对全球气候行动提出了严峻的挑战。

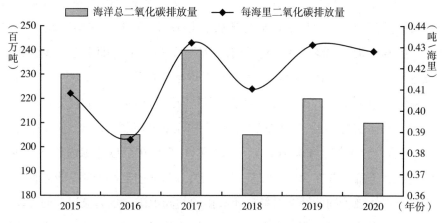

图 3　总二氧化碳排放量和巡航模式下每海里二氧化碳排放量

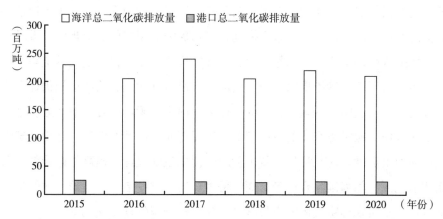

图 4　全球海上集装箱运输在巡航模式和港口运营中产生的二氧化碳排放总量

（三）全球海洋航运与港口碳减排策略分析

为应对航运业温室气体排放的增长趋势，国际海事组织（IMO）制定并通过了一项旨在减少航运业温室气体排放的初步战略。该战略提出了到2030年将航运业碳排放强度降低40%，到2050年碳排放总量降低50%的宏伟目标，为全球航运业的低碳转型提供了明确的方向和时间表。在《巴黎

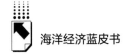

协定》的框架下，IMO 于 2018 年批准了一项更为全面的温室气体减排战略，目标是到 2050 年将海上航运排放总量在 2008 年的基础上减少至少50%。在第 80 届海洋环境保护委员会（MEPC 80）上，IMO 进一步强化了其减排目标，即尽快达到国际航运温室气体排放峰值，并在 2050 年左右实现温室气体净零排放，这一目标考虑了不同国家的具体情况和能力。

为了具体实施减排措施并推动航运业的绿色转型，22 个国家签署了《克莱德班克绿色航运走廊宣言》，承诺到 2025 年在全球范围内建立至少 6条绿色航运走廊，并在 2030 年进一步扩展，以促进航运业的脱碳进程。这一举措不仅体现了国际社会对航运业减排的共同承诺，也为航运业的可持续发展提供了实践路径。同时，众多集装箱航运公司，如马士基，也设定了实现净零排放的具体目标，并制定了相应的时间表。这些企业的目标与 IMO的战略相辅相成，共同推动航运业向低碳、环保的方向发展。为了支持这些目标的实现，已经推出了一系列措施，包括加强对新船的能效规定、鼓励港口合作采取减排措施、为船舶减少温室气体排放设立多捐助信托基金等。

尽管已有多项措施推出，但与当前的气候目标相比，这些措施仍存在不一致之处，实现国际碳减排目标的具体途径尚不明确。因此，航运业和港口需加强合作，探索更有效的减排策略，确保行业的可持续发展，并为全球气候行动做出贡献。这包括加强技术创新、优化航线设计、提高船舶能效、采用清洁能源、加强国际合作等方面的努力。通过这些措施，全球海洋航运与港口业有望实现温室气体的有效减排，为应对全球气候变化贡献力量。

三　全球海洋航运与港口发展趋势预测

随着全球经济一体化的加深，航运业作为国际贸易的支柱，全球海洋航运与港口发展态势对全球经济具有重要影响。技术创新和环保政策的推动，促使行业向智能化、绿色化转型，以适应可持续发展的需求。数字化的深入应用，将进一步提高航运效率，优化全球供应链，为全球经济增长注入新动力。

（一）全球海洋航运与港口发展预测

2023 年，国际集装箱运输市场整体低迷，地缘政治冲突对全球海运网络造成的影响逐渐显现；同时世界经济增长动力不足，且由于欧美等发达经济体的消费结构从商品需求逐渐转为服务需求，商品贸易增长迟缓。2023年全球港口集装箱吞吐量同比降低 0.2% 至 8.61 亿 TEU。基于灰色预测模型，对全球港口集装箱吞吐量发展趋势进行预测分析。预计到 2025 年，全球港口集装箱吞吐量将增长到 9.14 亿 TEU，到 2030 年达到 11.09 亿 TEU。预计到 2030 年，中国的港口吞吐量将占全球总量的 40% 以上，成为全球海洋航运与港口发展的重要引擎，沿海及内河箱量的快速增长为其提供了保障。与此同时，欧洲和北美地区由于市场饱和度较高，可能会面临一定的增长挑战，但通过技术创新和优化服务，仍有潜力实现稳定增长。

表 1　全球港口发展预测

单位：亿 TEU

年份	2025	2027	2030
全球港口集装箱吞吐量	9.14	9.88	11.09

（二）全球海洋航运与港口分区域发展趋势分析

1. 亚洲地区

亚洲地区，特别是中国，将继续引领全球海洋航运与港口的发展。亚洲港口的集装箱流量产生最大的航运排放，约占全球总量的 55%。中国凭借其庞大的经济体量和对外贸易需求，将进一步推动港口基础设施建设和航运服务的提升。随着"一带一路"倡议的深入实施，中国港口的国际合作和互联互通能力将得到加强，促进了区域内外的贸易流通和经济一体化。亚洲其他地区，如新加坡、韩国和日本，也在不断加强其港口设施和航运服务，以适应日益增长的贸易需求。新加坡以其高效的港口管理和先进的航运技

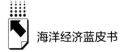

术，继续保持其作为全球航运枢纽的地位。韩国和日本则通过技术创新和绿色航运的实践，推动航运业的可持续发展。

2. 欧洲地区

欧洲国家如德国、法国、意大利和荷兰在碳排放网络中具有较高的中心性，这表明它们在全球航运贸易中扮演着关键角色。随着全球贸易格局的变化和环境保护要求的提高，欧洲港口需要在提升效率和实现绿色发展之间找到平衡。预计到2030年，欧洲港口将通过技术创新和政策引导，逐步实现智能化和低碳化运营。例如，通过采用更高效的物流管理系统、推广使用清洁能源和实施严格的环境监管措施，欧洲港口将能够提高其在全球航运市场中的竞争力。

3. 北美洲地区

北美港口的集装箱流量和碳排放量在全球范围内占有重要地位。随着区域经济一体化的推进和新兴经济体的崛起，北美港口需要加强与亚洲和欧洲的联系，提升自身的竞争力。预计到2030年，北美港口将通过优化航线布局和提高服务质量，吸引更多的国际航运业务。北美地区，特别是美国，正在积极推动港口基础设施的现代化和绿色化，以提高其在全球航运市场中的吸引力。通过投资于自动化港口技术、清洁能源使用和供应链优化，北美港口将能够更好地满足未来航运业的需求。

四　全球海洋航运与港口发展对策建议

为不断优化全球海洋航运与港口产业的结构及空间布局，不断提升该产业的科技创新能力，维护全球海洋经济的安全稳定与高质量发展，提出以下对策建议。

（一）加强海洋航运与港口的绿色发展

全球海洋航运与港口产业的发展策略必须着眼于绿色发展以应对日益严峻的环境挑战。政府需推动航运业采用清洁能源，减少碳排放，并通过制定严格的碳排放标准，确保所有航运活动符合减排要求。此外，应加大对绿色航运技术的研发投入，包括高效能船舶设计、能源管理系统，以及碳捕集和存储技术。同时，强化环境影响评估，确保航运项目和港口建设对环境的影响降到最低。通过绿色金融工具和激励政策，鼓励航运企业和港口采用绿色技术和实践，同时加强国际合作，协调各国政策，共同推动全球航运业的绿色转型。为了提高公众对海洋航运与港口绿色发展重要性的认识，教育和宣传活动的加强是必要的。此外，建立全球性的监测、报告和合规性体系，确保航运企业和港口运营商遵守减排承诺，并定期公布其环境绩效。港口基础设施的绿色升级，如岸电供应系统的普及、港口作业设备的电动化，以及港口区域的绿化，也是提升港口绿色发展的关键措施。最后，加强港口和航运业对气候变化影响的适应能力，包括海平面上升、极端天气事件等，确保业务连续性和供应链的稳定性，是保障全球海洋航运与港口产业可持续发展的重要策略。

（二）促进海洋航运与港口的技术创新

为应对全球海洋航运与港口产业面临的挑战并把握未来发展机遇，促进技术创新与应用成为一项关键策略。政府需采取切实措施，激励港口和航运企业采用自动化、智能化技术，加强与学术界的合作，共同推动技术革新。通过智能化基础设施的建设，如自动化码头操作系统、智能调度系统，以及物联网技术，可以显著提高港口作业的效率和安全性，减少拥堵，优化船舶调度和货物装卸流程。此外，建立智能化航运示范区，通过试点项目探索新技术的实际应用，将有助于积累经验，为全面推广新技术提供实践基础。同时，加强国际合作，借鉴先进国家在智能化航运领域的成功经验，对推动全球航运业的技术进步至关重要。这要求相关部门在国际层面上积极参与交流与合作，共享知识，促进技术转移。教育与人才培养也是不可或缺的一环。专业培训和教育项目应被设计来提升从业人员对新技术的掌握和应用能力，确保技术革新能够转化为企业的核心竞争力。

（三）增强海洋航运与港口的国际合作

全球海洋航运与港口产业的发展离不开国际合作的支持与推动。面对气

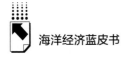

候变化和环境保护等全球性问题，各国政府、国际组织、航运企业以及港口
运营商需要加强合作，共同应对挑战。政府及相关部门应积极构建多边合作
机制，通过参与国际海事组织（IMO）等机构的倡议，推动制定和实施全球
性的航运减排标准和环境保护政策。此外，应鼓励航运企业参与国际绿色航
运项目，通过技术交流和信息共享，增强整个行业的环境意识和减排能力。
同时，加强国际合作还应包括促进航运业的互联互通和贸易便利化。通过签
订多边或双边协议，简化航运物流流程，降低贸易壁垒，提高航运效率。应
推动建立国际航运信息共享平台，促进航运数据的透明化和标准化，这将有
助于优化航线规划，减少无效运输，降低碳排放。此外，国际合作还应扩展
到人才培养和技术创新领域，通过国际交流项目和联合研发计划，共同培养
航运业的未来领导者和创新者。

（四）优化海洋航运与港口的基础设施建设

海洋航运与港口的基础设施建设是确保全球航运业高效运作的关键。政
府应当加大对港口基础设施的投资力度，以提升港口的吞吐能力和服务水
平。这包括扩展和深化港口设施，如增加泊位、扩大码头面积、提高货物处
理和存储能力，以及引入先进的物流管理系统。通过这些措施，可以显著提
高港口的运营效率，减少货物在港口的停留时间，降低物流成本，从而增强
港口在全球航运市场中的竞争力。还应重视港口基础设施的智能化和绿色化
改造。智能化改造可以通过引入自动化码头设备、智能监控系统和数据分析
技术，提高港口的作业效率和安全性。绿色化改造则关注于减少港口运营对
环境的影响，如使用清洁能源、优化港口布局以减少噪声和空气污染、实施
废物管理和回收计划。这些措施不仅有助于提高港口的环境友好性，还能提
升港口的社会形象和可持续发展能力。通过优化海洋航运与港口的基础设施
建设，可以为全球航运业的长期繁荣和环境可持续性奠定坚实的基础。

（五）构建海洋航运与港口的风险管理体系

海洋航运与港口业作为全球贸易的重要组成部分，面临着地缘政治和经

济波动的多重风险。为此，构建一个全面的风险管理体系显得尤为迫切和重要。相关部门应当着手建立航运与港口的风险评估机制，通过实时监控全球政治经济形势，评估可能对航运业造成影响的风险因素，如贸易争端、汇率波动、恐怖主义威胁等。在此基础上，制定相应的风险预防和应对策略，包括多元化运输路线、建立应急预案、增强供应链的灵活性和韧性。风险管理体系的构建还应涵盖对港口基础设施的保护和升级，确保在面对自然灾害或意外事故时，港口能够迅速恢复正常运作。政府应鼓励港口运营商投资先进的安全监控系统和防护设施，提高港口的安全管理水平。同时，加强与保险公司的合作，为港口和航运业务提供适当的风险保障。通过这些措施，可以有效地降低潜在风险对航运与港口业务的影响，保障全球供应链的稳定和安全。

参考文献

Bo Lu, Xi Ming, Hongman Lu, et al., "Challenges of decarbonizing global maritime container shipping toward net-zero emissions", *npj Ocean Sustainability* 2023（2）.

Boris Stolz, Maximilian Held, Gil Georges & Konstantinos Boulouchos, "Techno-economic analysis of renewable fuels for ships carrying bulk cargo in Europe", *Nature Energy* 2022（7）.

Xiao-Tong Wang, Huan Liu, Zhao-Feng Lv, et al., "Trade-linked shipping CO2 emissions", *Nature Climate Change* 2021（11）.

李姗晏、李永志、明静禅、王洪树：《2023年全球集装箱航运市场分析及后市展望》，《世界海运》2024年第3期。

王列辉、陈萍、张楠翌：《全球航运服务业的空间分布差异研究》，《地理学报》2023年第4期。

王琪、韦春竹、陈炜：《中国港口群内部格局与参与全球航运网络联系分析》，《人文地理》2022年第1期。

邱志萍、刘镇：《全球班轮航运网络结构特征演变及驱动因素——基于联合国LSBCI数据的社会网络分析》，《经济地理》2021年第1期。

B.16
全球海洋贸易通道安全与风险分析

"全球海洋贸易通道安全与风险研究"课题组*

摘　要：　选取全球航道与关键节点，在自然、人为与政治风险分析基础上，对全球海洋贸易通道进行安全分析，并针对中国参与全球海洋贸易提出对策建议。①全球海洋贸易通道以关键通道为核心，呈现区域差异与功能性分布。高流量会带来潜在风险，地缘政治紧张和自然灾害均会冲击全球供应链。②热带气旋、海啸和海浪是主要自然风险，海盗活动集中在东南亚、非洲和南美洲部分地区，地缘政治动荡显著影响通道安全。③全球海洋贸易通道的高安全性得益于稳定的地缘政治环境和完善的应急设施。然而，复杂的自然条件、频繁的外部干扰以及应急响应能力的不足，凸显了航道与关键节点安全保障的迫切性。建议中国进一步加强国际合作、提升海事管理、优化风险监控，积极参与国际维和行动。

关键词：　海洋贸易通道　风险分析　安全分析　国际合作

---

*　课题组成员：殷克东，山东财经大学海洋经济与管理研究院院长，教授，博士生导师，中国海洋大学博士生导师，研究领域为数量经济分析与建模、复杂系统与优化仿真、海洋经济管理与监测预警等；张彩霞，北京大学深圳研究生院副研究员，研究领域为海洋灾害与航运风险；王余琛，山东财经大学管理科学与工程学院，研究方向为海洋系统工程与管理；黄冲，山东财经大学海洋经济与管理研究院副教授，硕士生导师，山东省泰山产业领军人才，主要研究方向为海洋经济分析与建模、可持续发展与政策效果评估等。

一 全球海洋贸易通道简述

（一）海洋贸易通道

目前，世界上超过80%的贸易是通过海洋进行的。[1] 海洋贸易不仅关乎一国经济，更与全球发展格局直接相关，一个国家参与国际贸易和向海外运输货物的能力是现代全球经济不可或缺的。[2] 全球海洋贸易通道是国际贸易的关键节点。通过这些通道，世界各地的商品、资源和能源得以流通，促进了全球经济的发展。海上运输的地理位置结合了地理、战略和商业需求，其地理问题在时间上是稳定的，但战略和商业上的考虑随着全球化的潮起潮落而不断变化。海洋运输的地形由海洋和河流环流系统组成，这些环流系统由深度、洋流、风、海岸线和通道的结构等标准定义。虽然海洋占地球表面的71%，但海上运输主要沿着经常使用的特定航线进行，进而形成了特定的贸易通道。地理、地缘政治和贸易原因使得特定地点在全球海运网络中发挥战略作用，这些节点被标记为海洋贸易通道，可分为两大类：主要通道和次要通道。[3] 贸易通道是世界各国发展海洋贸易的关键，其安全与否、畅通与否已成为关乎世界安全的战略性问题。

全球主要海洋贸易通道包括巴拿马运河、马六甲海峡、苏伊士运河、直布罗陀海峡、博斯普鲁斯海峡、曼德海峡、霍尔木兹海峡和好望角等，这些通道连接大洋与重要经济区，承载全球大量能源、货物和战略物资的运输。

---

[1] Wang, Xiao-Tong, Huan Liu, Zhao-Feng Lv, Fan-Yuan Deng, Hai-Lian Xu, Li-Juan Qi, Meng-Shuang Shi, et al., "Trade–Linked Shipping CO2 Emissions", *Nature Climate Change 2021* (11): 945-951。

[2] Lane, Jesse M., and Michael Pretes, "Maritime Dependency and Economic Prosperity: Why Access to Oceanic Trade Matters", *Marine Policy* 2020 (121): 104180。

[3] Fan, Shiqi, Zaili Yang, Eduardo Blanco–Davis, Jinfen Zhang and Xinping Yan, "Analysis of Maritime Transport Accidents Using Bayesian Networks", *Proceedings of the Institution of Mechanical Engineers*, Part O: *Journal of Risk and Reliability* 234 (3): 439-454。

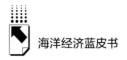

巴拿马运河和苏伊士运河大大缩短了大西洋与太平洋、欧洲与亚洲之间的航程，马六甲海峡则是东南亚与全球贸易的关键节点。次要通道如尤卡坦海峡、津轻海峡和台湾海峡等，虽然流量较低，但在主要通道受阻时提供关键替代路线，确保国际贸易的稳定性和连续性。这些通道在经济和全球战略中都扮演着重要角色。

（二）全球海洋贸易航道流量及其重要性

航道是指船舶从一个起点到另一个终点的航行路线，而海洋贸易通道（如马六甲海峡和苏伊士运河）则是全球海运网络中的关键节点，承载着大量的国际贸易。航道的运行依赖于这些通道的通行能力，而通道的繁忙程度通常通过船舶的通行量来衡量。在一定时间内，经过特定航道的船舶航次（即从始发港到目的港的一次完整航程）构成了该航道的船舶流量。我们聚焦于贸易最为频繁的六大类船舶—集装箱船、散货船、杂货船、化学品船、液化气船和石油船舶，基于2022年全年的船舶AIS轨迹数据，分析了全球主要贸易航道的船舶流量分布情况。

集装箱船流量集中在亚欧和跨太平洋航线，航次达10万次，反映其全球制造业运输的重要性。散货船航次最高达18万次，主要服务于大宗商品运输。杂货船和化学品船航线分散，航次分别最高为6万次和4万次。液化气船集中在东亚、北美和波斯湾，航次达6万次。石油船流量集中，航次最高达到2万次，连接主要石油生产和消费区域。根据不同航道的流量统计，2022年全球104条航道中，航次排名前10的航道被视为全球海洋贸易的关键路径（见表1）。东海朝鲜海峡航道以34.09万航次位居首位，显示其在全球贸易中的重要性。前10名航道的航次数量在12万到34万之间，突显了部分航道在全球航运中的高使用频率。从地理分布来看，亚洲航道占据主导地位，尤其是东亚和东南亚区域的航道，如朝鲜对马海峡、台湾海峡、南海、马六甲海峡等，反映了亚洲在全球供应链中的核心地位。此外，跨区域航道如苏伊士运河直布罗陀海峡和英吉利海峡–葡萄牙西航道也在全球贸易中扮演重要角色。

表 1　2022 年全球海洋贸易航道总体流量排名

单位：公里，万航次

航道	东海朝鲜海峡航道	南海主航道	台湾海峡航道	渤海黄海航道	九州本州航道	孟加拉湾南部航道	南海新加坡航道	西欧南航道	地中海航道	南海巴林塘海峡航道
距离	810.46	1817.33	340.96	873.57	828.62	2645.49	1343.84	1599.21	3911.26	843.33
航次	34.09	28.97	25.19	24.77	22.61	21.32	19.32	17.64	13.83	12.39
排名	1	2	3	4	5	6	7	8	9	10

资料来源：2022 年博懋全球星 AIS 定位系统的船舶流量。

长距离航道虽运输时间长、成本高，航次较低，但仍连接重要经济区。将运距控制在 2000 公里以上，孟加拉湾南部航道以 21.32 万航次在长距离航道中居首。印度洋和阿拉伯海航道在全球能源运输和亚洲贸易中具有重要性，而跨大洋航道如南大西洋和印度洋航道则主要用于高价值货物的远程运输。红海和阿拉伯海北航道尽管航次较少，但在能源运输中至关重要。

分船舶类型流量及占比揭示了全球海洋贸易的主要特征（见图 1）。散货船以 39.77% 的占比（208.47 万航次）居首，反映了大宗商品如矿石、煤炭和粮食在全球贸易中的主导地位。集装箱船占比 19.33%（101.31 万航次），显示出全球供应链中集装箱化的趋势，特别是在小批量、多品种商品运输中的重要性。液化气和石油船舶分别占 12.87%（67.48 万航次）和 5.80%（30.38 万航次），合计 18.67%，体现了传统能源运输在全球贸易中的持续重要性。化学品船和杂货船则分别占 11.63%（60.93 万航次）和 10.60%（55.57 万航次），显示了工业原材料和非标准化货物的稳定需求。总体来看，这些数据展示了全球海洋贸易的多样性和复杂性，既有大宗散货和能源运输的稳固需求，也有集装箱化物流对全球供应链的关键支撑。

同时，2022 年分船舶类型航道流量与占比（见表 2）显示，散货运输主要集中在东亚，东海朝鲜海峡和渤海黄海航道分别承载了 17.84 万和

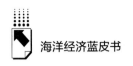
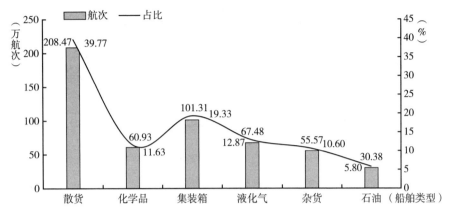

图1 2022年全球海洋贸易分船舶类型流量与占比

资料来源：2022年博懋全球星AIS定位系统的船舶流量。

14.41万航次，显示出中国、日本和韩国之间强大的经济联系和对大宗商品的巨大需求。台湾海峡的散货航次虽然高达9.25万，但占比低于全球平均水平，表明其多功能性。化学品运输集中在西欧和东亚，其中西欧南航道的化学品运输占比远超全球平均水平，航次为3.59万。集装箱运输则集中在东亚和东南亚，南海和台湾海峡的集装箱运输占比分别达到35.12%和30.05%。液化气运输主要分布在中东和东南亚，阿拉伯海北航道的液化气运输占比远高于全球平均水平。石油运输集中在中东和东亚，九州本州航道的油轮航次为2.18万，显示日本在能源运输中的重要性。杂货运输主要集中在日本和西欧，九州本州航道和西欧南航道的杂货运输占比高于全球平均水平，航次分别为5.76万和3.62万。上述结果凸显了这些区域在多样化货物运输中的重要地位。

表2 2022年分船舶类型航道流量及占比

单位：万航次，%

船舶类型	航道	航次	同航道占比	全球占比
散货	东海朝鲜海峡航道	17.84	52.32	39.77
	渤海黄海航道	14.41	58.16	
	台湾海峡航道	9.25	36.73	

船舶类型	航道	航次	同航道占比	全球占比
化学品	西欧南航道	3.59	20.37	11.63
	九州本州航道	3.53	15.61	
	东海朝鲜海峡航道	3.10	9.10	
集装箱	南海主航道	10.17	35.12	19.33
	台湾海峡航道	7.57	30.05	
	东海朝鲜海峡航道	5.59	16.40	
液化气	孟加拉湾南部航道	5.26	24.67	12.87
	南海新加坡航道	4.39	22.71	
	阿拉伯海北航道	4.35	40.74	
石油	九州本州航道	2.18	9.65	5.80
	孟加拉湾南部航道	1.54	7.23	
	阿拉伯海北航道	1.43	13.39	
杂货	九州本州航道	5.76	25.46	10.60
	西欧南航道	3.62	20.53	
	西欧北航道	2.86	27.91	

（三）全球海洋贸易关键节点流量及其重要性

关键节点在全球贸易中至关重要，常成为航道瓶颈。表 3 显示，2022年，马六甲海峡以 48.02 万航次居首，是全球最繁忙的海洋贸易通道之一。直布罗陀海峡和苏伊士运河分别以 31.55 万和 29.78 万航次紧随其后，显示其在连接欧洲、亚洲、中东和非洲的关键地位。曼德海峡和巴拿马运河也发挥了重要作用，航次分别为 20.49 万和 12.91 万。

表 3　2022 年主要关键节点总体与分船舶类型流量

单位：万航次

关键节点	散货	化学品	集装箱	液化气	杂货	石油	总航次
马六甲海峡	14.38	6.11	9.89	10.59	3.54	3.51	48.02
直布罗陀海峡	8.71	4.60	7.81	4.13	4.21	2.10	31.55
苏伊士运河	9.15	4.26	6.61	4.40	3.63	1.73	29.78

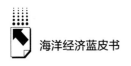

续表

关键节点	散货	化学品	集装箱	液化气	杂货	石油	总航次
曼德海峡	7.58	2.49	3.51	3.77	1.84	1.29	20.49
博斯普鲁斯海峡	4.37	2.45	2.53	1.60	3.72	0.33	14.99
巴拿马运河	3.47	2.47	3.17	0.86	1.00	1.94	12.91
厄勒海峡	2.38	2.22	2.44	1.19	3.41	0.52	12.16
好望角	8.38	0.52	0.86	1.45	0.50	0.22	11.93
霍尔木兹海峡	1.43	1.30	1.65	4.35	0.50	1.43	10.67

资料来源：2022 年博懋全球星 AIS 定位系统的船舶流量。

分船舶类型看，马六甲海峡的散货船流量最高，达 14.38 万航次，反映了东南亚和东亚在全球供应链中的重要地位。集装箱船流量在马六甲海峡也很高，达到 9.89 万航次，显示该海峡是全球集装箱运输的核心枢纽。苏伊士运河和直布罗陀海峡的集装箱船流量分别为 6.61 万和 7.81 万航次，是连接欧洲与亚洲的重要通道。液化气船在马六甲海峡、苏伊士运河和霍尔木兹海峡的流量分别为 10.59 万、4.40 万和 4.35 万航次，凸显了这些海峡在全球能源供应链中的关键作用。石油运输主要通过马六甲海峡（3.51 万航次）和直布罗陀海峡（2.10 万航次）。全球海洋贸易的关键节点展现出显著的区域差异和功能性分布，马六甲海峡的高流量凸显了亚太地区对能源和货物运输的依赖，以及其连接东亚、南亚与中东、欧洲的重要性。苏伊士运河和直布罗陀海峡作为欧洲、亚洲和非洲的关键节点，支撑了大量国际贸易流量。尽管这些节点在全球贸易中至关重要，但也带来了潜在风险，一旦因地缘政治紧张或自然灾害等因素受阻，将对全球供应链产生重大冲击。

二 全球海洋贸易通道风险分析

全球海洋贸易通道是国际经济的命脉，但其安全正面临自然、人为和政治风险的复杂威胁，尤其在气候变化和地缘政治不确定性加剧的背景下。

（一）自然风险分析

海洋贸易航运过程中常见的自然风险主要有热带气旋、海啸及海浪，影响范围可达几百公里。为量化评估各航运通道的灾害风险，以 500km 为每个航道主要受灾辐射范围，基于以下公式测算：

$$R_i = \sum_{j=1}^{m} N_{ij} \times Wind_j(RH_j, Wave_j) \times F_i \tag{1}$$

其中，N_{ij} 为第 i 个航道 500km 缓冲区内的第 j 等级的热带气旋（海啸、海浪）数量，$Wind_j$ 为第 j 等级的热带气旋风速，RH_j 为第 j 等级的海啸爬坡高度，$Wave_j$ 为第 j 等级海浪有效波浪高度，F_i 为该航道上的年度船舶流量归一化系数。R_i 为第 i 个航道面临的热带气旋（海啸、海浪）灾害风险。

1. 热带气旋风险分析

根据美国国家环境信息中心的 IBTrACS 数据，1980~2023 年全球热带气旋活动年均 108 场，峰值出现在 1984 年、1989 年、1992 年、2005 年和 2020 年，最多 136 场，最少 87 场（见图 2）。尽管总量略有下降，但强气旋频率增加，可能与厄尔尼诺现象相关。随着气候变暖，气旋强度预计将增加。热带气旋主要集中在太平洋、大西洋和印度洋，尤其是西北太平洋地区，频繁影响东亚沿海、菲律宾、日本和中国台湾。北大西洋的气旋常发展为超强气旋，影响加勒比海和美国东海岸，而印度洋的孟加拉湾和阿拉伯海区域气旋则影响印度、孟加拉国等国沿海航道。

基于公式（1）和 IBTrACS 数据集，计算每条航道的热带气旋风险得分。根据风险得分的高低，这些航道被划分为极低（0.00~20.00）、较低（20.01~100.00）、中等（100.01~200.00）、较高（200.01~1500.00）和极高（1500.01~20000.00）五个风险等级。低风险区域主要位于高纬度，如北大西洋、北太平洋远北部和非洲西海岸，受气旋影响较小。中等风险区域涵盖南大西洋、印度洋部分区域及亚洲和澳大利亚北部，气旋影响适中。较高风险区域包括东南亚、菲律宾海、印度洋北部和加勒比海，气旋风险显著增加。极高风险区域集中在西北太平洋的菲律宾、中国台湾及南中国海，

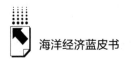

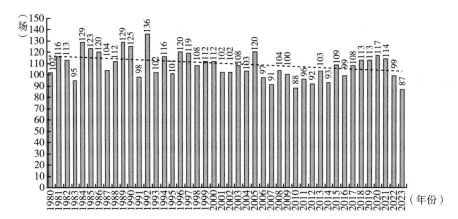

图 2　1980~2023 年全球热带气旋数量

气旋活动频繁，风险最高。对于这些高风险航道，需谨慎规划航线，并加强港口和航运设施，以应对极端天气。

2. 海啸风险分析

全球海啸分布及其对航运系统的风险评估对于提升海运安全至关重要。根据美国海洋和大气管理局统计，1980~2023 年有记录的海啸有 1296 场，1994 年、2011 年和 2018 年出现峰值（见图3）。近年来，海啸数量呈缓慢上升趋势。海啸主要集中在环太平洋地震带、印度洋沿岸和部分大西洋沿岸。这些地区地质活跃，海啸频发，特别是环太平洋地区，作为重要航线交会处，直接威胁航运安全。破坏力更大的海啸多发生在海底地震频繁的区域，如日本东海岸、印度尼西亚周边和智利沿海，这些区域与全球重要航运通道相交，严重威胁航运安全。

根据公式（1），得到全球航道海啸风险分布结果。低风险区域（0.00~0.84）主要位于大西洋和部分印度洋区域，航运活动在这些地区可维持常规安全措施。中等风险区域（0.85~3.11）包括部分太平洋和印度洋海域，航运公司需加强天气和地震监测。高风险区域（3.12~54.38）集中在太平洋"火环"地区和地中海、黑海等地，这些区域地震频繁，海啸风险极高。

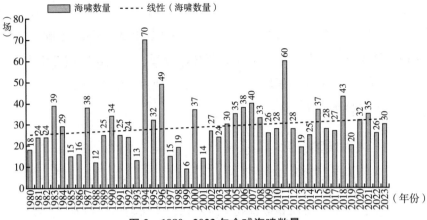

图 3 1980~2023 年全球海啸数量

3. 海浪风险分析

全球海浪的时空分布展现出显著的地理和季节性差异（见图 4）。2022
年全球海浪的平均有效波高分布。高纬度地区如北大西洋和南大西洋，由于
强风影响，冬季海浪较高；而赤道附近海浪相对平缓，除非受到飓风或热带
风暴的影响。季节变化也显著影响海浪分布，如印度洋在夏季季风期间海浪
高度增加。飓风和台风常见的区域，如北大西洋和西北太平洋，在风暴季节
海浪高度显著增高。全球变暖和气候变化可能加剧这些极端海浪现象。

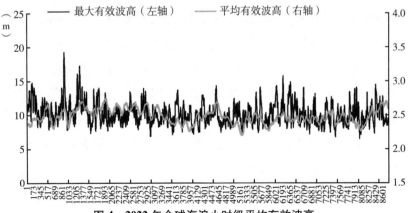

图 4 2022 年全球海浪小时级平均有效波高

注：横轴为从 2022 年第一天 0 点开始的时间（小时）。

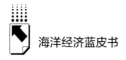

全球主要贸易航道的海浪风险分布方面，高风险区域集中在西北太平洋（如日本、中国台湾、菲律宾）、印度洋北部和加勒比海部分海域。中等风险区域包括大西洋西部、南太平洋和部分印度洋。低风险区域在南太平洋、南大西洋和部分印度洋。低风险区域位于北大西洋、北太平洋远北部和非洲西海岸，航运较为安全。

（二）人为风险分析

1.海盗与武装抢劫总体趋势

在东非、马六甲海峡和尼日利亚海域，海盗活动仍然猖獗，引致货物被劫掠、船员被绑架和赎金要求等风险。根据 IMO 历年发布的《海盗和持械抢劫船只报告》和世界海事组织数据库中的 Piracy and Armed Robbery 模块记载的海盗袭击与武装抢劫数据，整理并统计了 2007～2023 年全球主要国家、地区海域海盗与武装抢劫的相关数据。2007～2023 年全球海盗与武装抢劫事件呈现先升后降趋势。事件数量在 2007～2010 年逐年增加，2010 年达到峰值 445 起，此后逐步下降，特别是 2015 年后下降明显。到 2023 年，事件数量降至 120 起，比 2010 年减少约 73%。尽管整体下降，海盗活动在特定高风险区域仍对国际航运和全球贸易构成显著威胁。

2.主要高风险区域分析

图 5 显示了主要高风险区域的海盗与武装抢劫趋势。东南亚，特别是印度尼西亚和马来西亚，一直是海盗活动的热点。印度尼西亚在 2007～2015 年海盗事件频发，2015 年达顶峰（108 起），随后因加强执法和合作，到 2023 年降至 18 起。马来西亚的海盗事件在 2014 年达到 24 起高峰，2023 年降至 2 起，显示了海上安全的进展。新加坡海峡作为重要通道，海盗事件从 2007 年到 2023 年总体上升，尤其在 2019～2023 年显著增加，2023 年达 37 起，可能与高密度海上交通有关。

非洲方面，尼日利亚的海盗活动在 2007～2021 年持续高发，2007 年和 2018 年分别有 42 起和 48 起，严重威胁几内亚湾航运。自 2022 年起，事件数量显著减少，2023 年仅为 2 起，得益于加强的反海盗行动。几内亚湾沿

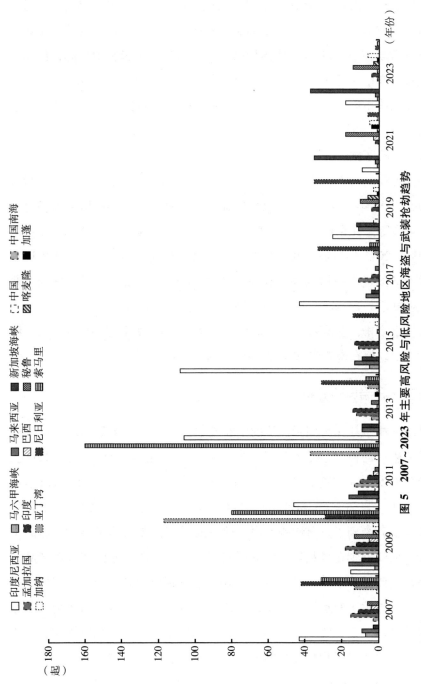

图 5 2007~2023 年主要风险与低风险地区海盗与武装抢劫趋势

资料来源：IMO 发布的《海盗和持械抢劫船只报告》（2011~2023）和世界海事组织数据库中的 Piracy and Armed Robbery 模块记载的 2007~2023 年海盗袭击与武装抢劫数据。

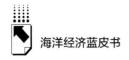

岸的加蓬、加纳和喀麦隆在 2011 年后海盗事件增多，2018 年达 65 起高峰，但 2023 年降至 12 起，这与国际和区域合作密切相关。索马里及亚丁湾的海盗活动在 2009~2011 年达到高峰，分别为 117 起和 160 起，但在国际护航行动和沿岸国家的努力下，2012 年后迅速下降，2023 年几乎归零。尽管整体趋势下降，这些高风险区域的海盗活动仍对国际航运和全球贸易构成威胁。

3. 低风险区域分析

在南美洲的海盗事件数量相对较少，波动性较大。秘鲁海盗事件数量最高出现在 2021 年（18 起），而巴西则保持较低水平，显示出南美洲相对较低的海盗风险。在东亚，中国的海盗事件较为零星且数量少。然而，中国南海在 2009~2011 年海盗与武装劫持频率较高，最高达到 31 起（2010 年）。印度次大陆的孟加拉国和印度在 2010 年和 2013 年出现了海盗事件的高峰（分别为 23 起、14 起），但总体数量相较其他区域不算多。

过去十多年，全球海洋贸易通道安全明显改善，尤其在高风险区域，海盗活动减少。但东南亚和非洲部分地区仍有不稳定因素。

（三）政治风险分析

全球海洋贸易作为国际经济的重要支柱，近年来因多地的政治动荡而面临前所未有的挑战。随着局部冲突、制裁和其他地缘政治事件的发生，海上贸易的安全性和稳定性受到严重威胁。联合国在 2023 年的《海运述评》中指出，自 2022 年初俄乌冲突爆发以来，海运贸易，特别是干散货和油轮运输，受到了显著影响。由于俄罗斯联邦需要为其货物寻找新的出口市场，而欧洲则在寻找替代俄罗斯能源的供应来源，原油和精炼产品的运输距离因此显著增加。2023 年，石油的运输距离达到了长期以来的最高水平。冲突导致了航运格局的变化，初级商品，尤其是石油和谷物的运输距离显著增加。在 2022 年和 2023 年期间，以及对 2024 年的预测中，吨英里数的增长率超过了货物吨数的增长。劳氏市场协会在 2023 年 12 月发布的 War, Piracy, Terrorism and Related Perils 中对全球海洋贸易通道进行了有关战争、海盗、恐怖主义及相关危险的评价，认为红海区域、霍尔木兹海峡、也门及其周边海域、乌克兰、苏丹和利比亚是政治风险较高的国家、地区或水域。

当前全球航运面临多重风险。红海因胡塞武装持续威胁，尽管有国际行动支持，航运风险仍居高不下；霍尔木兹海峡因美伊紧张局势升级，石油贸易受限，油轮和其他船只面临显著威胁；也门内战导致周边海域极为不稳定，复杂的准入手续与高风险并存；乌克兰局势虽然目前未直接影响海运，但政治不确定性要求船东在相关区域保持高度警惕；苏丹内战对航运的直接威胁较小，但局势的不确定性需要持续关注；利比亚内战和难民危机虽无直接威胁，但救援船只被迫改道，增加运营成本与后勤难度。

三 全球海洋贸易通道安全评价分析

（一）指标体系

1.影响因素识别

贸易通道安全是全球贸易顺畅运行的重要基础，也是各国战略资源管理的关键环节。安全性受多种风险因素影响，可从初始状态、外部干扰、适应与恢复能力三个方面进行分析。[1] 航道的宽度和深度等物理特性决定了其初始安全性，狭窄或浅水的航道增加事故风险[2]。外部干扰如自然灾害、海盗劫持和军事冲突显著影响航道安全[3]，而沿线国家的海事管理和国际合作决

---

[1] 范瀚文、常征、王聪：《海上运输通道关键节点安全韧性影响因素及评价》，《上海海事大学学报》2022年第2期。

[2] 范瀚文、吕靖、关煜琦：《韧性视角下海运通道关键节点风险评价研究》，《安全与环境学报》2024年第5期。

[3] 李晶、李宝德、王爽：《基于突变理论的海上运输关键节点脆弱性度量》，《系统管理学报》2018年第1期。

定了航道的恢复和适应能力。① 这些因素共同决定了全球海洋贸易通道的安全性与可靠性。

2. 指标体系构建

构建了全球海洋贸易通道安全的评价指标体系，涵盖自然状态、外部干扰和适应与恢复能力三个方面（见表4）。自然状态评估通道的地理和物理特征，如宽度、深度和船舶流量，反映其在自然条件下的通行能力和潜在风险。外部干扰关注自然灾害、海盗活动、武装劫持和军事冲突等威胁，揭示通道面临的安全挑战。适应与恢复能力评价通道及沿岸国家应对突发事件的能力，包括规范保障、法律监管和危机处理，衡量通道的长期安全性。该体系基于3个二级指标和13个三级指标，提供了全面、科学且可操作的评估框架。

表4 全球海洋贸易通道安全评价指标体系

一级指标	二级指标	三级指标	指标释义	指标性质	单位
航道关键节点安全水平	自然状态	最窄宽度	航道/关键节点的最窄宽度	正	米
		最浅水深	航道/关键节点的最浅水深	正	米
		船舶流量	航道/关键节点船舶通过次数	逆	航次
	外部干扰	海盗与武装劫持	航道/关键节点一年内发生海盗与武装劫持数量	逆	件
		台风风险	航道/关键节点台风风险指数	逆	—
		海浪风险	航道/关键节点海浪风险指数	逆	—
		海啸风险	航道/关键节点海啸风险指数	逆	—
		军事冲突	航道/关键节点沿岸国家地区被列入高风险区的次数	逆	次

---

① 李晶、吕靖、蒋永雷、李宝德：《我国海上通道安全评价及政策建议》，《中国软科学》2017年第11期。

一级指标	二级指标	三级指标	指标释义	指标性质	单位
航道关键节点安全水平	适应与恢复能力	保障性规范水平	航道/关键节点沿岸国家港口同等安保安排数量	正	个
		法律监管水平	航道/关键节点沿岸国家海事相关立法数量	正	个
		海事合作与管理水平	航道/关键节点沿岸国家船旗国联络点数量	正	个
		应急影响能力	航道/关键节点沿岸国家海事援助服务点数量	正	个
		海事安全与通信保障水平	航道/关键节点沿岸国家全球海上遇险和安全系统（GMDSS）联络点数量	正	个

（二）全球海洋贸易航道安全评价结果分析

1. 评价模型构建

采用层次分析法与熵权法组合赋权对全球海洋贸易通道安全进行评价。具体步骤如下：

（1）指标标准化处理：x_{ij}表示航道（关键节点）i的第j个指标值，$i=1, 2, \cdots, n$；$j=1, 2, \cdots, m$。为消除指标因不同量纲和单位而产生的影响，以$x'_{ij}=(x_{ij}-x_{\min})/(x_{\max}-x_{\min})$对正向指标标准化；以$x_{ij}\grave{}=(x_{\max}-x_{ij})/(x_{\max}-x_{\min})$对负向指标标准化。

（2）计算第j项指标的熵值e_j：$y_{ij}=x'_{ij}/\sum_{i=1}^{n}x'_{ij}$，$e_j=-\ln(n)^{-1}\sum_{i=1}^{n}y_{ij}\ln(y_{ij})$。

（3）计算第j项指标的信息效用值g_j：$g_j=1-e_j$。

（4）计算各指标的熵权法权重w_j：$w_j=g_j/\sum_{j=1}^{m}g_j$。

（5）组合赋权：$W_j=\dfrac{\sqrt{w_j\alpha_j}}{\sum_{j=1}^{n}\sqrt{w_j\alpha_j}}$，其中，$\alpha_j$是层次分析法确定的权重。

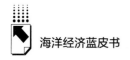

(6) 计算各航道（关键节点）安全指数 U_i: $U_i = \sum_{j=1}^{m} W_j x'_{ij}$。

2.结果分析

表5和表6分别显示了全球高安全性航道和高风险性航道的安全指数。将安全指数位列前10名的归纳为高安全性航道，最后10名则列为高风险性航道。表5显示，高安全性航道安全得分介于0.8195至0.8319之间，展现了较高的安全性。这些航道的高安全性得益于几个关键因素。

首先，尽管这些航道具有较高的航行流量，但宽阔的水域和适中的水深为大型船舶的安全通行提供了保障。此外，这些航道面临的外部干扰风险较低，几乎没有海盗活动和自然灾害风险较低。例如，美国西海岸航道的台风和海浪风险在全球范围内处于较低水平。同时，这些航道所在区域的地缘政治环境稳定，没有军事冲突风险，且具备强大的应急响应和海事援助能力，如美国西海岸岸线航道拥有10个海事援助服务联络点和大量港口设施支持。港口安保措施也非常严密，例如北太平洋跨洋航道连接的港口拥有13项国家海事立法和10个海事援助服务联络点。这些因素共同确保了航道的高安全性。然而，随着气候变化和全球政治局势的发展，持续监测和适应这些变化将是维持这些航道长期安全性的关键。

表5 高安全性航道评价结果

起点	终点	航道	安全指数	安全排名
美国西北海岸(西雅图港)	阿拉斯加湾(安克雷奇港)	美国阿拉斯加州航道	0.8319	1
美国西南海岸(旧金山港)	美国西北海岸(西雅图港)	美国西海岸岸线航道	0.8314	2
南非西(开普敦港)	巴西东南海岸(桑托斯港)	南大西洋跨洋航道	0.8278	3
美国东北海岸(纽约港)	巴西东北海岸(福塔雷萨港)	——	0.8263	4
美国西北海岸(西雅图港)	阿留申群岛东(尼科尔斯基)	北太平洋跨洋航道	0.8237	5

续表

起点	终点	航道	安全指数	安全排名
墨尔本港	奥克兰港	澳大利亚—新西兰南航道	0.8215	6
巴西东南海岸（桑托斯港）	布宜诺斯艾利斯港	巴西—阿根廷航道	0.8210	7
奥克兰港	布里斯班港	澳大利亚—新西兰北航道	0.8207	8
墨尔本港	澳大利亚西南海岸（珀斯港）	澳大利亚南部航道	0.8201	9
美国西南海岸（旧金山港）	美国西南海岸（洛杉矶港）	—	0.8195	10

另一方面，高风险性航道得分集中在 0.1612 至 0.2948 之间，这些航道展示了较低的安全性（见表6）。高风险性航道主要集中在印度洋、东南亚和中东地区，尤其是马六甲海峡及其周边的航道，如孟加拉湾南部航道和南海—新加坡航道。这些地区地缘政治复杂，航运密度高，自然灾害频发，如台风和海啸，使得这些航道风险极高。马六甲海峡的最窄宽度仅 2.8 公里，水深不到 25 米，加上频繁的海盗活动，使得大型船舶通行难度大，安全性低。孟加拉湾南部航道的安全性最低，得分仅为 0.1612。这条航道面临高密度航运和猖獗的海盗活动，而沿线国家的海事能力有限。南海—新加坡航道的安全指数为 0.1773，该区域不仅有丰富的自然资源，也是多个国家争端的焦点，政治不稳定性和军事紧张局势增加了风险。泰国湾航道的安全指数为 0.1882，自然灾害频发和非法活动加剧了安全风险。亚丁湾与曼德海峡由于靠近索马里海域，海盗活动猖獗，加上军事冲突，极大威胁了阿拉伯海南航道、阿拉伯半岛东岸线航道和红海航道的安全。非洲东海岸岸线航道是全球最长的航道之一，面临极端天气、海盗活动和基础设施不足的挑战。

航道安全性不仅受自然环境影响，还受到地缘政治和沿线国家海事管理能力的制约。尽管这些航道风险高，但它们在全球贸易中至关重要，需要各国加强合作，提升安全管理和应急响应能力。

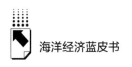

表6 高风险性航道评价结果

起点	终点	航道	安全指数	风险排名
马六甲海峡（新加坡港）	拉克代夫海（柯枝港、科伦坡港）	孟加拉湾南部航道	0.1612	1
中南半岛东（越南）	马六甲海峡（新加坡港）	南海—新加坡航道	0.1773	2
中南半岛东（越南）	泰国（曼谷）	泰国湾航道	0.1882	3
马六甲海峡（新加坡港）	龙目海峡	马六甲—龙目海峡航道	0.2117	4
马六甲海峡（新加坡港）	巽他海峡（雅加达）	马六甲—巽他海峡航道	0.2131	5
加里曼丹岛北（文莱）	马六甲海峡（新加坡港）	文莱—新加坡航道	0.2138	6
亚丁湾（曼德海峡）	拉克代夫海（柯枝港、科伦坡港）	阿拉伯海南航道	0.2263	7
阿曼湾	亚丁湾（曼德海峡）	阿拉伯半岛东岸线航道	0.2353	8
苏伊士运河	亚丁湾（曼德海峡）	红海航道	0.2454	9
亚丁湾（曼德海峡）	南非东（德班港）	非洲东海岸岸线航道	0.2948	10

（三）全球海洋贸易关键节点安全评价结果分析

图6展示了全球海洋贸易关键节点的安全评价结果。安全性较高的海峡，如吕宋海峡和尤卡坦海峡，凭借宽阔的水道、稳定的自然条件以及强大的应急响应能力，确保了航运的高安全性。相比之下，马六甲海峡、曼德海峡、苏伊士运河、巽他海峡和霍尔木兹海峡的安全性较低，主要因为它们面临更加复杂的自然条件、频繁的外部干扰，以及应急资源的不足，导致航运安全性较差。

马六甲海峡的最窄宽度仅为2.8公里，水深不到25米，这使得大型船舶通行难度大且碰撞风险高。此外，马六甲海峡是全球海盗活动的热点区域，频繁的袭击进一步削弱了安全性，虽然有一定的应急措施，但缺乏足够的GMDSS联络点和港口安保设施，反应能力仍显不足。曼德海峡最窄宽度约为26公里，水深条件较好，但位于索马里海盗活动频繁的红海和亚丁湾之间，海盗袭击和军事冲突的高风险严重影响了安全性，伴随的台风与海浪

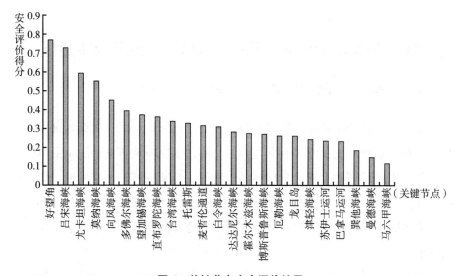

图 6 关键节点安全评价结果

威胁更是加深了安全隐患。尽管该海峡有一些船旗国联络点和海事援助设施，但在应对这些威胁时，现有设施仍显不足。苏伊士运河最窄处仅 0.2 公里，水深 24 米，限制了船只通行的规模，并增加了通航复杂性。运河还面临较高的海浪风险和复杂的地缘政治环境，加之潜在的恐怖袭击威胁，进一步降低了其安全性。虽然有 164 项国家海事立法和 8 个船旗国联络点，但缺乏港口安保设施和足够的应急响应能力，导致面对突发事件时恢复能力有限。巽他海峡最窄处约为 24 公里，水深仅 20 米，增加了航行难度。同时，其还面临频繁的海盗活动、台风、海浪和海啸等自然灾害，复杂的地理环境和高频率的外部干扰进一步降低了安全性。霍尔木兹海峡最窄宽度约为 39 公里，水深条件良好，能够支持大型船舶通行，但长期处于复杂的地缘政治环境中，频繁的军事冲突和封锁威胁严重影响了航道安全。其次，极高的台风与海浪风险也对其安全性造成极大影响。总体来看，这些海峡的低安全性得分反映了它们在自然条件、外部干扰和应急恢复能力方面的不足。要提升这些海峡的安全性，需要加强国际合作，改善应急响应设施，并强化对海盗和军事冲突的防范措施。

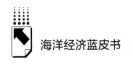

四 全球海洋贸易通道安全与风险防范的政策建议

（一）中国参与海洋贸易通道安全的政策建议

第一，深化国际合作，构建区域海上安全机制。中国应加强与马六甲海峡、苏伊士运河、曼德海峡、巽他海峡、霍尔木兹海峡等重要通道沿岸国家的合作，推动区域海上安全合作机制。例如，与新加坡、马来西亚、印度尼西亚等国深化在马六甲海峡的联合巡逻和信息共享，确保航道安全；同时，与中东国家合作，共同应对霍尔木兹海峡的地缘政治风险，保障能源供应通道畅通。

第二，提升海上应急响应和恢复能力。针对曼德海峡、巽他海峡等关键航道，中国应在这些区域加强应急响应能力建设，增设应急救援力量和设备，以应对突发事件。特别是在南海和巽他海峡等自然灾害频发区域，加强灾害预警系统建设，提高应急响应效率。

第三，推动全球海洋安全治理，确保航道自由通行。中国应在全球海洋安全治理中发挥积极作用，推动制定公平透明的国际航运安全规则。中国可以在联合国框架下倡导各国遵守《联合国海洋法公约》，确保全球航道自由通行，同时积极参与打击海盗和应对海洋污染的国际行动，展现作为全球贸易大国的责任担当。

第四，加强海洋安全技术研发和应用。面对霍尔木兹海峡和曼德海峡等高风险航道的极端自然条件，中国应加大对海洋安全技术的研发投入，特别是在导航、气象监测和风险预警等领域。通过大数据、人工智能和卫星通信技术，提升全球航道和关键节点的安全监控能力，降低事故发生率，提高应急响应精准性。

（二）中国参与海洋贸易通道风险防范的政策建议

第一，多元化国际航运通道，减少对高风险节点的依赖。中国应减少对马六甲海峡、霍尔木兹海峡等高风险节点的单一依赖，通过推进"一带一路"中的陆上通道建设，如中欧班列和中缅油气管道，增强全球供应链的战略灵活性，降低海上航道中断带来的风险。

第二，建立全球航运风险预警与管理机制。针对孟加拉湾南部航道、南海-新加坡航道等高风险区域，中国应推动全球航运风险预警机制，联合国际海事组织和沿岸国家共享风险信息，进行动态评估，确保及时应对潜在风险，保障航运安全。

第三，加强金融工具创新，提升海上贸易风险管理能力。中国应鼓励开发多样化的海上保险产品，涵盖自然灾害、海盗活动和政治风险等，并推动建立国家层面的海上保险基金，为企业在重大海上风险事件中提供经济支持，增强海洋贸易的韧性。

第四，强化海上力量保护与国际维和合作。面对曼德海峡和霍尔木兹海峡等高风险地缘政治环境，中国应加强海军远洋能力，确保关键航道安全，并积极参与国际海上维和行动，推动多国合作应对海盗和恐怖主义等非传统安全威胁，保障全球航运网络稳定。

参考文献

Fan, Shiqi, Zaili Yang, Eduardo Blanco-Davis, Jinfen Zhang, Xinping Yan, "Analysis of Maritime Transport Accidents Using Bayesian Networks", *Proceedings of the Institution of Mechanical Engineers*, *Part O*: *Journal of Risk and Reliability* 2020, 234（3）.

Lane, Jesse M., Michael Pretes., "Maritime Dependency and Economic Prosperity: Why Access to Oceanic Trade Matters", *Marine Policy* 2020, 121.

Wang, Xiao-Tong, Huan Liu, Zhao-Feng Lv, Fan-Yuan Deng, Hai-Lian Xu, Li-Juan Qi, Meng-Shuang Shi, et al., "Trade-Linked Shipping CO2 Emissions", *Nature Climate Change* 2021, 11（11）.

范瀚文、吕靖、关煜琦：《韧性视角下海运通道关键节点风险评价研究》，《安全与环境学报》2024年第5期。

李晶、李宝德、王爽：《基于突变理论的海上运输关键节点脆弱性度量》，《系统管理学报》2018年第1期。

B.17
全球海洋治理框架与发展战略分析

"全球海洋治理框架与发展战略分析"课题组*

摘　要：　海洋是人类共同的宝贵财富，全球海洋意识觉醒挑战传统海洋霸权主义，为海洋治理迎来曙光。本报告通过回顾西方主要海洋国家崛起历程和战略，探究全球海洋治理时空演化特征，系统分析全球海洋治理体系，反映中国在全球海洋治理中的贡献，辨析面临的现实机遇和挑战。最后针对全球海洋治理存在的公共产品供给不足、多边海洋治理体系面临逆潮、《联合国海洋法公约》治理局限性问题，提出多元主体参与海洋治理公共产品供给、践行"海洋命运共同体"理念、推动全球海洋经济合作的制度化与规范化的建议。

关键词：　全球海洋治理　海洋命运共同体　海洋发展战略

一　全球主要国家海洋发展战略演变分析

（一）全球主要国家海洋发展战略分析

1.欧美主要国家

欧美建立专门的海洋管理机构在海洋资源管理、环境保护和科学研究方

＊ 课题组成员：殷克东，山东财经大学海洋经济与管理研究院院长，教授，博士生导师，中国海洋大学博士生导师，研究领域为数量经济分析与建模、复杂系统与优化仿真、海洋经济管理与监测预警等；顾昊磊，山东财经大学管理科学与工程学院；宋丹阳，山东财经大学管理科学与工程学院；王世龙，山东财经大学管理科学与工程学院；黄冲，山东财经大学海洋经济与管理研究院副教授，硕士生导师，山东省泰山产业领军人才，主要研究方向为海洋经济分析与建模、可持续发展与政策效果评估等；吴春颖，山东财经大学管理科学与工程学院讲师。

面发挥着关键作用。英国政府于 2009 年成立专门海洋管理组织负责海洋规划和资源管理，海事和海岸警卫队署保障沿海水域的航行安全与污染控制，自然环境研究委员会通过下属机构推动海洋科学研究。法国海洋开发研究院，负责制定和协调，海事事务总局负责管理海事活动，环境与能源管理署研发咨询海洋环境保护项目。德国联邦海事与水文局负责海洋规划和环境保护，联邦环境署参与制定海洋环保政策。俄罗斯联邦渔业署负责渔业资源管理，科学院海洋学研究所致力于海洋学研究，联邦自然资源与生态部负责制定管理海洋生态环境。美国国家海洋和大气管理局是海洋管理的核心机构，负责气候变化和海洋环境研究，海岸警卫队负责海上安全。

欧洲主要国家海洋发展战略强调通过科技创新与国际合作来强化其海洋地位和全球影响力。地缘政治领域，2019 年英国通过《海事战略 2050》提升海事管理能力并维护国际规则。法国 2022 年发布《海底战争战略》重点强调 6000 米深处水下军事能力建设。2015 年俄罗斯颁布《2030 年前俄联邦海洋学说》整体规划俄罗斯海洋发展战略。德国在 2019 年出台《德国北极政策方针：承担责任、夯实信任和塑造未来》强调巩固北极的国际影响力。经济发展领域，英国于 2019 年出台《海上风电行业协定》，计划海上风电将为全国供给 1/3 的电力。2024 年法国《2024—2030 年国家海洋和海岸线战略》计划到 2035 年海上风电装机容量达到 18 吉瓦。德国于 2017 年发布《海洋议程 2025：德国作为海洋产业中心的未来》，计划加强运输网络建设，高效连接港口与腹地。俄罗斯于 2022 年发布《2035 年前北方海航道开发计划》，侧重于资源开发和运输基础设施建设，涉及金额约为 298.8 亿美元。环境保护领域，英国和德国推动减少污染和保护海洋生态，法国增加生物多样性保护资金，俄罗斯加强对极地环境的监测与保护。科技创新领域，英国强调智能航运和颠覆性技术，法国促进海洋科技研发，德国推动海洋技术数字化，俄罗斯则保持核动力破冰船和人工智能技术的领先地位。

美洲主要国家以强化海洋资源利用和维护国家海洋权益作为海洋发展战略特征。地缘政治领域，2015 年美国《21 世纪海权合作战略》要求继续维持海军的前沿存在，并突出亚太地区的重要性。加拿大通过"印太战略"

增强在印太地区的活动。巴西和阿根廷地缘政治焦点集中在南大西洋及南极区域。经济发展领域，2013年美国发布《国家海洋政策执行计划》列举政府投资6项措施，鼓励地方政府参与海洋政策制定。加拿大通过完善渔业制度来保障海洋资源的可持续发展。巴西强调国家政策在开发利用海洋资源的地位。环境保护领域，美国重视海洋生态系统保护，提升国家应对环境变化的能力。加拿大优先打击非法捕捞。巴西与阿根廷注重通过科学研究推动海洋资源的保护与可持续利用。科技创新领域，美国大力发展下一代颠覆性海洋技术。加拿大则聚焦技术创新与投资促进。巴西和阿根廷分别通过国家政策推动海洋技术的发展与应用。

2. 亚非主要国家

亚太主要国家海洋发展战略主要以强化地缘政治影响力、推动经济发展、注重环境保护以及大力发展海洋科技创新为导向。日本注重提升海上防卫能力，开发海洋资源，强化海洋环境保护，并推动深海科技创新。韩国则将第四次产业革命技术融入国防领域，提升造船业和海洋科技产业的竞争力，推行蓝碳战略以应对气候变化。澳大利亚聚焦于国家安全与蓝色经济，以先进的海洋科学和观测系统推动经济和环境保护。新西兰强调国防建设，提升科研投资效益，推动清洁能源和科技安全。印度出台"东向政策"加强与亚太地区的合作，推动基础设施建设与海洋现代化，积极参与全球治理事务，发展深海科技。越南则通过海洋法和海洋经济可持续发展战略，加强国际合作，优先发展海洋经济产业集群，并致力于生态保护与科技创新。

非洲主要国家的海洋发展战略聚焦于提升经济合作、保护生态环境、推进科技创新以及增强海洋资源管理和透明度。南非侧重于提升海洋资源管理和经济安全，通过加强外交关系和政策创新来推动蓝色经济和生态保护，同时重视科技创新在能源和环境领域的应用。肯尼亚则注重与邻国和大国的经济合作，发展蓝色经济，并加强环境保护和农业生产能力，促进经济转型。加纳则通过"积极中立"外交政策推动区域一体化，重视海洋渔业的透明化和海岸线保护，同时加强与国际伙伴的科技合作，提升海洋资源管理和生态保护能力。

3. 联合国

联合国的海洋发展战略综合运用法律、经济、环境和科技手段,旨在推动全球海洋治理的法治化、可持续化和科技进步。联合国海洋法会议作为最高级别的国际海洋组织,制定和监督国际海洋法律。国际海洋法法庭通过解释和适用《联合国海洋法公约》解决国际争端。国际海底管理局负责管理国际海底区域资源环境,鼓励开展科学研究。国际教科文组织下属政府间海洋学委员会负责推动海洋科学、海洋观测和环境保护等事务,为海洋治理建设提供科学性政策建议。

《联合国海洋法公约》为全球海洋权利的界定和争端解决提供了法律依据。2015 年联合国发布可持续发展目标,肯定海洋价值,强调保护和可持续利用海洋资源的意义。联合国推动海洋保护区的建立,实施生态修复项目,加强对海洋污染的监管,并鼓励海洋垃圾的监测和清理。联合国推动海洋科技的创新,特别是通过"海洋十年"计划,加强海洋与气候预报系统的建设,以提供高质量的气候预测和公共服务产品供给。

(二)全球主要国家海洋发展战略特征分析

1. 时间特征分析

全球主要国家的海洋发展战略经历了从早期的探索和扩张、近期的军事对抗和控制,现代综合发展和国际合作的演变过程。海洋战略时代特征明显,反映了技术进步、经济发展和国际形势的变化。大航海时代通过地理大发现和军事力量实现海洋霸权,工业革命时代依靠工业化生产力和全球贸易网络崛起,第二次世界大战后则通过科技革命和经济发展维持海洋强国地位。

2. 空间特征分析

全球主要国家的海洋发展战略在空间上呈现出区域性和全球性相结合的特点。联合国海洋发展战略在促进全球海洋治理中发挥了重要作用。为世界各国参与全球海洋治理制定了统一的政策框架和明确的可持续发展目标。美国实施全球部署战略,确保在全球主要航道的军事存在。俄罗斯则将北极视为核心战略空间，强化在黑海和波罗的海的军事力量。中国在维护东海和南海权益的同时，维护海上贸易通道安全，并积极参与极地科考。日本和印度也注重近海防卫和远洋影响力的扩展。英国和法国则通过海外领地管理和国际合作，保持在大西洋、印度洋和太平洋的战略存在。全球主要国家海洋战略强调区域重点和全球协作，重视极地资源和航道控制，并通过科技和国际合作提升海洋治理能力。

3. 未来趋势分析

未来以英国和美国模式将进一步维持航海自由和全球海洋霸权，日本和俄罗斯模式关注海军力量和海洋资源的快速扩张，印度模式力求在海洋领域实现地区性领导地位，东盟国家则将通过区域合作寻求集体安全。国别间差异化发展战略共同影响着全球海洋治理的框架，推动海洋资源管理、环境保护以及科技创新的发展。

二 全球海洋治理体系架构与任务分析

（一）全球海洋治理体系发展理念

1. 相关概念

狭义的全球化特指经济活动跨越国界，实现生产要素全球流通与扩散，持续演进的动态变化过程。[①] 广义的全球化则是指社会、文化、政治及环境多领域紧密交织，形成全球性共识与价值观体系的过程。[②] 技术革命和制度变迁的全球化促进了文化多样性的展现与融合，但是也伴随着经济发展不平等，贫富差距扩大的挑战。[③]

---

① 戴维·赫尔德等：《全球大变革：全球化时代的政治、经济与文化》，杨雪冬等译，社会科学文献出版社，2001。
② 王鑫：《全球化时代与中国：概念、语境、问题与面向——英国社会学家马丁·阿尔布劳教授访谈》，《国外社会科学》2021年第6期，第54~60+157页。
③ 周嘉昕：《"全球化""反全球化""逆全球化"概念再考察》，《南京社会科学》2024年第4期，第20~27页。

治理一词最早起源于古希腊语，译为引导、控制和操控。① 全球治理强调各国间协调合作协商解决全球范围内普遍存在的全球性议题，构建普遍接受与尊重的国际秩序框架。全球治理不仅是共享发展机遇的关键，也是共同应对挑战的必要途径。② 全球海洋治理则是旨在应对海洋资源可持续利用与保护的紧迫挑战，以人类与海洋生态系统和谐共生为愿景，构建并维护获得国际社会广泛认同与遵循的国际合作与对话机制。中国积极参与全球海洋治理议程，2019 年，习近平总书记提出"我们人类居住的这个蓝色星球，不是被海洋分割成了各个孤岛，而是被海洋连结成了命运共同体"。海洋命运共同体理念要求世界各国以命运休戚与共的视角，立足于全人类的共同福祉与价值观，探索并优化海洋治理的新路径与体系。

2. 全球海洋治理体系分类

（1）按照治理主体的层级划分，全球海洋治理包括国际组织、区域合作机构、国家政府、地方政府。

（2）全球海洋治理功能分类基于治理内容和领域划分。主要包括环境保护、资源管理、航运安全、法律政策、经济发展等领域。

（3）全球海洋治理按照地理区域划分为全球海域、区域海域、专属经济区、沿海地区。

（4）按照治理目标时间尺度划分。全球海洋治理可以划分为短期、中期、长期目标。

3. 全球海洋治理体系特征

（1）综合性。全球海洋治理体系的综合性表现为综合海洋管理和海洋空间规划，通过整合不同领域的管理需求，协调资源利用和环境保护。

（2）合作性。全球海洋治理体系强调合作性，涉及各国、国际组织、非政府组织、科研机构和公众的广泛参与。主体根据海洋环境的变化、科学

---

① Jessop Bob., "The Rise of Governance and the Risks of Failure: The Case of Economic Development", *International Social Science Journal* 1998 (155): 29-45.

② 刘雪莲、卓晔:《全球治理的"内卷式"困境与中国的作为》,《国际展望》2024 年第 3 期, 第 74~92+156 页。

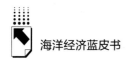
研究的新发现和国际社会的需求，治理措施和政策进行适应性调整。

（3）法治性。全球海洋治理体系强调法治性，通过国际和国家法律框架规范海洋资源的开发和环境保护。《联合国海洋法公约》和相关国际协议为海洋治理提供了法律依据，确保各国在海洋资源管理中的行为符合国际法标准。

4. 全球海洋治理体系布局

（1）深海。深海区域指的是海洋的深层区域，通常位于2000米以下。深海生态系统脆弱，保护深海生物多样性和防止污染是国际社会的重点关注领域。主权国家以深海资源开发、环境保护等方面的法律和政策形式参与深海治理。

（2）远海。远海区域通常指的是距离海岸较远的海域，包括公海和专属经济区之外的区域。渔业和矿产资源的管理，远海生态系统保护是远海治理的重要议题。主权国家通过签订双边或多边协议，加强海洋产业的国际合作，共同开发远海资源保护生态环境。

（3）大洋。大洋区域包括世界上的主要大洋：太平洋、大西洋、印度洋、北冰洋等。《联合国海洋法公约》为大洋治理的基本框架，联合国海洋事务与法治办公室负责协调海洋法的实施，通过建立海洋保护区、实施生态修复工程等措施，保护大洋生态环境。

（4）两极。两极区域包括北极和南极，两极在应对气候变化和冰盖融化地位突出。北极地区涉及多个国家的领土主张和资源开发。北极理事会是主要的区域性合作机制。南极地区受到《南极条约体系》的保护，该条约旨在保护南极环境和促进国际科学合作。

（5）海底。海底区域包括海洋的底部及其资源，涉及海底矿产资源、海洋生物栖息地等方面。国际海底管理局负责管理国际海底区域的矿产资源开发，确保资源开采活动符合环境保护要求，避免对海底生态系统造成不可逆转的损害。

（二）全球海洋治理体系结构分析

1. 主体分析

全球海洋治理体系包括主权国家、国际政府组织、国际非政府组织、海洋产业、科研机构、社会公众六个主体。主权国家通过政治、经济、军事和法律等要素体现其作用，在全球海洋治理体系中占据核心地位。国际政府组织在全球海洋治理中具有协调、管理和规范功能，通过制定国际法规、推动跨国合作以及提供技术和资金支持，对全球海洋治理方向产生深远影响。国际非政府组织在全球海洋治理中扮演着重要的补充和推动角色，利用其独立性和灵活性迅速响应环境问题并采取行动，推动全球海洋治理的进程。海洋产业既是全球经济发展的重要推动力，也是海洋环境保护和可持续发展的关键领域。科研机构通过提供政策建议、推动技术创新、提高公众意识和促进跨国合作，为全球海洋治理的有效实施和可持续发展做出了重要贡献。社会公众在全球海洋治理中的地位体现在对海洋环境问题的关注和意识提升，对海洋环境保护和资源管理起到积极的推动作用。

2. 客体

全球海洋治理体系包括环境保护、渔业管理、防灾减灾、海洋矿产资源开采、国际法与公约、海洋科学研究、沿海社区七个客体。海洋环境问题指的是对海洋生态系统的各种负面影响，包括海洋污染、气候变化影响和过度开发等。海洋污染和气候变化导致生物多样性的丧失，生态功能的下降，海洋污染威胁公共健康。渔业资源可持续利用与保护是目前渔业管理面临的重大挑战。海洋防灾减灾问题涉及在海洋环境中预防和应对自然灾害和人为灾害的挑战。海洋矿产资源开采是指在海洋环境中开采各种矿产资源的活动。国际法与公约为国际社会提供规范和指导，确保海洋资源的可持续利用和海洋环境的保护。海洋科学研究通过对海洋环境、生态系统等资源系统研究，为海洋政策和管理提供科学依据。沿海社区通过参与污染治理海岸线恢复等活动，在环境保护和恢复中发挥积极作用。

3. 组织架构与职能

全球海洋治理体系组织架构包括国际治理体系、区域治理体系、国家治理体系三个维度。国际治理体系指的是在全球范围内，通过国际组织、国际公约和协议、全球合作平台来管理和协调海洋资源及环境问题。区域治理体系专注于特定地理区域的海洋治理问题，通常由区域性组织、区域公约和协

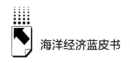

议、区域合作机制构成。国家治理体系指单个国家在其海域和海洋资源管理方面所采取的政策和措施。全球海洋治理体系组织架构如表1所示。

表1 全球海洋治理体系组织架构

治理范畴	组织要素	组织职能
国际治理体系	国际组织	制定法规与政策，推动国际合作、信息共享与技术支持
	国际公约和协议	提供法律框架、指导原则与标准，提供争端解决机制
	全球合作平台	促进数据共享、加强科技合作、提升治理效率
区域治理体系	区域性组织	负责政策的制定与协调，促进成员国间信息共享与交流、合作与项目实施
	区域公约和协议	提供法律框架和指导原则、目标设定与行动计划，设定监督与评估机制
	区域性合作机制	专注于解决跨界的海洋问题，提供协商和对话的平台及技术支持和培训服务
国家治理体系	国家法律和政策	包括法律基础与规范、政策引导与激励、国际义务的履行
	国家机构和部门	负责资源开发与监管、环境保护与执法、法规制定与执行
	地方政府和社区管理	制定和实施地方性海洋管理政策，负责资源与环境的管理，促进社区参与和利益协调

（三）联合国全球海洋治理目标任务分析

1.联合国全球海洋治理目标

（1）环境保护与气候变化目标。海洋生态环境保护的核心目标聚焦于维系与复兴海洋生态系统的健全运作与功能，涵盖污染物减排、生物多样性保全及受损生态系统的修复工作。保障海洋环境的持久性，支撑生态系统服务功能的多样性和人类社会的长远需求。应对气候变迁的目标则侧重于减缓与适应全球气候模式变化所带来的广泛影响，包括温室气体排放的调控、气候适应能力的强化及气候碳汇的有效保护。

（2）海洋资源可持续利用目标。海洋资源的可持续利用目标旨在达成当前与未来资源利用的高效与合理性，其核心在于寻求资源长期开发与生态保护之间的微妙平衡。守护海洋生态系统的完整，遏制过度开发导致的生态退化，确保海洋资源的长期稳定供给，为渔业、旅游业等关联产业注入了可持续发展的动力，维护沿海社区的生活品质，保障民众的食品安全与经济福祉。

（3）全球海洋治理架构与国际关系目标。全球海洋治理架构与国际关系目标聚焦于构建及执行管理与协调体系，以应对跨国界难题与挑战。构筑系统化的合作架构与多边协同机制，促进国家间行动的一致、跨境问题的有效管理以及全球事务的稳固运行，共享资源与信息，共同应对错综复杂的全球挑战，催化国家间的协作与共识，减少冲突与对抗，提升全球治理的效率与公正性。

2. 联合国全球海洋治理任务

（1）环境保护与气候变化任务。防治海洋污染，防止海洋生态系统退化，制定并执行更严格的环保标准和监管措施。保护海洋生物多样性，加强对海洋生物多样性的监测和评估，建立海洋生物多样性保护区。减缓海洋酸化，关注海洋碳汇的保护与恢复，增强海洋吸收二氧化碳的能力，加强对海洋酸化的监测与研究。应对海平面上升，加强对海平面上升趋势的监测与预测，制定并实施适应性措施，推动国际社会共同应对气候变化挑战。

（2）海洋资源可持续利用任务。合理开发海洋资源，制定科学的海洋资源开发规划，加大对海洋新能源的开发力度。优化海洋能源开发，制定海洋能源开发规划，推广海洋能源技术。实施渔业资源管理措施，推行渔业配额制度，限制捕捞量，确保渔业资源的可持续利用。促进海洋矿产资源的合理开发，加强对海洋矿产资源的勘探和研究，制定海洋矿产资源开发规划，推广先进的深海采矿技术。推动海洋科技创新与人才培养，加大对海洋科技创新的投入，加强国际海洋科技合作与交流。

（3）全球海洋治理框架与国际关系任务。加强国际组织建设，加强联合国及其相关组织在全球海洋治理中的核心作用，加强国际组织间的协调与合作，推动建立更加透明、公正、高效的海洋治理决策过程。发挥非政府组织作用，鼓励和支持非政府组织、智库、科研机构等在全球海洋治理中发挥积极作用，促进全球海洋治理的民主化、科学化和多元化发展，加强非政府组织间的交流与合作。促进区域经济一体化，加强区域间的海洋经济合作与

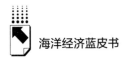

交流，加强区域间在海洋资源开发、环境保护、科学研究等领域的合作与协作，注重区域间的优势互补和资源共享。

3.联合国全球海洋治理困境

（1）跨界污染与管理挑战。海洋污染问题凸显出强烈的跨境属性，污染物诸如塑料废弃物、有害化学品及油类污染物常跨越国界，在多国间自由流动，极大地增加了污染治理的复杂性与难度，国际法规的统一缺失与跨国协调机制的匮乏，是跨界海洋污染治理困境的主要根源。各国在海洋污染防治法律与监管标准上的差异性，为跨国协作治理设置了障碍。

（2）资源开发与保护的矛盾。海洋资源的开发承载着重要经济价值，却破坏海洋环境，降低了环境承载力。环境管理法规的缺失与执行机制的不足，使得资源开采过程中的环境损害问题频发。

（3）全球治理机制的复杂性。全球海洋治理体系错综复杂，交织着多重国际公约、协定与组织，其管理架构与职责分配呈现碎片化特征，从而加剧了政策协调与执行的难度，复杂的治理架构可能削弱决策与执行的效率，进而对全球海洋环境保护与资源管理的成效构成不利影响。

（四）全球海洋治理体系面临的问题分析

全球海洋治理公共产品供给不足。海洋流动性和不可分割性决定了海洋发展问题的公共性和跨地区性。目前全球及区域海洋治理存在部分机制、机构间管辖权重叠、治理盲区等问题，导致全球海洋治理机制和规则碎片化。面对全球性气候变暖导致的海洋生物破坏和海平面上升、海洋渔业资源衰退等生态资源恶化等问题，全球海洋治理亟待人类社会共同行动。

多边海洋治理体系面临逆潮。第二次世界大战结束以来，全球海洋治理主要矛盾集中在以美国为代表的国家仍奉行"制海权至上"的理念和政策与以坚持对话与合作为导向、实现共同利益最大化为目标的呼声之间的冲突。单边主义倾向引发了地区紧张并削弱了全球合作意愿。国家间的贸易壁垒和技术封锁影响了海洋资源的共享和环境保护措施的推进。如何在维护国家利益和推动国际合作之间寻求平衡成为中国参与全球海洋治理面临的另一问题。

《联合国海洋法公约》治理框架存在局限性。《联合国海洋法公约》在海洋资源、海洋边界和海洋环境等问题上尚未形成一致性意见。语义存在模糊、可做多种解释的空间，无法协调一致问题。同时，公约存在滞后性问题，制度供给速度难以满足全球海洋治理需求。

三 中国参与全球海洋治理的主要贡献

（一）中国参与全球海洋治理的发展战略

新中国成立以来，逐步构建完善法律法规框架，依法治海，维护国际海洋秩序，构建中国全球海洋话语体系，积极构建蓝色伙伴关系，加强海洋生态治理，打造人与自然和谐共生的生态环境，促进海洋经济可持续发展。中国参与全球海洋治理体系的发展战略具有显著的法治性、全面性、协调性、可持续性、开放性和安全性特征。法治性表现为通过完善法律和政策框架治理海洋，培养专业涉外海洋法治人才，推动《联合国海洋法公约》等国际法的实施和完善。海洋治理战略覆盖了海洋经济、科技创新、环境保护、安全维护、国际合作等多个领域，强调海洋经济发展与环境保护的协调，注重平衡经济利益和生态效益，通过科技创新和政策引导，大力推动海洋科技创新。同时重视维护海上和平与安全，倡导通过对话和协商解决海上争端，确保海上航运和海洋资源开发的安全稳定。具体而言，中国参与全球海洋治理体系的发展战略如表2所示。

表2　中国参与全球海洋治理的发展战略

发展战略	主要内容
保护生态环境	积极参与国际海洋环境保护合作，提升海洋环境监测和预警能力，推动全球海洋环境的可持续发展
管理渔业资源	积极参与国际渔业管理合作，推动国际渔业管理制度的完善，推动发展绿色、低碳、循环的渔业经济

续表

发展战略	主要内容
落实防灾减灾	构建完善的海洋灾害预警系统,提高海洋灾害的预测和预警能力,提高防灾减灾科技化水平,加强与周边国家应急合作
开采矿产资源	加强海洋矿产资源的勘探、开发和保护,推动海洋矿产资源开采技术的创新和应用,提高开采效率和资源利用
完善法治体系	以现有海洋法律体系为基础,制定修订涉海、涉外法律法规
海洋科学研究	深水、绿色、安全的海洋高技术领域取得突破,推动海洋科技向创新引领型转变
建设沿海社区	推动沿海社区的经济转型升级,发展绿色、低碳、循环沿海社区

（二）中国参与全球海洋治理的机遇与挑战

中国作为倡导、参与全球海洋治理的主要国家,一直呈现出积极、深入、多维度的特点,不仅持续深化与共建"一带一路"国家在海洋领域的合作,还积极参与国际合作平台和《联合国海洋法公约》等法律法规的制定。在国际海洋环境保护、海洋科技创新、海洋人才培养、公海行为规范等领域贡献中国力量。为更好的剖析中国参与全球海洋治理的机遇挑战,采用PEST方法分别从政治、经济、社会和技术层面解构中国参与全球海洋治理优势、机遇与挑战,具体如表3所示。

表3　中国参与全球海洋治理的优势、机遇与挑战

维度	优势	挑战	机遇
政治	海洋治理政策明确;组织机构完善	地缘政治环境复杂;法律法规缺乏或滞后;现有国际法律框架的适用性和解释存在争议;缺乏有效的执行和监督机制	通过加强国际多边合作,提高在全球海洋治理议程中的话语权
经济	陆海经济实力雄厚;市场广阔;资源门类齐全	海洋资源竞争激烈;海洋生态承载力下降;海洋转型压力大	发展蓝色经济和海洋资源开发,实现经济增长,助力全球海洋经济发展

续表

维度	优势	挑战	机遇
社会	参与意愿强烈;组织规程健全	专业性欠缺;利益协调困难	推动环境保护和可持续发展的社会目标实现
技术	技术人才丰富;科研力量雄厚	先进技术面临瓶颈;全球海洋治理培养机制欠缺	引领全球海洋技术革命,贡献海洋治理智慧

（三）中国参与全球海洋治理体系的贡献

中国在参与全球海洋治理历程中不仅显著提升了中国自身的海洋治理能力，还积极助力全球海洋环境的可持续发展与治理实践的进步。中国始终放眼全球，践行海洋命运共同体理念，勇于承担全球海洋治理大国责任，体现出高度的责任感与使命感。中国参与全球海洋治理体系贡献如表4所示。

表 4　中国参与全球海洋治理体系贡献

维度	贡献	具体表现
政策理念与方案	构建人海和谐理念	积极落实人海和谐的海洋生态环境政策理念,构建"八个坚持"的基本原则
	维护海洋和平秩序	坚持和平正义,建设合作共赢海洋秩序,提高海洋开发利用管控的综合实力
	参与制定国际海洋治理政策	深度参与《联合国海洋法公约》等国际海洋法律体系的制定与执行,为全球海洋治理奠定坚实的法律基石
国际合作与多边机制	促进南南合作	通过技术转移、资金援助与经验交流形式,强化与发展中国家间的合作纽带
	推动多边合作	积极探索以"互利共赢"为宗旨的海洋合作机制,深化多边合作与协调机制,参与建设国际海洋治理架构
科学研究与技术创新	加强海洋科学研究	聚焦于海洋生态、资源与环境等领域,为海洋治理提供坚实的科学支撑与技术保障
	推动海洋科技合作	鼓励国内外科研机构开展广泛合作,促进技术交流与资源共享,提升全球海洋治理的科技创新能力

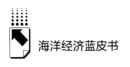
续表

维度	贡献	具体表现
生态保护与可持续利用	保护海洋生态环境	通过设立海洋保护区、实施生态修复与保护措施,推动全球海洋生态环境的健康可持续发展
	推广可持续渔业管理	实施科学的渔业管理策略,保证渔业资源可持续性
应对气候变化	承诺减排与应对气候变化	在全球气候治理框架下,致力于海洋生态系统的保护与恢复,积极履行应对气候变化责任
	保护蓝碳生态系统	探索海洋碳汇路径,增强海洋碳汇功能
提升公众参与意识	开展宣传教育活动	多元渠道提升公众对海洋环境保护的认知度,激发社会各界参与海洋治理的热情
	促进社会各界的参与	鼓励企业、非政府组织及公众等社会各界广泛参与海洋治理

四 全球海洋治理体系构建的对策建议

第一,多元主体参与海洋治理公共产品供给。海洋环境的公共产品属性需要人类共同维护,像对待生命一样关爱海洋。中国作为海洋环境的保护者,积极落实海洋污染治理、海洋环境和生物多样性保护责任,获得国际社会的广泛认可。未来世界各国应携手保护海洋生态环境,发挥国际组织等主体作用,完善深海、大洋、两极、海底生态文明建设,有序开发海洋资源。

第二,践行"海洋命运共同体"理念,各国共同维护海洋秩序,治理海洋事务。全球各国海洋意识觉醒挑战传统海洋霸权主义,为全球海洋治理迎来曙光。未来全球各国应以联合国框架为核心,国际法秩序为基础,制定完善治理规则,坚持互利共赢的海洋安全观,促进全球海洋治理体系的完善和发展。

第三,推动全球海洋经济合作的制度化与规范化,推动可持续海洋经济的发展。中国积极参与并贡献了海上丝绸之路和蓝色伙伴关系的建设,为全球海洋经济合作提供了创新模式。未来各国应共建海洋经济伙伴关系,共襄海洋经济发展盛举,实现海洋资源的可持续利用与经济繁荣的平衡。

参考文献

王鑫：《全球化时代与中国：概念、语境、问题与面向——英国社会学家马丁·阿尔布劳教授访谈》，《国外社会科学》2021 年第 6 期。

周嘉昕：《"全球化""反全球化""逆全球化"概念再考察》，《南京社会科学》2024 年第 4 期。

戴维·赫尔德等著《全球大变革：全球化时代的政治、经济与文化》，杨雪冬等译，社会科学文献出版社，2001。

Jessop Bob. , "The Rise of Governance and the Risks of Failure: The Case of Economic Development", *International Social Science Journal* 1998 (155): 29-45.

刘雪莲、卓晔：《全球治理的"内卷式"困境与中国的作为》，《国际展望》2024 年第 3 期。

附录一
中国海洋产业分类体系架构

根据《海洋及相关产业分类》（GB/T 20794－2021），海洋生产总值（GOP）由海洋产业增加值和海洋相关产业增加值两部分组成。其中，海洋产业包括主要海洋产业（15个）和海洋科研教育服务业（2个）、海洋公共管理服务业（6个）；海洋相关产业包括海洋上游相关产业（2个）和海洋下游相关产业（3个产业）。其中，主要海洋产业又分为传统海洋产业8个和新兴海洋产业7个；海洋第一产业2个、第二产业14个、第三产业12个；海洋轻工业6个、海洋重工业9个；战略性新兴海洋产业9个。

一　我国海洋产业分类结构名录

（1）主要海洋产业。15个主要海洋产业由8个传统海洋产业和7个新兴海洋产业组成，具体包括海洋渔业、沿海滩涂种植业、海洋水产品加工业、海洋油气业、海洋矿业、海洋盐业、海洋交通运输业、海洋旅游业等8个传统海洋产业，海洋船舶工业、海洋工程装备制造业、海洋化工业、海洋药物与生物制品业、海洋工程建筑业、海洋电力业、海水淡化与综合利用业等7个新兴海洋产业。

（2）海洋科研教育与公共管理服务业。2021年，首次将海洋科研教育与公共管理服务业细分为8个产业。海洋科研教育服务业分为海洋科学研究、海洋教育等2个产业。海洋公共管理服务业分为海洋管理、海洋技术服务、海洋信息服务、海洋生态环境保护修复、海洋地质勘查和海洋社会团体、基金会、国际组织等6个产业。

（3）海洋相关产业。2021年，首次将海洋相关产业细分为5个产业。海洋上游相关产业包括涉海设备制造、涉海材料制造等2个产业。海洋下游相关产业分为涉海产品再加工、海洋产品批发与零售、涉海经营服务等3个产业。

二　我国海洋三大产业分类名录

根据《海洋及相关产业分类》（GB/T 20794-2021）、《国民经济行业分类》（GB/T 4754-2017）、国家统计局《三次产业划分规定（2012）》等。海洋第一产业包括2个产业：海洋渔业、沿海滩涂种植业。海洋第三产业包括12个产业：海洋交通运输业、海洋旅游业2个传统海洋产业，海洋科研教育服务业等2个产业，海洋公共管理服务业等6个产业，以及2个海洋下游相关产业。

海洋第二产业包括14个产业：海洋水产品加工业、海洋油气业、海洋盐业、海洋矿业等4个传统海洋产业，海洋船舶工业、海洋工程装备制造业、海洋化工业、海洋药物与生物制品业、海洋工程建筑业、海洋电力业、海水淡化与综合利用业等7个新兴海洋产业，以及涉海设备制造、涉海材料制造、涉海产品再加工等3个海洋上游、下游相关产业。

三　我国海洋轻工业与重工业分类

根据中国轻工业联合会发布的新版《轻工行业分类目录》（2018）、工业和信息化部编制发布的《轻工业发展规划（2016—2020年）》，国家统计局统计指标解释：轻工业指主要提供生活消费品和制作手工工具的工业。按其所使用的原料不同，可分为两大类：一是以农产品为原料的轻工业，是指直接、间接以农产品为基本原料的轻工业；二是以非农产品为原料的轻工业，是指以工业品为原料的轻工业。其中：食品工业是最重要的一个轻工业，因为它直接关系到城乡居民物质和文化生活的改善。因此，基于目前

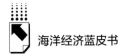

《海洋及相关产业分类》（GB/T 20794-2021）中的 28 个海洋产业大类，海洋轻工业可以大致包括 6 个产业：海洋渔业、海洋水产品加工业、海洋盐业、海洋药物和生物制品业、海水淡化与综合利用业和涉海产品再加工。海洋重工业可以大致包括 9 个产业：海洋油气业、海洋矿业、海洋船舶工业、海洋工程装备制造业、海洋化工业、海洋工程建筑业、海洋电力业以及涉海设备制造、涉海材料制造。

四　我国战略性新兴海洋产业分类

根据《国务院关于加快培育和发展战略性新兴产业的决定》（国发〔2010〕32 号）、《"十二五"国家战略性新兴产业发展规划》、《战略性新兴产业重点产品和服务指导目录》，以及国家统计局《战略性新兴产业标准（2018、2020）》、《工业战略性新兴产业分类目录（2023）》，战略性新兴产业是以重大技术突破和重大发展需求为基础，对经济社会全局和长远发展具有重大引领带动作用，知识技术密集、物质资源消耗少、成长潜力大、综合效益好的产业。战略性新兴海洋产业可以包括 9 个海洋产业：海洋船舶工业、海洋工程装备制造业、海洋化工业、海洋药物与生物制品业、海洋工程建筑业、海洋电力业、海水淡化与综合利用业等 7 个新兴海洋产业和战略性海洋油气业、海洋矿业等 2 个传统海洋产业。

附录二
国际国内海洋经济与科技发展大事记[*]

国际篇

2022年

6月29日　"促进蓝色伙伴关系，共建可持续未来"边会活动在葡萄牙里斯本——2022联合国海洋大会会场举行，边会由中国自然资源部主办。会上发布了《蓝色伙伴关系原则》，原则共16条分四个方面，分别明确蓝色伙伴关系合作的重点领域、合作的途径和措施、推进合作的基本方式，以及合作需要遵循的理念。

7月15日　中国、萨尔瓦多、斐济、巴基斯坦和南非常驻联合国代表团在2022年可持续发展高级别政治论坛期间共同举办"现代海洋法促进可持续发展"视频主题研讨会。各方普遍赞同《联合国海洋法公约》对促进海洋法治、完善全球海洋治理和实现可持续发展具有重要意义，愿就加强全球海洋治理、加快落实2030年议程深化合作。

8月19日　自然资源部所属的中国极地研究中心与泰国国家科技发展局、朱拉隆功大学、泰国东方大学、泰国国立发展管理学院、泰国国家天文研究所等5家机构通过线上方式续签了《极地科研合作谅解备忘录》，同意继续在极地科研、考察、人员交流与信息共享等领域开展合作。

---

　　* 由曹赟、杨尚成根据自然资源部海洋动态、中国海洋信息网及联合国教科文组织官网等权威公开网站资料整理所得。

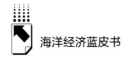

12 月 8 日 联合国大会举行活动纪念《联合国海洋法公约》通过和开放签署 40 周年。中国常驻联合国代表张军在发言中呼吁各方弘扬公约体现的多边主义精神，维护公正合理的国际海洋秩序。

2023年

3 月 4 日 历经近 20 年谈判，联合国成员国在美国纽约市联合国总部就保护公海海洋生物多样性法律框架的最终文本达成一致。"框架"确立了到 2030 年保护至少 30% 的全球陆地和海洋的目标，寻求在公海设立大范围海洋保护区，对捕鱼量、航运线路等活动作出限制，要求评估经济活动对这些区域生物多样性产生的影响。

3 月 21 日 中俄两国元首在俄罗斯莫斯科共同签署《关于深化新时代全面战略协作伙伴关系的联合声明》，明确双方将继续加强在海洋科学研究、海洋生态保护、海洋防灾减灾、海洋装备研发等领域合作，持续深化在极地科学研究、环境保护和组织科考等方面务实合作，为全球海洋治理贡献更多公共产品。

6 月 19 日 联合国会员国在纽约联合国总部通过《〈联合国海洋法公约〉下国家管辖范围以外区域海洋生物多样性的养护和可持续利用协定》，旨在加强各国管辖范围以外区域海洋生物多样性保护等工作，这些区域总计覆盖全球 2/3 以上的海洋。

7 月 10 日 联合国发布《可持续发展目标报告 2023 特别版——制定拯救人类和地球的计划》，强调 17 项可持续发展目标的进展和挑战，报告在强调现有差距并敦促世界加倍努力的同时，还强调了通过坚定的政治意愿和利用现有技术、资源和知识取得成功的巨大潜力。

9 月 18 日 由广西壮族自治区人民政府、中国自然资源部共同主办的第一届中国—东盟国家蓝色经济论坛在广西北海开幕。论坛围绕"携手发展蓝色经济，共创向海繁荣之路"主题，论坛深入落实《联合国 2030 年可持续发展议程》、联合国"海洋十年"以及共建"一带一路"倡议，积极构建中国—东盟蓝色经济伙伴关系和海洋命运共同体。

11 月 8 日　中国—太平洋岛国海洋防灾减灾合作研讨会在福建平潭召开，与会嘉宾共同为中国—太平洋岛国防灾减灾合作中心海洋防灾减灾合作分中心揭牌。本次研讨会以"共促防灾减灾合作，共创韧性海岛未来"为主题，就应对海洋防灾减灾、蓝色经济发展等问题进行研讨。

11 月 8 日　2023 年海洋合作与治理论坛在海南三亚开幕，与会代表将围绕"全球海洋治理面临的挑战与大国海洋合作""全球安全倡议视角下的南海治理与互信构建""联合国 2030 议程目标 14 与海洋渔业可持续发展""公海协定（BBNJ）与全球海洋治理"等议题进行深入探讨。

2024年

2 月 12 日　联合国环境规划署金融倡议（UNEP FI）发布《扬帆起航：可持续蓝色经济的目标设定》手册强调，银行、投资者和保险公司寻求评估经济活动对自然生态环境的影响和依赖程度，制定并实施影响管理方法，以便设定有意义的目标，在可持续发展转型方面取得进展。

4 月 10 日　2024 联合国"海洋科学促进可持续发展十年（2021～2030）"大会在西班牙巴塞罗那举行。自然资源部围绕航海文化、数字深海典型生境计划、气候变化影响的海洋解决方案、海洋观测系统等主题举行多场边会活动。

4 月 16 日　第九届"我们的海洋"大会在希腊雅典举行，大会以"充满潜力的海洋"为主题，聚焦海洋保护区、可持续蓝色经济、海洋气候联系、海上安全、渔业可持续发展与海洋污染六大议题，各方共同探讨国际合作、法律监管和经济等领域行之有效的海洋政策，推进务实海洋行动。

5 月 29 日　北极大会在挪威博德举行。此次大会由三项会议组成，包括第十一届国际北极社会科学大会、2024 年高北对话和 2024 年北极大学联盟代表大会，主题涉及北极航运的未来、地缘政治动荡期间及之后的北极合作、北极地缘政治与治理、中国在北极的作用。

7 月 9 日　七国集团科技部长会议在意大利举行，主要议题包括研究开放科学和科学交流、海洋和生物多样性等内容，海洋和生物多样性议题强调

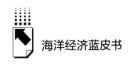

海洋观测的重要性，将加强全球海洋观测系统建设；加强国际伙伴关系和基础设施建设，推动海洋数字孪生能力发展等。

7月17日 全球海洋表层温室气体监测（G3W）计划已获得世界气象组织（WMO）基础设施技术委员会和WMO执行理事会的批准，至此，G3W计划正式进入实施和预操作阶段。

国内篇

2022年

6月10日 新型深远海综合科考实习船"东方红3"圆满完成国家自然科学基金共享航次计划"西太平洋复杂地形对能量串级和物质输运的影响及作用机理"重大科学考察航次第二航段科考任务顺利返航。此次科考中，"发现"号ROV（有缆无人潜水器）首次离开"科学"号母船，开展深海原位探测。

6月22日 联合国教科文组织政府间海洋学委员会（IOC）执行秘书长弗拉基米尔·拉宾宁正式宣布，中国申办的"联合国海洋科学促进可持续发展十年（2021~2030）"海洋与气候协作中心正式获批。这是联合国首批设立的6个"海洋十年"协作中心之一。

7月28日 我国海上首口页岩油探井——涠页-1井压裂测试成功并获商业油流，实现了用我们自己的装备和技术自主勘探开发我国海上页岩油气资源，拉开了海上非常规油气勘探开发的序幕，标志着我国海上页岩油勘探取得重大突破。

8月19日 经国务院批准，自然资源部牵头协调相关部门成立"海洋十年"中国委员会，组织实施和协调推动"海洋十年"相关重点工作，委员会成立会议在京举行。

8月30日 自然资源部办公厅印发新修订的《海洋灾害应急预案》，旨在切实履行海洋灾害防御职责，加强海洋灾害应对管理，最大限度减轻海洋灾害造成的人员伤亡和财产损失。

11 月 8 日　《湿地公约》第十四届缔约方大会边会活动全球滨海论坛研讨会以线上线下相结合、中国北京主会场连线瑞士日内瓦分会场的方式举行，旨在深入贯彻落实习近平主席在《湿地公约》第十四届缔约方大会开幕式上的重要致辞精神。

12 月 9 日　国家海洋技术中心与巴基斯坦拉斯贝拉农业、水资源和海洋科学大学签署了海洋空间规划合作谅解备忘录。双方将在谅解备忘录框架下开展海洋空间规划等更多领域务实合作，增强巴基斯坦海洋与海岸带综合管理能力，推动"一带一路"高质量建设。

2023年

4 月 14 日　国家海洋环境预报中心联合自然资源部属有关单位、地方海洋预报机构，共同开展 2023 年海洋灾害预警报应急演练，旨在模拟测试海洋灾害应急期间海洋观测、数据传输、海洋灾害预警报制作、研判会商和预警信息发布全流程链条是否通畅。

5 月 13 日　自然资源部办公厅印发实施 6 项蓝碳系列技术规程，对红树林、滨海盐沼和海草床三类蓝碳生态系统碳储量调查评估、碳汇计量监测的方法和技术要求作出规范，用于指导蓝碳生态系统调查监测业务工作。

6 月 8 日　由中国大洋事务管理局牵头、中国工程院李家彪院士领衔、联合全球 6 大洲 39 个国家 64 家海洋机构、国际组织等共同发起的"数字化的深海典型生境"大科学计划正式获批，成为此次全球 21 项联合国"海洋科学促进可持续发展十年"大科学计划申报中的唯一获批计划。

9 月 6 日　中国科学院南海海洋研究所与中国地质大学（北京）科研人员合作，在南海中央海盆水深约 4000 米处，进行了我国第一条跨洋中脊深海人工源电磁与大地电磁联合探测剖面的实验，这标志着我国在复杂的深海地形条件下，大功率人工源电磁探测技术取得了进一步突破。

12 月 18 日　我国自主设计建造的首艘大洋钻探船——"梦想"号命名暨首次试航活动在广州市南沙区举行，具备全球海域无限航区作业能力和海

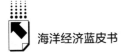

域 11000 米的钻探能力，标志着我国深海探测能力建设和海洋技术装备研发迈出重要步伐。

2024年

2月7日 中国第五个南极考察站秦岭站开站，填补了中国在南极罗斯海区域的考察空白。罗斯海是南极地区岩石圈、冰冻圈、生物圈、大气圈等典型自然地理单元集中相互作用的区域，是全球气候变化的敏感区域，也是极地科学考察的理想之地。

6月8日 以"保护海洋生态系统，人与自然和谐共生"为主题的世界海洋日暨全国海洋宣传日主场活动在福建省厦门市举行。会上，北京、厦门、成都等 12 个城市联合发布《学习运用习近平生态文明思想"厦门实践"经验 以高水平保护支撑高质量发展倡议书》。

6月16日 太平洋岛国发展论坛蓝色经济部主任阿尔帕娜·普拉塔普对国家海洋技术中心进行访问，双方就共建"中国—太平洋国家海洋空间规划与蓝色经济合作中心"合作事宜进行了研讨。

7月8日 自然资源部南海生态中心和自然资源部南海发展研究院共同编制的《仁爱礁非法"坐滩"军舰破坏珊瑚礁生态系统调查报告》在此间发布。报告指出，导致仁爱礁珊瑚礁生态系统遭到破坏的主要因素是菲律宾军舰非法"坐滩"及其相关联的人类活动。

附录三
国际国内海洋经济发展主要数据概览

表1   2006~2021 年中国主要海洋产业增加值

单位：亿元

年份	主要海洋产业增加值											
---	海洋渔业	海洋油气业	海洋矿业	海洋盐业	海洋船舶工业	海洋化工业	海洋生物医药	海洋工程建筑业	海洋电力业	海水利用业	海洋交通运输业	滨海旅游业
2006	1672.0	668.9	13.4	37.1	339.5	440.4	34.8	423.7	4.4	5.2	2531.4	2619.6
2007	1906.0	666.9	16.3	39.9	524.9	506.6	45.4	499.7	5.1	6.2	3035.6	3225.8
2008	2228.6	1020.5	35.2	43.6	742.6	416.8	56.6	347.8	11.3	7.4	3499.3	3766.4
2009	2440.8	614.1	41.6	43.6	986.5	465.3	52.1	672.3	20.8	7.8	3146.6	4277.1
2010	2851.6	1302.2	45.2	65.5	1215.6	613.8	83.8	874.2	38.1	8.9	3785.8	5303.1
2011	3202.9	1719.7	53.3	76.8	1352.0	695.9	150.8	1086.8	59.2	10.4	4217.5	6239.9
2012	3560.5	1718.7	45.1	60.1	1291.3	843.0	184.7	1353.8	77.3	11.1	4752.6	6931.8
2013	3997.6	1666.6	54.0	63.2	1213.2	813.9	238.7	1595.5	91.5	11.9	4876.5	7839.7
2014	4126.6	1530.4	59.6	68.3	1395.5	920.0	258.1	1735.0	107.7	12.7	5336.9	9752.8
2015	4317.4	981.9	63.9	41.0	1445.7	964.2	295.7	2073.5	120.1	13.7	5641.1	10880.6
2016	4615.4	868.8	67.3	38.9	1492.4	961.8	341.3	1731.3	128.5	13.7	5699.8	12432.8
2017	4700.7	1145.2	65.2	42.3	1091.5	1021.0	389.1	1846.4	151.7	15.8	6081.0	14572.5
2018	4608.3	1476.5	179.0	36.7	1057.7	535.3	376.7	1114.3	184.8	16.7	5564.4	16078.1
2019	4648.0	1532.9	185.3	37.8	1125.7	508.2	415.2	1176.0	207.5	18.8	5552.7	18019.5
2020	4787.7	1157.2	183.9	33.5	1179.0	523.6	418.1	1295.9	236.6	20.2	5988.8	13492.3
2021	5297.0	1618.0	180.0	34.0	1264.0	617.0	494.0	1432.0	329.0	24.0	7466.0	15297.0

资料来源：《中国海洋经济统计年鉴 2022》《中国海洋经济统计公报》。

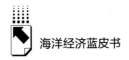

表 2 2014~2023 年中国沿海地区风暴潮灾害发生情况统计

年份	风暴潮过程发生次数（次）			风暴潮灾害发生次数（次）			死亡失踪人口（人）	直接经济损失（万元）
	台风风暴潮	温带风暴潮	合计	台风风暴潮	温带风暴潮	合计		
2014	5	4	9	5	2	7	6	1357758.35
2015	6	4	10	6	2	8	7	726319.11
2016	10	8	18	8	3	11	0	459444.02
2017	13	3	16	8	2	10	6	557691.54
2018	12	4	16	7	2	9	3	445589.90
2019	9	2	11	5	0	5	0	1163761.59
2020	10	4	14	6	1	7	0	80996.08
2021	10	6	16	6	3	9	2	246738.22
2022	6	7	13	4	1	5	0	237890.20
2023	7	7	14	7	0	7	0	248050.27

资料来源：《中国海洋灾害统计公报 2024》。

表 3 2014~2023 年中国沿海地区海浪灾害发生情况统计

年份	灾害性海浪过程发生次数（次）			海浪灾害过程发生次数（次）	死亡失踪人口（人）	直接经济损失（万元）
	台风浪	冷空气浪和气旋浪	合计			
2014	11	24	35	19	18	1204
2015	12	21	33	11	23	590.9
2016	13	23	36	29	60	3670.7
2017	21	13	34	19	11	2697.94
2018	21	23	44	18	70	3565.5
2019	15	24	39	10	22	3417.5
2020	18	18	36	8	6	2163.09
2021	11	24	35	9	26	10537.5
2022	12	24	36	5	9	2411.7
2023	8	20	28	5	8	2622.5

资料来源：《中国海洋灾害统计公报 2024》。

表 4 2010~2023 年中国海洋贸易与航运情况统计

年份	港口货物吞吐量（亿吨）	港口集装箱吞吐量（亿 TEU）	沿海运输船舶数量（艘）	远洋运输船舶数量（艘）	沿海港口旅客吞吐量（万人次）
2010	89.3	1.46	10473	2213	7300
2011	100.4	1.64	10902	2494	8000

续表

年份	港口货物 吞吐量 （亿吨）	港口集装箱 吞吐量 （亿 TEU）	沿海运输 船舶数量 （艘）	远洋运输 船舶数量 （艘）	沿海港口 旅客吞吐量 （万人次）
2012	107.8	1.77	10947	2486	7900
2013	117.67	1.90	11024	2457	7800
2014	124.52	2.02	11048	2603	8100
2015	127.5	2.12	10721	2689	8200
2016	132.01	2.2	10513	2409	8200
2017	140.07	2.38	10318	2306	8700
2018	143.51	2.51	10379	2251	8800
2019	139.51	2.61	10364	1664	8200
2020	145.5	2.64	10352	1499	4344.2
2021	155.45	2.83	10891	1402	4651.77
2022	156.85	2.96	10997	1387	3847.43
2023	169.73	3.1	10672	972	7500.41

资料来源：《交通运输行业发展统计公报 2024》。

表5 2009~2023 年中国渔业经济产值及构成

单位：百亿元

年份	中国渔业经济产值					
	海水养殖	淡水养殖	海洋捕捞	淡水捕捞	水产苗种	合计
2009	14.00	27.59	11.55	2.95	3.28	59.37
2010	16.51	31.40	12.72	3.13	3.75	67.52
2011	19.31	37.20	14.88	3.19	4.25	78.84
2012	22.65	41.95	17.07	3.70	5.13	90.49
2013	26.04	46.66	18.55	4.29	5.51	101.05
2014	28.15	50.73	19.48	4.29	5.97	108.61
2015	29.38	53.37	20.04	4.34	6.16	113.29
2016	31.40	58.13	19.77	4.31	6.41	120.03
2017	33.07	58.76	19.88	4.62	6.81	123.14
2018	35.72	58.84	22.29	4.66	6.65	128.15
2019	35.75	61.87	21.16	3.98	6.58	129.34
2020	38.36	63.87	21.97	4.04	6.93	135.17
2021	43.02	74.74	23.04	3.37	7.43	151.59
2022	46.39	78.63	24.89	2.77	8.43	152.67
2023	48.85	81.78	26.18	2.76	8.79	159.57

资料来源：《中国渔业统计年鉴 2024》《全国渔业经济统计公报》。

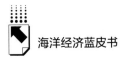

表6 2021年欧盟及其主要海洋国家海洋经济情况统计

单位：百万欧元

主要海洋产业	欧盟	法国	德国	意大利	荷兰	西班牙
初级生产 Primary production	4474.0	994.4	99.3	585.1	166.1	945.6
水产品加工 Processing of fish products	5778.4	1031.1	543.8	730.6	187.5	1312.4
水产品分销 Distribution of fish products	11707.0	1008.4	4173.4	1534.0	1062.4	1574.4
石油和天然气 Oil and gas	3999.5	—	14.3	604.4	1695.8	0.1
其他采矿业 Other minerals	161.5	44.1	29.9	4.5	47.9	4.6
海上风能 Offshore wind energy	3338.9	—	2057.5	—	453.4	—
货物和仓储 Cargo and warehousing	14481.4	2057.1	4348.5	583.1	2994.5	603.1
港口和水务工程 Port and water projects	15003.7	1375.5	2412.8	1767.1	1957.2	3013.5
造船业 Shipbuilding	14283.1	3270.6	2043.9	3200.8	1298.8	1167.2
设备和机械 Equipment and machinery	3733.8	909.9	1531.8	209.6	41.7	105.5
客运 Passenger transport	3972.4	396.7	331.9	439.9	499.9	346.3
货运 Freight transport	25501.6	23.5	11881.0	1820.1	2920.7	214.3
运输服务 Services for transport	14808.5	1089.4	8646.9	1228.4	921.0	338.5
住宿 Accommodation	24061.8	3240.9	2690.2	3247.2	592.7	5314.9
交通运输 Transport	9088.3	2964.8	892.6	843.0	223.3	1989.4
其他支出 Other expenditure	16674.4	3852.9	1171.2	1481.2	396.1	4347.5
所有子部门 Total of sub-sectors	171068.3	22259.2	42868.9	18278.9	15458.9	21277.3

资料来源：THE EU BLUE ECONOMY REPORT 2021。

Abstract

Blue Book of Marine Economy: *Annual Report on the Development of China's Marine Economy* (2023 – 2024) is jointly written by the "Analysis and Forecast of China's Marine Economy" group and experts and scholars from a number of sea-related universities and research institutes.

According to this report, in 2023 – 2024, the overall development of China's marine economy will be stable, with structural transformation, innovation-driven, green efficiency and high-quality development constantly improving, and the total scale of the marine economy constantly growing. However, the development of China's marine economy still exists in the form of weak high-growth and high-value-added industries, small-scale marine strategic emerging industries, weak competitiveness of marine industry clusters, weak new quality productivity of the marine economy, and low level of development of the marine digital economy.

There are still many problems such as the structural transformation of the marine industry is not obvious, the structure of the marine industry is not balanced, the development of the regional marine economy is not coordinated, the utilization rate of marine resources and output efficiency is not high, the safety risk of marine shipping and trade channels exists, the timeliness of marine economic statistics is poor, and the statistics of the family base of marine natural resources is unclear. With the in-depth promotion of national strategies such as "Ocean Power", "Land – Sea Integration" and "One Belt, One Road", the State and governments at all levels have made great efforts to promote "Ocean Power", "Ocean Power" and "Ocean Power". The state and governments at all levels have placed high hopes on the construction of "strong marine country" and "strong marine province". However, in recent years, the development of

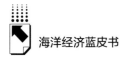

China's marine economy is not satisfactory, accounting for more than one-third of China's land area, the gross domestic product (GDP) of China's oceans in 2023 was about 9909. 7 billion yuan, accounting for only 7. 86% of the national GDP, and the proportion of the GDP of the oceans to the national GDP in 22, 023 years continued to decline, with an accumulative decline of 20. 11% compared with that in 2006; the value-added of the 15 major marine industries value-added of about 40, 711 billion yuan, accounting for about 41. 08%, of which about 997. 5 billion yuan, accounting for only 10. 07%, of the emerging marine industries, accounting for about 24. 50% of the 15 major marine industries. 2023, the output of China's sea area per unit area was only 3, 075, 900 yuan per square kilometer, which was only 25. 55% of the national output of the GDP per unit area of the land area; the coastal 10 regions (excluding Hainan) of the sea area and land area unit area output of about 7. 919 million yuan / square kilometer, 44. 4418 million yuan / square kilometer, the former is only about 17. 78% of the latter. China's marine economy still has a lot of room for development, and there is still a big gap with the goal of building a "strong marine country" and "strong marine province".

This report suggests that we should make full use of the strong support from major national strategies, plans and policies such as "ocean power", "land-sea integration", "ocean province", etc. , and make full use of the "One Belt, One Road", "Ocean Power" and "Ocean Economy". One Road", 'Ocean Community of Destiny', 'BRICS' initiative and other favorable conditions, effective response to global climate change and marine disaster risks, focusing on strengthening the optimal allocation of marine resources, strengthening marine scientific and technological achievements, enhancing R & D and results conversion rate, strengthening the marine scientific and technological achievements. It will focus on optimizing the allocation of marine resources, strengthening the research and development of marine scientific and technological achievements, enhancing the conversion rate of the achievements, strengthening the deep transformation of the structure of the marine industry, and improving the value-added of the marine industry and its high-end positioning in the global value chain; it will focus on fostering the development of high-end scientific and technological industries in the ocean, strengthening the leading demonstration effect of the marine hi-tech industry, and vigorously developing the strategic and emerging marine industry clusters, extending the length of the marine industrial chain, expanding the breadth of the marine industrial chain, and tapping the depth of the marine industrial chain. Vigorously enhance the development level of marine new quality productivity; focus on enhancing the allocation efficiency of economic, social and natural resources such as marine science and technology, talents, capital and land, ecology, environment, etc., strengthening land-sea integration and the construction of a strong marine province, improving the output rate of the unit area of the sea area and the efficiency of the development and utilization of marine resources, and vigorously enhancing the total factor productivity of the sea; deeply tap the development potential of the marine economy, strengthen the structure of the marine industry balance and the resilience of the marine economy, enhance the ability of the marine economy to withstand external shocks, and safeguard the security of the marine economy; actively promote the construction of intelligent ocean projects, improve and standardize the statistical accounting system of the marine economy and resources, improve the timeliness, shareability, openness, and transparency of marine economic statistics, and vigorously promote the development of the marine digital economy, so as to continue to promote the high-quality development and sustainable development of the marine economy.

Keywords: Marine Economy; Marine Industry Clusters; New Qualitative Productivity Of The Ocean Economy; Marine Digital Economy

Contents

I General Report

Abstract: From 2022 to 2023, China's marine economic development realized a growth retracement, and the national gross marine product in 2022 was RMB 9, 462. 8 billion, a nominal increase of 5. 70% over the previous year; In 2023, China's marine economy fully recovered, with the country's gross marine product reaching RMB 990. 97 billion, a nominal increase of 4. 72% from the previous year. In 2024, thanks to the positive trend of China's macroeconomic development, the marine economy gradually returned to a steady growth level, and it is expected that China's gross domestic product (GDP) will reach about 1, 045. 47 billion yuan in 2024, with a nominal growth rate of about 5. 50 per cent or so. In 2025, although the Russian-Ukrainian conflict, the Palestinian-Israeli conflict and other uncertainties in the global economic and political environment and other influencing factors are still not optimistic, but the high quality of the marine economy continues to develop, the new quality productivity of the marine economy continues to improve, and the policy environment for the development of the marine economy continues to be favorable, and it is expected that the national gross domestic product of the ocean in 2025 will reach about 11. 00 trillion yuan. Recommendations: calmly addressing the impact of uncertainties in the international economy, politics and regional conflicts. Fully utilize the favorable conditions of "ocean power", "land-sea integration", "ocean province", "BRICS mechanism", "Belt and Road" and "community of maritime destiny" initiatives. The "One Belt, One Road" and "Ocean Destiny Community" initiatives are favorable conditions. Further strengthening the high-quality development of the marine economy and improving the mechanism for the protection of marine resources and the environment; Accelerating the rise of strategic emerging marine industries and promoting the balanced development of the marine industrial structure; Accelerating the formation of new quality productivity in the oceans and strengthening the dynamics of endogenous development of the marine economy; Increasing the transparency of marine economic data and improving the timeliness and sharing of marine data.

Keywords: Marine Industry Clusters; Marine Digital Economy; New Qualitative Productivity of the Ocean Economy; National Marine Security

Ⅱ Industry Reports

B . 2 Analysis of the Optimization of Industrial Structure in

China's Marine Economic Demonstration Zones

Yang Lin, Cui Yuhu / 045

Abstract: The marine economic demonstration zone is a key measure for China to implement the strategy of building a strong maritime country, promote the optimization of the marine industrial structure, and accelerate the construction of new quality marine productivity. Analyzing and elaborating on the effects of marine economic demonstration zones on the optimization of the marine industrial structure is of great significance. Based on macro ocean economic data, explain the practical effects of ocean economic demonstration zones on optimizing the marine

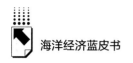
industry structure of typical coastal provinces. The results show that: ① China's marine industry structure continues to optimize, demonstrating strong resilience, and the construction of marine economic demonstration zones is becoming increasingly perfect; ② Using typical coastal provinces as research cases, it was found that marine economic demonstration zones have a positive and significant effect on optimizing the marine industry structure, and there is a lag Based on the development process of typical provinces, summarize general experience in the development of marine industry, mechanism innovation, and policy regulations. Suggestions are proposed from the perspectives of strengthening policy implementation process, paying attention to policy lag phenomenon, and expanding funding sources, providing reference for optimizing the structure of the marine industry.

Keywords: Marine Economic Demonstration Zone; Marine Industry Structure Optimization; Marine Industry Structure

B.3　Analysis of the Low Carbon Transformation of China's Marine Industry Structure

Xu Sheng, Han Jiaqi and Liu Shufang / 062

Abstract: This report focuses on the low-carbon transition of China's marine industry, aiming to provide a scientific basis for achieving the nation's "dual carbon" goals. Initially, the current state and influencing factors of the low-carbon transition in China's marine industry are systematically reviewed. An evaluation system is then constructed based on four dimensions: greening, innovation, ecological sustainability, and carbon sequestration enhancement. Utilizing the entropy method, the report quantitatively analyzes the level of low-carbon transition from 2006 to 2022 across the nation and coastal regions. The findings reveal that since 2006, the overall trend in China's marine industry has been one of fluctuating growth, with southeastern coastal provinces such as Guangdong and

Shandong showing prominent progress, while northern coastal regions have lagged, leading to a widening regional gap. Looking forward, technological innovation and policy support are expected to be the key driving forces behind further low-carbon transition. To advance this transition, it is recommended to strengthen regional coordination, increase technological investment, improve policy frameworks, and promote broad societal participation.

Keywords: Marine Industry; Low-carbon Transition; Entropy Method; Principal Component Analysis

B. 4　Analysis of the Structural Balanced Development of
　　China's Marine Industry　　*Zhang Zhuoqun, Yao Qianer* / 080

Abstract: The ocean is an important strategic area for national development. Cultivating and strengthening modern ocean industry clusters can guide related enterprises to gather in specific regions, form economies of scale and scope, and have significant implications for optimizing the spatial layout of the ocean economy, building a modern industrial system, enhancing scientific and technological innovation capabilities, and promoting high-quality development. At present, building marine industry clusters is an important lever for coastal provinces in China to leverage regional advantages. This report first provides a detailed overview of the current development status and existing problems of China's marine industry clusters; Secondly, establish an evaluation index system for the competitive development of China's marine industry clusters, and conduct competitive analysis and evaluation of typical marine industry clusters in China; Again, the development trends and prospects of typical marine industry clusters in China were discussed separately; Finally, countermeasures and suggestions for enhancing the competitiveness of China's future marine industry clusters were proposed in terms of optimizing resource allocation, industrial cluster structure, and industrial cluster efficiency.

Keywords: Marine Industry; Marine Economy; Structural Balance

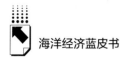
Abstract: The ocean is a vital strategic domain for national development. Fostering and expanding modern marine industry clusters, while guiding enterprises and related institutions with close economic and technological ties to concentrate in specific geographic areas, plays a critical role in achieving economies of scale, economies of scope, and cluster competitiveness. This, in turn, is essential for optimizing the spatial distribution of China's marine economy, building a modern marine industrial system, enhancing independent innovation in marine science and technology, and promoting the high-quality development of the marine economy. Currently, the establishment of marine industry clusters is a key strategy for coastal provinces to fully leverage regional advantages and construct modern marine industry systems. This report first provides a comprehensive review of the development status and challenges facing China's marine industry clusters. Second, it constructs an evaluation index system for assessing the competitiveness of China's marine industry clusters and conducts a competitiveness analysis and evaluation of key clusters. Third, it discusses the development trends and future prospects of these clusters. Finally, the report offers policy recommendations for enhancing the competitiveness of China's marine industry clusters, focusing on the optimal allocation of resources, cluster structure, and cluster efficiency.

Keywords: Marine Economy; Marine Industry Clusters; Competitiveness

Ⅲ   Regional Reports

Abstract: The marine economy serves as the driving force behind the Bohai

Rim region, fostering economic prosperity and transformation while holding strategic importance for enhancing regional sustainability and international competitiveness. This report presents an in-depth analysis of the current state of the maritime economy in the Bohai Rim region and develops an indicator system centered around innovative concepts to evaluate the regional maritime economy. This system comprehensively assesses the level of the maritime economy in the Bohai Rim region across five dimensions: innovation, coordination, sustainability, openness, and inclusivity. Utilizing a system dynamics model, the report explores four scenario predictions based on the five dimensions of marine economic growth, marine scientific and technological innovation, marine social security, and marine resource management. These scenarios include the baseline scenario, the economic priority scenario, the innovation-driven scenario, and the comprehensive governance scenario, which outline potential trends in the maritime economy of the Bohai Rim region. Furthermore, the report offers relevant recommendations to promote the development of the marine economy in the Bohai Rim region.

Keywords: Marine Economy; Bohai Sea Region; Sustainability; System Dynamics

B.7 Analysis of the Development Situation of Marine Economy in the Pearl River Delta Region

Yang Xiaoying, Liu Yiting and Xie Sumei / 142

Abstract: The ocean plays a crucial role in the economic and social development of the Pearl River Delta region, representing a key strategic area for high-quality growth. The Guangdong-Hong Kong-Macao Greater Bay Area, is distinguished by its unique political landscape, strong marine industry foundation, well-developed infrastructure, and advanced international scientific and technological support. This report systematically discusses the development history and current status of the marine economy in the Greater Pearl River Delta region from the

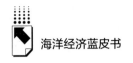
perspectives of the political, economic, social, and technological environments, highlighting the advantages and characteristics of different areas. SWOT analysis of Guangdong's marine economy reveals its strengths in terms of location, industry, and innovation. However, it also identifies weaknesses such as environmental constraints, insufficient collaboration, and low levels of technological transformation. The report suggests that Guangdong should capitalize on strategic policies, enhance scientific and technological innovation, and deepen cooperation to seize emerging opportunities, while addressing challenges such as the demand for sustainable development, the need to optimize industrial structure, and the necessity of improving cooperation mechanisms. The analysis concludes with the development trend of the marine economy in the Pearl River Delta, emphasizing high-quality development, deeper regional integration, digital and intelligent transformation, and continuous policy optimization. It concludes with policy recommendations aimed at building a modern marine industry system, enhancing marine science and technology innovation, and strengthening both internal and external collaborations to achieve high-quality development in the Pearl River Delta's marine economy.

Keywords: Marine Economy; Pearl River Delta Region; Guangdong-Hong Kong-Macao Greater Bay Area

B.8 Analysis of the Development Situation of Marine Economy in the Southern Ocean Economic Circle (2001−2024)

Du Jun, Yan Bo, Zhu Xinyue and Su Xiaoling / 161

Abstract: The South China Sea region holds a dominant position among the three major marine economic circles, with its Gross Domestic Product (GOP) accounting for 36.2% of the national total from 2001 to 2023, up from 25.7%. The stable and optimized structure of the marine industry presents a "three, two, one" pattern. With the continuous enhancement of China's comprehensive strength and marine innovation capability, and with the support of the 14th Five

Year Plan and the the Belt and Road and other policies, the gross marine product of the South China Sea region will reach about 3. 6 trillion yuan in 2023. It is expected that under the support and guidance of the national "15th Five Year Plan" and the "the Belt and Road" policy, the South China Sea region has great development potential. According to empirical analysis in the South China Sea region, investment in marine technology can promote the development of the marine economy, but investment in marine capital is unreasonable. The uneven development of marine economy in the South China Sea region is prominent, with Guangdong and Fujian showing outstanding performance, while Hainan and Guangxi are relatively backward. We need to strengthen investment in marine science and technology, optimize industrial structure and spatial layout, and enhance innovation capabilities to ensure stable and high-quality development of the marine economy.

Keywords: Southern Ocean Economic Circle; Ocean Economy; Marine Industry

Ⅳ Key Issues

B. 9 Analysis of the Development of Marine Economic New
Quality Productive Forces in China

Research Group on "the Development of New Quality
Productivity in Marine Economy" / 182

Abstract: The marine economic new quality productive forces are a crucial focus for the high-quality development of China's marine economy. This paper explores the theoretical aspects of marine economic new quality productive forces, develops an evaluation index system to measure their advancement across China, and examines their evolving trends and distribution patterns. Findings indicate a steady growth in the marine economic new productive forces across 11 coastal provinces, with the eastern marine economic circle outperforming the northern and southern circles. Shanghai and Guangdong lead consistently. However, the

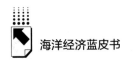

development of marine economic new labor resources in China lags behind new producers and new labor objects, with the southern marine economic circle showing the weakest performance. To address this, coastal regions should optimize marine resource allocation, release marine economic innovation potential, leverage the "wild goose effect" and latecomer advantages, foster regional coordination, and expedite the development of marine economic new quality productive forces.

Keywords: Marine Economy; New Quality Productive Forces; Evolving Trends; Distribution Patterns

B.10 Research on Ability and Spatiotemporal Distribution of Blue Carbon Sink Economy Development in China

He Yixiong, Chen Kewei, Ma Penglin and Chen Ziling / 199

Abstract: This report takes the development ability of blue carbon sink economy as the research object, and based on panel data from 11 coastal provinces from 2013 to 2022, explores the ability and spatial distribution of blue carbon sink economy development in China. The results indicate that: (1) the overall development ability of China's blue carbon sink economy is relatively low, especially in terms of natural ecosystem carbon sink capacity, blue carbon sink research capacity, and blue carbon sink policy strength, which still have significant room for improvement; (2) the state of marine ecological protection and the state of marine ecological environment are showing a downward trend, which poses a threat to the sustainability of the development of blue carbon sink economy; (3) there are significant differences for the development ability of blue carbon sink economy among different provinces, and the level of development ability of blue carbon sink economy is not directly related to geographical location and overall regional economic conditions. Based on this, policy recommendations are proposed to promote the development of blue carbon sink economy: (1) comprehensively leverage the roles of different factors; (2) adapt to local conditions and implement differentiated development measures; (3) carry out relevant guarantee work.

B.11 Development and Situation Analysis of China's Marine
Digital Economy   *Jin Xue, Wang Yanwei* / 217

Abstract: With the integration of new generation information technologies such as big data, artificial intelligence, and th Internet of Things, the development of China's marine economy has shown a trend of technology driven, industrial integration, and rapid growth. However, it still faces challenges such as the lack of statistical classification standards and statistical data, which restrict the high-quality development of the marine digital economy. This report divides the marine digital economy and its core industries, measuring the level of development of the marine digital economy from the perspectives of development condition support, maturity of the marine industry, and integration between the digital economy and the marine industry. The ARMA model and grey prediction model are used for predictive analysis. Research has found that the development level of marine digital economy in the eastern marine economic circle is leading among the three major marine economic circles, with Guangdong, Shandong, and Jiangsu being the leaders of their respective marine economic circles and the top three among coastal provinces and cities; From 2024 to 2025, the level of development of the marine digital economy will maintain stable growth. To accelerate the development of the marine digital economy, policy recommendations are proposed from the aspects of establishing a classification and statistical system for the marine digital economy, promoting the digital transformation of the marine industry, and strengthening the construction of the marine digital supervision system, in order to promote efficient, coordinated, and sustainable development of the marine digital economy.

Keywords: Marine Digital Economy; Core Industry Classification; Technological Innovation; Digital Transformation

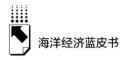

海洋经济蓝皮书

V Special Topics

B.12 Analysis of the Coupling Effect and Gravitational Effect
of China's Land and Marine Economy

Research Group of "Study on the Interaction and Gravitational
Effect of China's Land and Marine Economy" / 238

Abstract: In 2010, the strategic policy of "integrating land and sea" was incorporated into the National 12th Five-Year Plan, and Xi Jinping proposed the strategic goal of "adhering to the integration of land and sea to strengthen the country with the sea". The report of the 20th National Congress clarified the strategic plan of accelerating the development of the "marine economy and the construction of a strong marine country". The increasingly close connection between land and ocean economic activities has not only had a far-reaching impact on China's regional development strategy and global economic layout, but also put forward higher requirements for a profound understanding of the land-sea economic relationship. In order to comprehensively study this relationship, we take the two economic systems of land and sea as research objects, comprehensively consider the economic, social, environmental, policy and technological factors in their respective fields, and focus on the correlation relationship, coupling effect and gravitational effect of the land-sea economy, so as to deeply reveal the complex interaction mechanism between the land-sea economy. This will not only help to better grasp the nature of land-sea economic relations, but also provide theoretical support and practical guidance for the formulation of more scientific and rational policies.

Keywords: Land and Marine Economy; Interaction; Gravitational Effect

B.13 Forecast and Analysis of China's Marine Resources and
    Clean Energy Development

Yang Wendong, Zhang Hao and Zang Xinyi / 258

Abstract: Since the 21st century, the development and utilization of Marine clean energy such as offshore wind power, offshore photovoltaic and Marine natural gas have made remarkable progress, becoming the key force in the green energy transformation. However, at present, Marine clean energy is also facing many opportunities and challenges. Problems such as technical bottleneck, environmental impact and sustainable use of resources limit its further development. In this context, it is of great significance to analyze and forecast the development of Marine clean energy in China. This report systematically reviews the development background and current status of marine clean energy, and establishes an ensemble model to forecast the future trends of China's major marine clean energy sources. It is projected that by 2027, the gross output value of marine power will reach 81.03212 billion yuan, with the cumulative installed capacity of offshore wind power reaching 70.161123 million kilowatts. Additionally, the gross output value of marine oil and gas is expected to attain 40.308410 billion yuan, and marine natural gas production will reach 33.91156 billion cubic meters. These projections indicate that marine clean energy will continue to play a pivotal role in the energy transition. For the future, it is recommended to comprehensively promote the healthy and sustainable development of marine clean energy from multiple perspectives, including enhancing marine clean energy technologies, reducing costs, ensuring environmental protection, and fostering overall sector growth.

Keywords: Marine Resources; Marine Clean Energy; Sustainable Use; Marine Economy

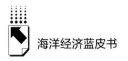
B.14 Spatiotemporal Analysis of the Eco-innovation Level

of China's Marine Economy   *Wang Yecheng*, *Fan Yipin* / 273

Abstract: Under the new era's context, a profound analysis of the spatiotemporal dynamics of the eco-innovation level of China's marine economy holds significant theoretical and practical implications for advancing the construction of marine ecological civilization, propelling the high-quality development of the marine economy, and achieving the maritime power strategy. Since 2023, through the double-wheel drive of growth and innovation, green development and ecological protection, and digital empowerment and industrial upgrading, China has achieved remarkable results in the eco-innovative development of its marine economy, and at the same time, it is also facing opportunities and challenges in the political, economic, social and technological aspects. By constructing a three-stage theoretical model and evaluation index system, the spatio-temporal dynamics of China's marine economic eco-innovation level from 2006 to 2021 is analyzed based on the diagnosis of the main influencing factors of China's marine economic eco-innovation development. The results show that the average level of marine economic eco-innovation in the study period shows a steady upward trend, but there are more significant regional differences, and the differences show a tendency to become more and more intense. Finally, the Autoregressive Integrated Moving Average Model is used to predict the trend of eco-innovation development of China's marine economy, and suggestions for policy responses to enhance the capacity and level of eco-innovation development of China's marine economy are put forward.

Keywords: Marine Economy; Eco-Innovation; Index System; Spatiotemporal Analysis

VI International Reports

Abstract: The global maritime shipping and port industry serves as a crucial artery for international trade, with significant development observed in recent years. From 2014 to 2023, global maritime trade volume increased from 9.843 billion tons to 12.37 billion tons, reflecting a steady annual growth rate. The operational model of global ports is undergoing a transformation from traditional cargo handling to offering comprehensive logistics services, with an emphasis on sustainability and smart technologies emerging as key trends. The expansion of the global maritime industry extends beyond traditional shipping and port operations into burgeoning marine sectors and high-tech fields. Prominent marine industries, including offshore oil and gas extraction, marine fisheries, and marine tourism, provide substantial resources and economic benefits to coastal nations, while strategically emerging marine industries are becoming significant drivers of global maritime economic growth. Despite its pivotal role in the global economy, the shipping industry faces challenges such as environmental concerns, cyclical fluctuations, and increasing operational costs. To address these challenges and capitalize on opportunities, this paper proposes policy recommendations focusing on enhancing the green development of maritime shipping and ports, fostering technological innovation, promoting international cooperation, improving infrastructure, and advancing risk management.

Keywords: Global Maritime Shipping and Ports; Marine Industry; Marine Economy

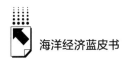

B.16 Global Ocean Trade Channel Security and Risk Analysis

Research Group on Global Maritime Trade Route Security and Risk / 308

Abstract: Based on an analysis of natural, man-made, and political risks, the security of global maritime trade routes is examined, and policy recommendations for China's involvement in global maritime trade are provided. (1) Global maritime trade routes are centered on key routes, displaying regional differences, functional distribution, and a concentration of energy and bulk commodity transportation. High traffic volumes carry inherent risks, as any geopolitical tension or natural disaster can disrupt global supply chains. (2) Tropical cyclones, tsunamis, and waves are the main natural risks, particularly in the Pacific Ring of Fire, the Northwest Pacific, and the Caribbean. Piracy is concentrated in Southeast Asia, Africa, and parts of South America, while geopolitical instability poses significant threats to the security of these passages. (3) The high security of global maritime trade routes is largely attributable to a stable geopolitical environment and enhanced emergency facilities. However, complex natural conditions, frequent external disturbances, and inadequate emergency response capabilities underscore the urgency of securing waterways and critical nodes. This challenge requires immediate attention through strengthened international cooperation and improved security management mechanisms. It is recommended that China strengthen international cooperation, improve maritime management, optimize risk monitoring, and actively participate in international peacekeeping operations to ensure the security of global trade.

Keywords: Global Maritime Trade Routes; Risk Analysis; Security Analysis; International Cooperation

B . 17   Analysis of Global Ocean Governance Framework and

Development Strategy

Research Group on Global Ocean Governance Framework and

Development Strategy Analysis / 330

Abstract: Ocean is humanity common heritage precious. The growing global awareness of ocean issues is challenging traditional maritime hegemonism and ushering new opportunities for ocean governance. By reviewing the history and strategies of major western maritime countries, this research explores the spatiotemporal evolution characteristics of global ocean governance, systematically analyzes the global ocean governance system, reflects on China's contributions to global ocean governance, and identifies opportunities and challenges. Finally, it addresses the issues of insufficient public goods supply, the countercurrent faced by the multilateral ocean governance system, and the limitations of the United Nations Convention on the Law of the Sea. The paper proposes recommendations for enhancing the participation of diverse stakeholders in ocean governance, implementing maritime community with a shared future concept and promoting the institutionalization and standardization of global ocean economic cooperation.

Keywords: Global Ocean Governance; Maritime Community with a Shared Future; Ocean Development Strategy

皮 书

智库成果出版与传播平台

❖ 皮书定义 ❖

皮书是对中国与世界发展状况和热点问题进行年度监测，以专业的角度、专家的视野和实证研究方法，针对某一领域或区域现状与发展态势展开分析和预测，具备前沿性、原创性、实证性、连续性、时效性等特点的公开出版物，由一系列权威研究报告组成。

❖ 皮书作者 ❖

皮书系列报告作者以国内外一流研究机构、知名高校等重点智库的研究人员为主，多为相关领域一流专家学者，他们的观点代表了当下学界对中国与世界的现实和未来最高水平的解读与分析。

❖ 皮书荣誉 ❖

皮书作为中国社会科学院基础理论研究与应用对策研究融合发展的代表性成果，不仅是哲学社会科学工作者服务中国特色社会主义现代化建设的重要成果，更是助力中国特色新型智库建设、构建中国特色哲学社会科学"三大体系"的重要平台。皮书系列先后被列入"十二五""十三五""十四五"时期国家重点出版物出版专项规划项目；自2013年起，重点皮书被列入中国社会科学院国家哲学社会科学创新工程项目。

权威报告·连续出版·独家资源

皮书数据库
ANNUAL REPORT(YEARBOOK)
DATABASE

分析解读当下中国发展变迁的高端智库平台

所获荣誉

- 2022年，入选技术赋能"新闻+"推荐案例
- 2020年，入选全国新闻出版深度融合发展创新案例
- 2019年，入选国家新闻出版署数字出版精品遴选推荐计划
- 2016年，入选"十三五"国家重点电子出版物出版规划骨干工程
- 2013年，荣获"中国出版政府奖·网络出版物奖"提名奖

皮书数据库

"社科数托邦"
微信公众号

成为用户

登录网址www.pishu.com.cn访问皮书数据库网站或下载皮书数据库APP，通过手机号码验证或邮箱验证即可成为皮书数据库用户。

用户福利

- 已注册用户购书后可免费获赠100元皮书数据库充值卡。刮开充值卡涂层获取充值密码，登录并进入"会员中心"—"在线充值"—"充值卡充值"，充值成功即可购买和查看数据库内容。
- 用户福利最终解释权归社会科学文献出版社所有。

数据库服务热线：010-59367265
数据库服务QQ：2475522410
数据库服务邮箱：database@ssap.cn
图书销售热线：010-59367070/7028
图书服务QQ：1265056568
图书服务邮箱：duzhe@ssap.cn

社会科学文献出版社 皮书系列
SOCIAL SCIENCES ACADEMIC PRESS (CHINA)
卡号：549315859725
密码：

S 基本子库
UB DATABASE

中国社会发展数据库（下设 12 个专题子库）

紧扣人口、政治、外交、法律、教育、医疗卫生、资源环境等 12 个社会发展领域的前沿和热点，全面整合专业著作、智库报告、学术资讯、调研数据等类型资源，帮助用户追踪中国社会发展动态、研究社会发展战略与政策、了解社会热点问题、分析社会发展趋势。

中国经济发展数据库（下设 12 专题子库）

内容涵盖宏观经济、产业经济、工业经济、农业经济、财政金融、房地产经济、城市经济、商业贸易等 12 个重点经济领域，为把握经济运行态势、洞察经济发展规律、研判经济发展趋势、进行经济调控决策提供参考和依据。

中国行业发展数据库（下设 17 个专题子库）

以中国国民经济行业分类为依据，覆盖金融业、旅游业、交通运输业、能源矿产业、制造业等 100 多个行业，跟踪分析国民经济相关行业市场运行状况和政策导向，汇集行业发展前沿资讯，为投资、从业及各种经济决策提供理论支撑和实践指导。

中国区域发展数据库（下设 4 个专题子库）

对中国特定区域内的经济、社会、文化等领域现状与发展情况进行深度分析和预测，涉及省级行政区、城市群、城市、农村等不同维度，研究层级至县及县以下行政区，为学者研究地方经济社会宏观态势、经验模式、发展案例提供支撑，为地方政府决策提供参考。

中国文化传媒数据库（下设 18 个专题子库）

内容覆盖文化产业、新闻传播、电影娱乐、文学艺术、群众文化、图书情报等 18 个重点研究领域，聚焦文化传媒领域发展前沿、热点话题、行业实践，服务用户的教学科研、文化投资、企业规划等需要。

世界经济与国际关系数据库（下设 6 个专题子库）

整合世界经济、国际政治、世界文化与科技、全球性问题、国际组织与国际法、区域研究 6 大领域研究成果，对世界经济形势、国际形势进行连续性深度分析，对年度热点问题进行专题解读，为研判全球发展趋势提供事实和数据支持。

法律声明

"皮书系列"（含蓝皮书、绿皮书、黄皮书）之品牌由社会科学文献出版社最早使用并持续至今，现已被中国图书行业所熟知。"皮书系列"的相关商标已在国家商标管理部门商标局注册，包括但不限于 LOGO（ ▨ ）、皮书、Pishu、经济蓝皮书、社会蓝皮书等。"皮书系列"图书的注册商标专用权及封面设计、版式设计的著作权均为社会科学文献出版社所有。未经社会科学文献出版社书面授权许可，任何使用与"皮书系列"图书注册商标、封面设计、版式设计相同或者近似的文字、图形或其组合的行为均系侵权行为。

经作者授权，本书的专有出版权及信息网络传播权等为社会科学文献出版社享有。未经社会科学文献出版社书面授权许可，任何就本书内容的复制、发行或以数字形式进行网络传播的行为均系侵权行为。

社会科学文献出版社将通过法律途径追究上述侵权行为的法律责任，维护自身合法权益。

欢迎社会各界人士对侵犯社会科学文献出版社上述权利的侵权行为进行举报。电话：010-59367121，电子邮箱：fawubu@ssap.cn。

社会科学文献出版社